Jost · EDV-gestützte CIM-Rahmenplanung

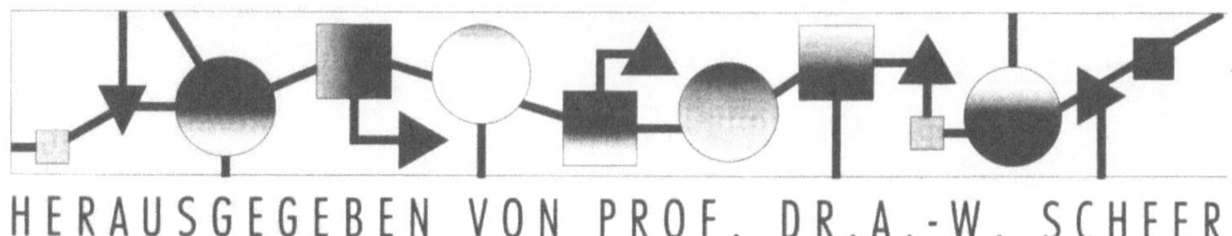

Schriftenreihe der Zeitschrift

MANAGEMENT & COMPUTER

Zeitschrift für EDV-orientierte Betriebswirtschaft

In den „Schriften zur EDV-orientierten Betriebswirtschaft" werden Beiträge aus Wissenschaft und Praxis veröffentlicht, die sich durch ausgeprägten Anwendungsbezug und hohes fachliches Niveau auszeichnen.

Wolfram Jost

EDV-gestützte CIM-Rahmenplanung

Die Deutsche Bibliothek – CIP-Einheitsaufnahme

Jost, Wolfram:
EDV-gestützte CIM-Rahmenplanung / Wolfram Jost.
- Wiesbaden : Gabler, 1993
(Schriften zur EDV-orientierten Betriebswirtschaft)
Zugl.: Saarbrücken, Univ., Diss., 1992
ISBN 978-3-409-12132-3

Abonnenten von „Management & Computer – Zeitschrift für EDV-orientierte Betriebswirtschaft" erhalten auf die in den „Schriften zur EDV-orientierten Betriebswirtschaft" veröffentlichten Bücher 10% Rabatt.

Der Gabler Verlag ist ein Unternehmen der Verlagsgruppe Bertelsmann International.

© Betriebswirtschaftlicher Verlag Dr. Th. Gabler GmbH, Wiesbaden 1993
Softcover reprint of the hardcover 1st edition 1993
Lektorat: Brigitte Siegel

Höchste inhaltliche und technische Qualität unserer Produkte ist unser Ziel. Bei der Produktion und Verbreitung unserer Bücher wollen wir die Umwelt schonen: Dieses Buch ist auf säurefreiem und chlorfrei gebleichtem Papier gedruckt. Die Einschweißfolie besteht aus Polyäthylen und damit aus organischen Grundstoffen, die weder bei der Herstellung noch bei der Verbrennung Schadstoffe freisetzen.

Die Wiedergabe von Gebrauchsnamen, Handelsnamen, Warenbezeichnungen usw. in diesem Werk berechtigt auch ohne besondere Kennzeichnung nicht zu der Annahme, daß solche Namen im Sinne der Warenzeichen- und Markenschutz-Gesetzgebung als frei zu betrachten wären und daher von jedermann benutzt werden dürften.

Additional material to this book can be downloaded from http://extras.springer.com.

ISBN 978-3-409-12132-3   ISBN 978-3-322-91060-8 (eBook)
DOI 10.1007/978-3-322-91060-8

Geleitwort

In der Praxis stellt sich gegenwärtig das Problem, daß die Preise für Hardware und Software immer mehr fallen, die Kosten für die organisatorische Planung und Einführung der Anwendungssysteme jedoch steigen. Für die Wissenschaft kann hieraus die Forderung abgeleitet werden, Methoden und Hilfsmittel zur Verfügung zu stellen, die dieser Entwicklung entgegenwirken. Die vorliegende Monographie befaßt sich deshalb mit dem Einsatz rechnergestützter Hilfsmittel zur Planung und Einführung integrierter Anwendungssysteme.

Die praxisorientierte Arbeit zeigt eine Vorgehensweise für die EDV-gestützte Entwicklung unternehmensspezifischer CIM-Rahmenkonzepte. Auch wenn der CIM-Begriff selbst gegenwärtig an Aktualität verloren hat, so sind die damit verbundenen Inhalte, wie beispielsweise der Einsatz integrierter Anwendungssysteme oder die Umstrukturierung organisatorischer Abläufe, aktueller denn je zuvor. Wesentliche Kennzeichen des entwickelten Ansatzes sind die Verwendung unternehmensweiter Referenzmodelle, die Konzentration auf betriebswirtschaftlich-fachliche Fragestellungen sowie der Einsatz wissensbasierter Planungsmethoden. Das entwickelte Vorgehensmodell dient als Grundlage für den Entwurf eines computergestützten Analyse- und Planungssystems, das einen wesentlichen Beitrag zur Planungsunterstützung im Bereich der integrierten Informationsverarbeitung leistet.

Das entwickelte Konzept ist inzwischen als Softwaresystem realisiert und bereits mehrfach in der Praxis zur Unternehmensanalyse eingesetzt worden.

Wolfram Jost demonstriert damit in eindrucksvoller Weise, wie für betriebswirtschaftliche Problemstellungen wissenschaftlich fundierte Lösungen erarbeitet werden können, die den konkreten Praxiseinsatz erlauben.

August-Wilhelm Scheer

Vorwort

Auch wenn die Verwendung des CIM-Begriffes im Zusammenhang mit dem Einsatz integrierter Anwendungssysteme heute an Aktualität verloren hat, so ist dennoch festzustellen, daß das mit dem CIM-Begriff verbundene Konzept der integrierten Informationsverarbeitung auch zukünftig zu den zentralen Zielsetzungen eines Industriebetriebes gehören wird. Begründet wird dies durch die Tatsache, daß die integrierte Informationsverarbeitung, unabhängig davon, wie man die damit verbundenen Konzepte bzw. Philosophien bezeichnet, die einzige Möglichkeit darstellt, den veränderten Marktanforderungen zu entsprechen und somit die langfristige Überlebensfähigkeit des Unternehmens zu sichern.

Das Scheitern vieler "CIM-Projekte" und infolgedessen auch das "angekratzte" Begriffsimage ist nicht auf die mit dem CIM-Gedanken verbundenen Inhalte zurückzuführen, sondern auf eine falsche Vorgehensweise im Planungs- und/oder Einführungsprozeß. Im Rahmen der vorliegenden Arbeit wird eine Vorgehensweise zur rechnergestützten Planung von integrierten Informationsverarbeitungskonzepten entwickelt sowie ein auf dieser Vorgehensweise basierendes DV-Werkzeug konzipiert. Durch den Einsatz rechnergestützter Hilfsmittel innerhalb der Informationssystemplanung kann diese effizienter und systematischer durchgeführt werden.

Die Arbeit entstand während meiner Tätigkeit als wissenschaftlicher Mitarbeiter am Institut für Wirtschaftsinformatik an der Universität des Saarlandes. Meinem verehrten akademischen Lehrer, Herrn Prof. Dr. August-Wilhelm Scheer, bin ich zu großem Dank verpflichtet. Er hat durch sein Interesse und seine konstruktive Kritik das Entstehen der Arbeit wesentlich gefördert. Herrn Prof. Dr. Joachim Zentes danke ich recht herzlich für die rasche Anfertigung des Zweitgutachtens.

Weiterhin sei denen gedankt, die durch ihre Unterstützung wesentlich zum Gelingen der Arbeit beigetragen haben: Herrn Dipl.-Inf. Andreas Kronz sowie Herrn Carsten Barra, die die erarbeiteten Konzepte am Rechner implementiert haben, Frau Dipl.-Inf. E. Greiner-Dürr für vielfältige Anregungen während der Projektarbeit, Herrn Markus Eckert für das sorgfältige Anfertigen der zahlreichen Abbildungen sowie Frau Rita Landry-Schimmelpfennig für die Übernahme der stilistischen Korrekturtätigkeiten.

Meinen Zimmerkollegen, Herrn Dr. Kern und Herrn Dr. Keller, danke ich für ihre stete Diskussionsbereitschaft.

Ganz besonders danken möchte ich meiner Frau Filippa Jost, die mich unermüdlich motivierte und mir half, die Tiefen, die die Anfertigung einer Dissertationsschrift regelmäßig begleiten, zu überwinden.

Wolfram Jost

Inhaltsverzeichnis

A. Einführung in die rechnerunterstützte CIM-Rahmenplanung und Diskussion bestehender Ansätze

A.1. Problemstellung und Zielsetzung

Der Begriff Computer Integrated Manufacturing (CIM) wurde 1973 erstmalig von Harrington verwendet [1]. In Deutschland wurde der CIM-Begriff erst Anfang der achtziger Jahre aufgegriffen, wobei die Veröffentlichungen zu diesem Themengebiet anfangs unterschiedliche Begriffserklärungen beinhalteten. Man vergleiche hierzu zum Beispiel einmal die unterschiedlichen Definitionen von Scheer [2], Lederer [3], Maier-Rothe [4], Spur [5], Grabowski [6], Major [7] und Förster [8]. Obwohl die Begriffsinhalte zum damaligen Zeitpunkt wenig einheitlich waren, wurde die zentrale Bedeutung der mit dem CIM-Begriff verbundenen Ziele für den zukünftigen Unternehmenserfolg dennoch von allen Autoren hervorgehoben. Nachdem sich die Begriffsdefinitionen in den darauffolgenden Jahren zunehmend konkretisierten, avancierte dieses Konzept zu dem Inbegriff einer modernen, zukunftsgerichteten Unternehmensstrategie.

Obwohl die Attraktivität des CIM-Begriffes bis zum heutigen Zeitpunkt nicht verloren ging, ist die anfängliche Euphorie verflogen und haben realistische Einschätzungen Fuß gefaßt. Dies kommt nicht zuletzt darin zum Ausdruck, daß insbesondere seitens der Anwender eine zunehmend kritische Einstellung zu verzeichnen ist. Einer der

---

[1]   Vgl. Harrington, J.: Computer Integrated Manufacturing, New York 1973.

[2]   Vgl. Scheer, A.-W.: Factory of the Future, Vorträge im Fachausschuß "Informatik in Produktion und Materialwirtschaft" der Gesellschaft für Informatik e. V., in: Scheer, A.-W. (Hrsg.): Veröffentlichungen des Instituts für Wirtschaftsinformatik, Heft 42, Saarbrücken 1983, S. 2 f.

[3]   Vgl. Lederer, K. G.: EDV-unterstützte Kommunikationssysteme in der Automobilindustrie, in: Fortschrittliche Betriebsführung/Industrial Engineering 33(1984)1, S. 23-29.

[4]   Vgl. Maier-Rothe, C., Busse, K., Thiele, R.: Computersysteme planen, steuern und kontrollieren den Produktionsprozeß, in: Maschinenmarkt 89(1983)8, S. 106-109.

[5]   Vgl. Spur, G.: Die Roboter verschwinden in der automatischen Fabrik, in: VDI-Nachrichten 38(1984)52, S. 6.

[6]   Vgl. Grabowski, H.: CAD/CAM - Grundlagen und Stand der Technik, in: Fortschrittliche Betriebsführung/Industrial Engineering 32(1983)4, S. 224-233.

[7]   Vgl. Major, F. W.: Computer Graphics steuert die Produktivität, in: VDI-Nachrichten 38(1984)40, S. 29.

[8]   Vgl.: Förster, H.-U.: CAD-PPS-Kopplung - Ein Meilenstein auf dem Weg zur rechnerintegrierter Produktion, in: CAD/CAM Report 4(1985)1/2, S. 54-59.

wesentlichen Gründe hierfür ist darin zu sehen, daß neben erfolgreichen CIM-Realisierungen zunehmend auch fehlgeschlagene CIM-Vorhaben sichtbar werden.

Auch wenn der CIM-Begriff selbst an Aktualität verloren hat, so ist dennoch festzustellen, daß das damit verbundene Konzept der integrierten Informationsverarbeitung, gleichgültig unter welchem Namen, auch zukünftig zu den zentralen Zielsetzungen eines Industriebetriebes gehören wird. Begründet wird dies durch die Tatsache, daß die integrierte Informationsverarbeitung die einzige Möglichkeit darstellt, den veränderten Marktanforderungen, die sich u.a. in kürzeren Durchlaufzeiten, geringeren Kosten, kundenspezifischen Produkten und einer höheren Fertigungsflexibilität widerspiegeln, zu entsprechen und somit die langfristige Überlebensfähigkeit des Unternehmens zu sichern. Traditionelle Formen der Arbeits- und Betriebsorganisation sind hierzu nicht in der Lage.

Die Notwendigkeit von CIM ergibt sich somit zwangsläufig aus den Erfordernissen des Marktes. Das Scheitern vieler CIM-Projekte und infolgedessen auch das "angekratzte" Begriffsimage ist nicht durch die Philosophie selbst begründet, sondern durch eine auf mangelndes Fach- und Methodenwissen zurückzuführende falsche Vorgehensweise im Planungs- und/oder Einführungsprozeß.

Der erste und gleichzeitig auch wichtigste Schritt einer CIM-Realisierung liegt in der Erarbeitung eines auf die spezifischen Belange des Unternehmens ausgerichteten CIM-Rahmenkonzeptes [9]. Der Begriff Rahmenkonzept soll hier darauf hinweisen, daß es sich bei den ermittelten Ergebnissen nicht um detaillierte Handlungsvorgaben handelt, sondern um eine Art Generalbebauungsplan, der den Entscheidungsrahmen für das Implementierungskonzept darstellt. Im Mittelpunkt eines derartigen Rahmenkonzeptes steht ein CIM-Gesamtmodell, in dem die Anforderungen an die zu realisierende CIM-Gesamtlösung unter Berücksichtigung der spezifischen Ausgangssituation und Randbedingungen auf fachlicher Ebene formal beschrieben sind. Jedoch gerade dieser erste Schritt stellt auf Grund dessen, daß es sich bei CIM um ein individuelles Konzept handelt, das alle mit der Produktion zusammenhängenden Unternehmensbereiche betrifft und nur langfristig realisierbar ist, eine ebenso komplexe wie anspruchsvolle Aufgabe dar.

Zur Bewältigung dieser Aufgabe sind rechnergestützte Hilfsmittel in Form von Werkzeugen notwendig, die den Anwender durch eine einheitliche Vorgehensmethodik bei

---

[9]   Vgl. VDI-Gemeinschaftsausschuß CIM, VDI-Gesellschaft Entwicklung Konstruktion Vertrieb (Hrsg.): Rechnerintegrierte Konstruktion und Produktion, Band 1: CIM-Management, Düsseldorf 1990, S. 30 f.; Hemer, U., Vogt, H. P.: Strategien für die Einführung von CIM, in: VDI-Z 129(1987)5, S. 8-13, insbesondere S. 9.

der Analyse und Planung der integrierten Informationsverarbeitung unterstützen [10]. Unter dem Begriff Werkzeuge (Tools) sollen in diesem Zusammenhang DV-Systeme zur automatisierten Unterstützung von Methoden zur CIM-Rahmenplanung verstanden werden.

Die Anwendung wissenschaftlich begründeter Methoden mittels rechnerunterstützter Hilfsmittel gewährleistet eine systematische und rationelle Vorgehensweise. Darüber hinaus führt die Rechnerunterstützung zu einer Erhöhung der Produktivität sowie einer Reduzierung des erforderlichen Zeitaufwandes. Letzteres resultiert im wesentlichen aus der Tatsache, daß die Projektmitarbeiter von zeitaufwendigen Aufgaben, wie beispielsweise der Informationsverwaltung und -aufbereitung, befreit werden und damit mehr Zeit für die kreativen Aufgaben der Problemlösung zur Verfügung haben. Insgesamt kann festgestellt werden, daß der Prozeß der CIM-Rahmenplanung durch die Verwendung geeigneter Werkzeuge effizienter, überschaubarer und kontrollierbarer wird.

Zielsetzung der vorliegenden Arbeit ist zum einen die Entwicklung eines Vorgehensmodells (zum Begriff siehe Kapitel A.3.4.) für die rechnerunterstützte CIM-Rahmenplanung. Hierbei werden neben einer konzeptionellen Systematik auch fachliche Referenzmodelle entwickelt. Zum anderen soll durch die Beschreibung einer prototyphaften Realisierung die Software-technische Umsetzbarkeit des Vorgehensmodells dokumentiert werden.

A.2. Aufbau der weiteren Arbeit

Nachdem zuvor die der Arbeit zugrunde liegende Problemstellung erläutert wurde, werden im weiteren Verlauf des A-Teils die zum Verständnis der Arbeit bedeutsamen Begriffe festgelegt und die notwendigen Abgrenzungen vorgenommen. Anschließend werden im Kapitel A.5. bestehende Ansätze zur EDV-gestützten Erstellung von CIM-Gesamtkonzeptionen beschrieben.

Im Teil B der Arbeit wird ein detailliertes Vorgehensmodell für die rechnerunterstützte CIM-Rahmenplanung ausgearbeitet. Hierbei werden zunächst anhand der Architektur Integrierter Informationssysteme die Betrachtungsebenen und -sichten des Modells aufgezeigt. Im weiteren Verlauf der Arbeit folgt die Gliederung der Struktur des

---

[10]   Vgl. Jost, W., Keller, G., Scheer, A.-W.: Konzeption eines DV-Tools im Rahmen der CIM-Planung, in: ZfB 61(1991)1, S. 33-64, insbesondere S. 35; zum Rechnereinsatz im Rahmen der EDV-Beratung vgl. Scheer, A.-W.: Papierlose Beratung - Werkzeugunterstützung bei der DV-Beratung, in: Information Management, 6(1991)4, S. 6-16, insbesondere S. 6.

entwickelten Vorgehensmodells, das zu Beginn im Überblick dargestellt wird. Hauptgliederungskriterium sind die vier Vorgehensphasen. Innerhalb der jeweiligen Phasen wird nach den diesen zugeordneten Arbeitsschritten gegliedert.

Die Ausführungen zu den phasenspezifischen Arbeitsschritten beinhalten einerseits die Darstellung der eingesetzten Methode, andererseits wird die Anwendung der Methode auf die jeweils zu behandelnde betriebswirtschaftliche Fragestellung beschrieben. In den Fällen, in denen die Erläuterungen zu einem Arbeitsschritt sehr umfangreich sind, werden aus Übersichtlichkeitsgründen für die Methodendarstellung und Anwendungsbeschreibung eigene Gliederungspunkte eingeführt. Um dem Leser die Orientierung zu erleichtern, wird am Anfang eines jeden Gliederungspunktes der in diesem behandelte Arbeitsschritt in das Gesamtmodell eingeordnet. Im letzten Kapitel des B-Teils wird das entwickelte Vorgehensmodell mit Hilfe einer datenorientierten Beschreibungssprache formal beschrieben. Infolgedessen, daß die zur Beschreibung des CIM-Modells verwendeten Objekte und Beziehungen der Meta-Ebene zuzuordnen sind, ist dieses Kapitel mit dem Begriff Meta-Informationsmodell überschrieben.

Wird im Teil B die Konzeption des entwickelten Vorgehensmodell sowohl verbal als auch formal beschrieben, so beinhaltet Teil C die software-technische Umsetzung dieser Konzeption. Die Darstellung der prototyphaften Realisierung gliedert sich in drei Kapitel. Im ersten Kapitel werden die im Rahmen der Implementierung eingesetzten Entwicklungswerkzeuge sowie ihr spezifischer Verwendungszweck kurz erläutert. Das zweite Kapitel zeigt die wesentlichen Kennzeichen der entwickelten Bedienoberfläche. Das Schlußkapitel des C-Teils beinhaltet die Beschreibung der Systemfunktionalität. Die Gliederung der Funktionsbeschreibung folgt hierbei den vier Phasen des Vorgehensmodells.

Der Aufbau der Arbeit ist in Abbildung A.2.1 nochmals zusammenfassend dargestellt.

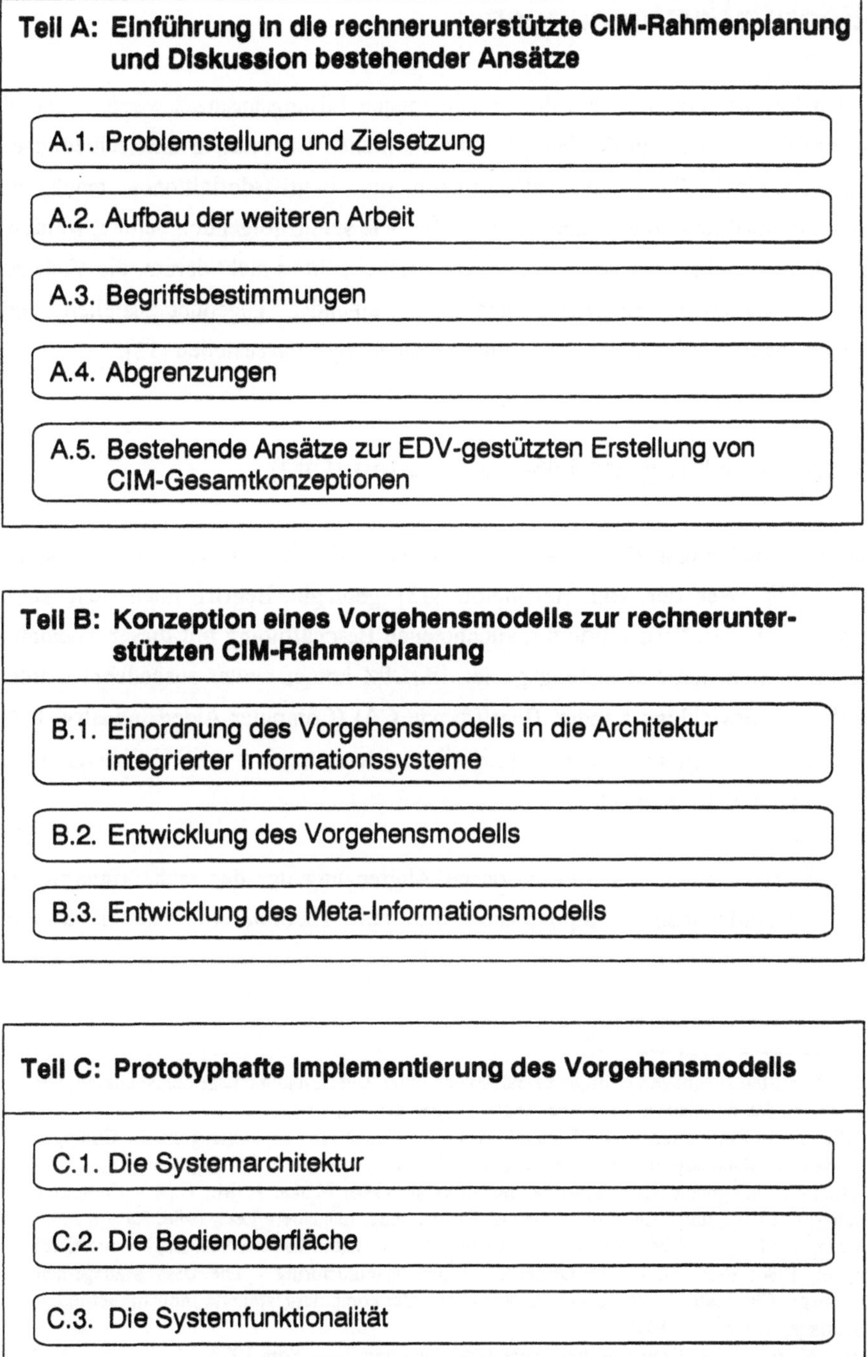

Abb. A.2.1:   Schematischer Aufbau der Arbeit

A.3. Begriffsbestimmungen

Die zentralen Begriffe des im folgenden beschriebenen Lösungsansatzes werden sowohl umgangssprachlich als auch in der betriebswirtschaftlichen Literatur in unterschiedlicher Bedeutung verwendet. Die Verschiedenartigkeit der Begriffsdefinitionen macht es erforderlich, die inhaltliche Bedeutung der Begriffe, wie sie im folgenden benutzt werden, den eigentlichen Ausführungen vorwegzustellen. Hierbei geht es nicht darum, die Vielzahl der bereits existierenden Begriffsbestimmungen einander gegenüberzustellen und abzugrenzen, sondern die im folgenden gültigen Bedeutungen darzustellen [11].

A.3.1. Computer Integrated Manufacturing (CIM)

Die inhaltliche Bedeutung des CIM-Begriffes war von Beginn an einem Wandel unterworfen [12]. War der von Harrington [13] geprägte Begriff noch sehr stark fertigungstechnisch orientiert, führte die zunehmende Beschäftigung mit dieser Thematik dazu, daß das betriebliche Anwendungsgebiet des CIM immer weiter ausgedehnt wurde. Am Ende dieser Entwicklung standen Begriffe wie CAI (Computer Aided Industry) [14] und CIB (Computer Integrated Business) [15], die auf den integrierten EDV-Einsatz in der gesamten Unternehmung abzielten.

Eine erste Begriffsklärung bzw. definitorische Abgrenzung der der rechnerintegrierten Produktion zuzuordnenden Komponenten, die bei Theoretikern und Praktikern

---

[11]   Die Begriffsfestlegungen erfolgen grundsätzlich unter Zweckmäßigkeitsgesichtspunkten, was bedeutet, daß durchaus auch andere Abgrenzungen denkbar sind.

[12]   Allgemeine Einführungen zur Thematik des CIM finden sich in: Harrington, J.: Computer Integrated Manufacturing, New York 1973; Kochan, A., Cowan, D.: Implementing CIM - Computer Integrated Manufacturing, Berlin et al. 1986; Miska, F. M.: CIM - Computerintegrierte Fertigung - Konzepte, Planung, Realisierung, Landsberg/Lech 1988; Ranky, P. G.: Computer Integrated Manufacturing - An Introduction with Case Studies, Englewood Cliffs et al. 1986; Bray, O. H.: Computer Integrated Manufacturing - The Data Management Strategy, Chichester 1988; Scheer, A.-W.: CIM - Der computergesteuerte Industriebetrieb, 4. Auflage, Berlin et al. 1990.

[13]   Vgl. Harrington, J.: Computer Integrated Manufacturing, New York 1973.

[14]   Vgl. Waller, S.: Computerintegrierte Fertigung, in: Bullinger, H.-J. (Hrsg.): Computerintegrated Manufacturing und Unternehmenslogistik (Kongreßband zu Kongreß III), Velberg 1987, S. 01.2.01-01.2.17.

[15]   Vgl. Bullinger, H.-J., Niemeier, J., Huber, H.: Computer Integrated Business (CIB)-Systeme, in: CIM-Management 3(1987)3, S. 12-19.

gleichermaßen Anerkennung fand, gelang Scheer [16] bereits 1983 mit der Entwicklung des in Abbildung A.3.1 dargestellten Y-CIM-Modells.

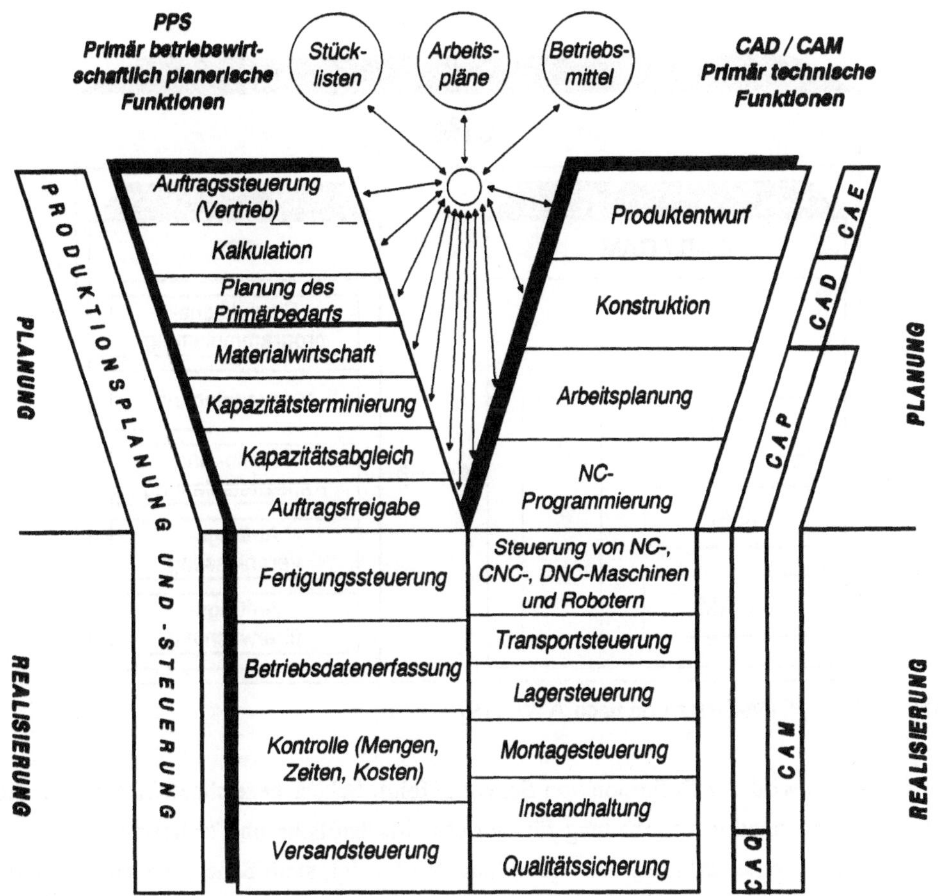

Abb. A.3.1:   Y-CIM-Modell [17]

Auch heute noch zählt das Y-CIM-Modell zu den am häufigsten verwendeten CIM-Definitionen.

Eine weitere, in der Literatur häufig aufgeführte Definition des CIM-Begriffes wurde 1985 durch den Ausschuß für wirtschaftliche Fertigung e. V. (AWF) gegeben (vgl. Abbildung A.3.2). Nach dieser Empfehlung beschreibt CIM "... den integrierten EDV-Einsatz in allen

[16]   Vgl. Scheer, A.-W.: Factory of the Future, Vorträge im Fachausschuß "Informatik in Produktion und Materialwirtschaft" der Gesellschaft für Informatik e. V., in: Scheer, A.-W. (Hrsg.): Veröffentlichungen des Instituts für Wirtschaftsinformaik, Heft 42, Saarbrücken 1983, S. 2.

[17]   Aus: Scheer, A.-W.: CIM - Der computergesteuerte Industriebetrieb, 4. Auflage, Berlin et al. 1990, S. 2.

mit der Produktion zusammenhängenden Betriebsbereichen" [18]. Inhaltlich sind zwischen der AWF-Definition und dem Y-CIM-Modell von Scheer keine wesentlichen Unterschiede festzustellen.

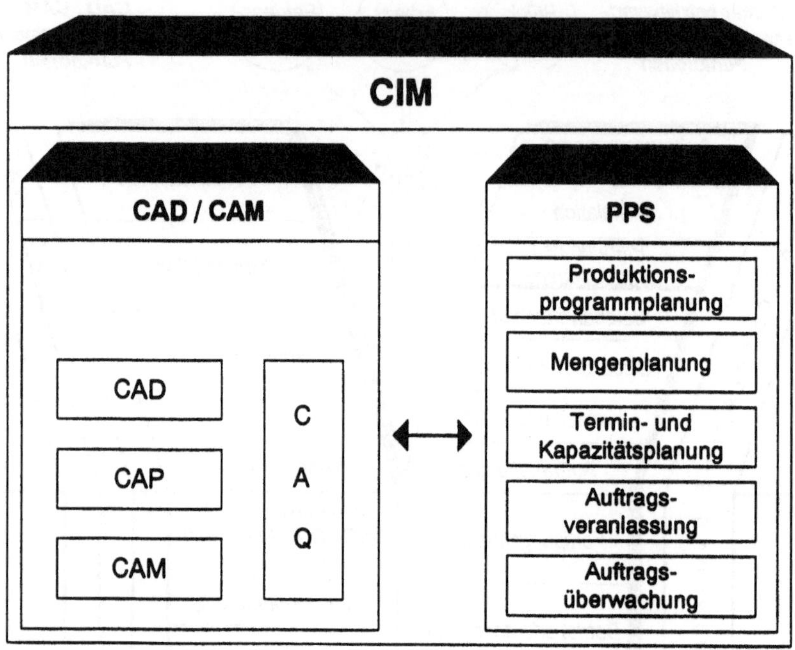

Abb. A.3.2:   CIM-Definition nach AWF [19]

Im folgenden wird der Definition von Scheer gefolgt. Scheer bezeichnet CIM als "... die integrierte Informationsverarbeitung für betriebswirtschaftliche und technische Aufgaben eines Industriebetriebes" [20]. Wie Abbildung A.3.1 zeigt, stellt Scheer die differenzierte Darstellung der mit dem CIM-Begriff verbundenen betriebswirtschaftlichen und technischen Unternehmensfunktionen in den Mittelpunkt der Betrachtungen. Den einzelnen Funktionen werden die mit diesen einhergehenden CA-Begriffe zugeordnet. Auf eine Erläuterung des Y-Modells sowie der darin enthaltenen Komponenten soll an dieser

---

[18]   Vgl. AWF (Ausschuß für Wirtschaftliche Fertigung e. V.) (Hrsg.): AWF-Empfehlung - Integrierter EDV-Einsatz in der Produktion - CIM Computer Integrated Manufacturing, Eschborn 1985, S. 1 ff.

[19]   Aus: AWF (Ausschuß für Wirtschaftliche Fertigung e. V.) (Hrsg.): AWF-Empfehlung - Integrierter EDV-Einsatz in der Produktion - CIM Computer Integrated Manufacturing, Eschborn 1985, S. 11.

[20]   Vgl. Scheer, A.-W.: CIM - Der computergesteuerte Industriebetrieb, 4. Auflage, Berlin et al. 1990, S. 2.

Stelle verzichtet werden, da hierzu auf die Ausführungen von Scheer [21] verwiesen werden kann.

A.3.2. Elementarfunktion, Funktion, Teilbereich

Bei den im folgenden erläuterten Begriffen ist festzustellen, daß zum einen keine eindeutigen Kriterien für deren Abgrenzung definiert werden können, zum anderen die Übergänge zwischen den Begriffen oft fließend sind. Zwar existieren in der Literatur durchaus idealtypische Begriffserläuterungen, doch finden sich auch hier kaum spezifische Definitionen, die Kriterien zur (eindeutigen) Identifikation zur Verfügung stellen [22]. Des weiteren ist darauf hinzuweisen, daß der Terminus "Funktion" im folgenden aus zwei unterschiedlichen Blickwinkeln betrachtet wird. Einerseits wird dieser als Individualbegriff, dem ein spezifischer Begriffsinhalt zugeordnet ist, andererseits als Sammelbegriff für sämtliche funktionalen Einzelbegriffe verstanden [23].

Schnutenhaus [24] kennzeichnet Elementarfunktionen als Funktionen niederer Stufe, aus denen sich unter Umständen zusammengesetzte Funktionen oder Funktionszyklen bilden lassen. Nachfolgend soll unter einer Elementarfunktion eine betriebswirtschaftlich relevante Tätigkeit [25] verstanden werden, die aus fachlicher Sicht selbst nicht sinnvoll in weitere Tätigkeiten untergliedert und in der Regel von einer Person ohne zeitliche Unterbrechung ausgeführt werden kann. Die Begriffe Funktion und Aufgabe werden Synonym verwendet [26].

[21] Vgl. Scheer, A.-W.: CIM - Der computergesteuerte Industriebetrieb, 4. Auflage, Berlin et al. 1990.

[22] So verwendet beispielsweise Pleschak die Begriffe Aufgabengebiet, Komplexfunktion, Grundfunktion und Elementarfunktion ohne jedoch näher auf die verwendeten Gliederungskriterien einzugehen. Vgl. Pleschak, F.: CIM-Management, Stuttgart 1991, S. 45 f.

[23] Wird nachfolgend der Terminus "Funktion" als Einzelbegriff verwendet, so wird dies durch Hochkommata gekennzeichnet ('Funktion').

[24] Vgl. Schnutenhaus, O. R.: Allgemeine Organisationslehre - Sinn, Zweck und Ziel der Organisation, Berlin 1951, S. 60.

[25] In Anlehnung an Zimmermann steht der Begriff Tätigkeit für ein zeiterforderndes Geschehen mit definiertem Anfang und Ende. Vgl. Zimmermann H.-J.: Netzplantechnik, in: Grochla, E. (Hrsg.): Handwörterbuch der Organisation, 2. Auflage, Stuttgart 1980, S. 1379-1388, insbesondere S. 1379 f.

[26] In der Literatur werden die Begriffe Funktion und Aufgabe häufig unterschiedlich definiert. Vgl. hierzu z. B. Simon, A.: Die Wissenschaft der Artefakte, in: Grochla, E. (Hrsg.): Elemente der organisatorischen Gestaltung, Reinbek 1978, S. 33.

Innerhalb der betriebswirtschaftlichen Organisationslehre versteht man unter einer Funktion "... eine personengebundene Aufgabe mit Abhängigkeitscharakter von einem größeren Ganzen" [27]. Weitere, aus der Organisationslehre stammende Begriffsdefinitionen finden sich bei Kosiol [28] und Nordsieck [29]. Im Gegensatz zu den Begriffsdefinitionen der Literatur, die eher mit dem hier verwendeten Begriff der Elementarfunktion übereinstimmen, stellt eine ´Funktion´ in der hier verwendeten Terminologie eine Zusammenfassung von Elementarfunktionen mit hoher funktionaler Bindung dar [30]. Elementarfunktionen besitzen eine hohe funktionale Bindung, wenn deren Bearbeitung der Lösung einer gemeinsamen, inhaltlich abgeschlossenen Problemstellung dient. Dies führt in der Regel dazu, daß die zu einer ´Funktion´ gruppierten Elementarfunktionen ein gemeinsames Objekt (z. B. Angebot, Anfrage, Kundenauftrag, Bestellauftrag usw.) bearbeiten.

Analog zum Funktionsbegriff stellen Teilbereiche eine Zusammenfassung von ´Funktionen´ mit hoher funktionaler Bindung dar. Auf Grund der Größe des Aufgabengebietes, das durch die Zusammenfassung mehrerer ´Funktionen´ in der Regel entsteht, werden Teilbereiche häufig als eigenständige Organisationseinheiten (Abteilungen) geführt.

Aus den zuvor dargestellten Begriffserläuterungen wird deutlich, daß einzig und allein der Begriff der Elementarfunktion eine konkrete Gegenständlichkeit im Sinne einer sinnlich wahrnehmbaren Handlung beschreibt. Alle anderen Funktionsbegriffe stellen "lediglich" eine nach bestimmten Kriterien durchgeführte, modellhafte Gruppierung untergeordneter Funktionen dar.

A.3.3. Prozeß, Prozeßkette, Vorgangskette

Der Begriff des Prozesses ist sehr eng mit dem Begriff des Ablaufs verbunden [31]. Die ersten Definitionen des Ablaufbegriffes entstammen der Organisationslehre. So besteht

---

[27] Mellerowicz, K.: Allgemeine Betriebswirtschaftslehre, Band 1, 14. Auflage, Berlin New York 1973, S. 171 f.

[28] Kosiol, E.: Organisation der Unternehmung, Wiesbaden 1965, S. 45.

[29] Nordsieck, F.: Betriebsorganisation - Lehre und Technik, 2. Auflage, Stuttgart 1972, S. 74 ff.

[30] Balzert benutzt den Begriff der funktionalen Bindung, um die Qualität der Modularisierung innerhalb des Softwareentwurfsprozesses zu beurteilen. Vgl. Balzert, H.: Die Entwicklung von Software-Systemen, Mannheim et al. 1982, S. 219 ff.

[31] Vgl. hierzu z. B. Schweitzer, M.: Ablauforganisation, in: Grochla, E., Wittmann, W. (Hrsg.): Handwörterbuch der Betriebswirtschaft, 4. Auflage, Stuttgart 1975, Sp. 1.

nach Hennig [32] ein Arbeitsablauf aus mehreren Arbeitsstufen, wobei sowohl der gesamte Arbeitsablauf als auch die einzelnen Arbeitsstufen durch Anlässe eingeleitet werden. Steinbuch [33] sieht in den Arbeitsgängen, ihrer Reihenfolge sowie den Arbeitsplätzen, an denen die Arbeitsgänge ausgeführt werden, die wesentlichen Inhalte eines Ablaufs. Aus beiden Begriffsbestimmungen geht hervor, daß im Rahmen der Prozeßdefinition der Zeitfaktor von entscheidender Bedeutung ist.

Innerhalb des nachfolgend beschriebenen Vorgehensmodells soll folgende Prozeßdefinition gelten: Ein Prozeß beinhaltet eine Reihe miteinander in Beziehung stehender und einander beeinflussender Funktionen, ihre logische und zeitliche Bearbeitungsreihenfolge, die Organisationseinheiten, in denen diese durchgeführt werden sowie die funktionsspezifischen Input- und Output-Daten. Ein Prozeß wird durch ein (Anfangs-) Ereignis angestoßen und durch ein (Schluß-) Ereignis beendet. Die Begriffe Prozeß, Funktionsablauf und Funktionskette werden synonym verwendet. Entsprechend dieser Begriffsabgrenzung stellt eine Prozeßkette eine Verknüpfung unterschiedlicher Prozesse dar.

Häufig wird in ein und demselben Zusammenhang neben dem Prozeßbegriff der Begriff Vorgangskette mehr oder weniger synonym gebraucht. Aus diesem Grunde ist es notwendig, beide Begriffe voneinander abzugrenzen. Eine Vorgangskette [34] beinhaltet eine ablauforganisatorische Verknüpfung von Tätigkeiten. Die Verkettung der einzelnen Tätigkeiten erfolgt hierbei durch Informationsflüsse. Darüber hinaus sind in einer Vorgangskette Informationen über die Art der Tätigkeitsausführung (DV-unterstützt, manuell) sowie die verwendeten Datenbasen und verantwortlichen Organisationseinheiten enthalten. Der Begriff Tätigkeit wird hierbei jedoch nicht näher spezifiziert [35]. Obwohl die Begriffe Prozeß und Vorgangskette - wie sie hier verstanden werden - gewisse Gemeinsamkeiten aufzeigen, verfolgen diese dennoch unterschiedliche Primärzielsetzungen. So steht innerhalb der Vorgangskette in erster Linie die Darstellung

---

[32]   Vgl. Hennig, K. W.: Betriebswirtschaftliche Organisationslehre, 4. Auflage, Wiesbaden 1965, S. 80.

[33]   Vgl. Steinbuch, P. A.: Betriebliche Datenverarbeitung, 3. Auflage, Ludwigshafen 1986, S. 121 f.

[34]   Vgl. Scheer, A.-W.: EDV-orientierte Betriebswirtschaftslehre, 4. Auflage, Berlin et al. 1990, S. 38 ff.

[35]   Mögliche Erweiterungen von Vorgangskettendiagrammen insbesondere unter dem Aspekt der Informationsmodellierung sind dargestellt in: Brombacher, R.: Effizientes Informationsmanagement - die Herausforderung von Gegenwart und Zukunft, in: SzU, Band 44, Wiesbaden 1991, S. 122-134, insbesondere S. 128 f.; Berkau, C.: VOKAL - System zur Vorgangskettendarstellung und -analyse, in: Scheer, A.-W. (Hrsg.): Veröffentlichungen des Instituts für Wirtschaftsinformatik, Heft 82, Saarbrücken 1991.

des Informationsflusses im Vordergrund der Betrachtungen [36], wogegen der Schwerpunkt der Prozeßdarstellung in dem Aufzeigen der sachlichen und zeitlichen Reihenfolge der Funktionsausführung liegt.

A.3.4. Modell, Referenzmodell, Vorgehensmodell, Meta-Informationsmodell

Ein Modell ist ein Hilfsmittel, das ein vor dem Hintergrund einer spezifizierten Problemstellung konstruiertes, vereinfachtes Abbild eines Ausschnittes der ökonomischen Realität darstellt [37]. Hanssmann definiert ein Modell als "... ein vereinfachtes Abbild einer komplizierten Wirklichkeit. Das Modell abstrahiert also von vielen Eigenschaften des Realsystems und beschränkt sich im Idealfall auf die für eine bestimmte Entscheidungssituation wesentlichen Attribute" [38].

Aus den zuvor angeführten Interpretationen wird deutlich, daß unter einem Modell eine u. a. aus Komplexitätsgründen vereinfachte Beschreibung eines Ausschnittes aus der Realität verstanden wird. Unter einem Referenzmodell wird im folgenden ein Modell verstanden, das die im Hinblick auf eine spezifizierte Fragestellung wesentlichen Objekte sowie deren Eigenschaften und Zusammenhänge in einer Form beinhaltet, die soweit verallgemeinert ist, daß sie nicht auf die individuellen Besonderheiten eines Unternehmens zugeschnitten ist, sondern für eine Vielzahl ähnlicher Unternehmen Gültigkeit besitzt. Der Charakter der Allgemeingültigkeit ist somit das wesentliche Kennzeichen eines Referenzmodells.

Scholz-Reiter [39] definiert den Begriff Vorgehensmodell als ein Modell, das der Beschreibung des zielgesicherten Vorgehens bei der Problembearbeitung zur Problemlösung dient. Im folgenden soll unter einem Vorgehensmodell die systematische Gliederung und Beschreibung der zur Lösung einer vorgegebenen Problemstellung erforderlichen Aktivitäten (Aufgaben) einschließlich ihrer Ziele und Methoden verstanden werden. Hierbei kann die gleiche Methode zur Ausführung unterschiedlicher Aufgaben eingesetzt werden. Darüber hinaus beinhaltet das Vorgehensmodell auch Informationen

---

[36]   Dieser Sachverhalt wird auch durch die gewählte Tabellenform als Darstellungsmittel deutlich, da diese lediglich zur Beschreibung lineare Ablaufstrukturen geeignet ist.

[37]   Vgl. Fehl, U.: Modell, in: Dichtel, E., Issing, O. (Hrsg.): Vahlens Großes Wirtschaftslexikon, Band 2, München 1987, S. 186 f.

[38]   Hanssmann, F.: Einführung in die Systemforschung - Methodik der modellgestützten Entscheidungsvorbereitung, München 1978, S. 74 f.

[39]   Vgl. Scholz-Reiter, B.: CIM - Informations- und Kommunikationssysteme, München Wien 1990, S. 30.

über die zeitliche und logische Reihenfolge, in der die einzelnen Aktivitäten auszuführen sind. Die Begriffe Vorgehensmodell, Vorgehenskonzept und Vorgehensmethodik sind gleichbedeutend.

Im Zusammenhang mit der Planung und Entwicklung integrierter Informationssysteme gewinnt der Meta-Begriff zunehmend an Bedeutung. So verwenden beispielsweise Biethahn/Mucksch/Ruf [40] den Begriff Meta-Daten und bezeichnen damit Daten über Daten. Unter einem Meta-Informationsmodell soll hier in Anlehnung an Scheer [41] ein Modell verstanden werden, das Aussagen über die Elemente des Informationssystems - bzw. in diesem Kontext des Vorgehensmodells - selbst macht. Das Meta-Informationsmodell beschreibt somit lediglich die Architektur des Vorgehensmodells, nicht aber dessen fachliche Inhalte [42].

A.4. Abgrenzungen

A.4.1. Betrachtete Unternehmen

Der Einsatz moderner Informationstechnologien ist keineswegs auf einzelne Wirtschaftsbranchen oder Industriezweige begrenzt. In Handels- [43], Bank-, Versicherungs- und sogar in Landwirtschaftsbetrieben werden in zunehmendem Maße EDV-Techniken eingesetzt. Der Begriff CIM steht jedoch - entsprechend der in Kapitel A.3.1. gegebenen Definition - für den integrierten EDV-Einsatz in industriellen Unternehmen. Obwohl hierdurch bereits eine erste Eingrenzung der betrachteten Unternehmen gegeben ist, wird diese nachfolgend weiter verfeinert. Die Notwendigkeit hierzu ergibt sich daraus, daß selbst innerhalb der genannten Wirtschaftsgruppe die Erscheinungsformen der Unternehmen derart unterschiedlich sind, daß eine gesamtheitliche Anwendung des gewählten Lösungsansatzes nicht möglich ist.

---

[40]   Vgl. Biethahn, J., Mucksch, H., Ruf, W.: Ganzheitliches Informationsmanagement, Band II: Daten- und Entwicklungsmanagement, München Wien 1991, S. 211 f.

[41]   Vgl. Scheer, A.-W.: Architektur integrierter Informationssysteme, Berlin et al. 1991, S. 19.

[42]   Die datenbanktechnische Implementierung eines Meta-Informationsmodells wird als Repository bezeichnet. Zur Abgrenzung beider Begriffe vgl. Scheer, A.-W.: Architektur integrierter Informationssysteme, Berlin et al. 1991, S. 23; von Stülpnagel, A.: Repository - Architekturen, Standards, Funktionen, in: Scheibl, H.-J. (Hrsg.): Software-Entwicklungs-Systeme und -Werkzeuge, Tagungsband zum 4. Kolloquium, Esslingen 1991, S. 12.1-1-12.1-14, insbesondere S. 12.1-3.

[43]   Vgl. Zentes, J.: Computergestütztes Handelsmarketing, in: Hermanns, A., Flegel, V. (Hrsg.): Handbuch des Electronic Marketing, München 1992, S. 878-892.

Die nachfolgend beschriebene Vorgehensmethodik wurde für Industriebetriebe mit primär mechanischer Technologie (Fertigung) entwickelt. Als mechanisch sollen in diesem Zusammenhang in Anlehnung an Schäfer [44] alle diejenigen Techniken verstanden werden, die zur Umwandlung von synthetischen Materialien herangezogen werden können. Hierbei werden nur Form und Oberflächenbeschaffenheit, nicht aber die Eigenschaften der zu verarbeitenden Materialien selbst verändert. Weiteres Kennzeichen der zu betrachtenden Unternehmen ist die Herstellung von Stückgütern. Ausschlaggebend für die Zuordnung von Unternehmen zu dem zuvor beschriebenen Industriezweig ist, daß die genannten Charakteristika die Ausführung der zur Leistungserstellung erforderlichen Funktionen maßgeblich determinieren.

Ein weiteres Kriterium für die Anwendung des entwickelten Lösungsansatzes stellt die Unternehmensgröße dar. Im folgenden werden zwei Argumente, die die Notwendigkeit des Tooleinsatzes in mittleren Unternehmen verdeutlichen, nämlich Fachwissen und Finanzkraft, diskutiert [45] [46]. Die grundsätzliche Bedeutung und Eignung von CIM in Unternehmen mittlerer Größe soll dabei nicht weiter erörtert werden, da hierzu bereits eine Reihe von Veröffentlichungen vorliegen [47].

Die Planung und Realisierung der integrierten Informationsverarbeitung erfordert ein bereichsübergreifendes, fachliches und organisatorisches Wissen, das in kleineren und mittleren Unternehmen in der Regel nicht in ausreichendem Maße vorhanden ist [48]. Neben dem fehlenden Wissen über die betriebswirtschaftlichen Zusammenhänge existiert auch ein Mangel an Kenntnissen hinsichtlich einer methodischen Vorgehensweise [49].

[44]   Vgl. Schäfer, E.: Der Industriebetrieb, Band 1, Köln 1969, S. 46 f.

[45]   Zum Begriff der mittelständischen Unternehmung vgl. z. B. Albach, H.: Die Bedeutung mittelständischer Unternehmen in der Marktwirtschaft, in: ZfB 53(1983)9, S. 870-888; Schmidt, R.: Die Bedeutung von Unteilbarkeiten für mittelständische Unternehmen, in: Albach, H., Held, T. (Hrsg.): Betriebswirtschaftslehre mittelständischer Unternehmen, Stuttgart 1984, S. 182-196.

[46]   Die genannten Kriterien werden von Scheer neben der organisatorischen Flexibilität als die grundsätzlichen Bestimmungsfaktoren einer CIM-Einführung bezeichnet. Vgl. Scheer, A.-W.: CIM - eine Herausforderung für den Mittelstand, in: Scheer, A.-W. (Hrsg.): Computer Integrated Manufacturing, Fachtagung, Saarbrücken 1988, S. 1-16, insbesondere S. 4.

[47]   Vgl. dazu z. B. Scheer, A.-W.: Der Mittelstand - der ideale CIM-Anwender, in: Scheer, A.-W. (Hrsg.): CIM im Mittelstand, Fachtagung, Saarbrücken 1989, S. 1-15; Bölzing, D., Schulz, H.: CIM-Einführung bei mittelständischen Unternehmen, in: CIM Management 6(1990)5, S. 4-9; Bilger, W.: CIM für mittelständische Unternehmen, Heidelberg 1991; Cronjäger, L. (Hrsg.): Bausteine für die Fabrik der Zukunft, Berlin et al. 1990, S. 135 ff.

[48]   Vgl. Bullinger, H.-J., Salzer, C.: Wie macht man Fabriken CIM-fähig, in: Wildemann, H. (Hrsg.): Gestaltung CIM-fähiger Unternehmen, München 1989, S. 43-83, insbesondere S. 76.

[49]   Vgl. Jost, W., Keller, G., Scheer, A.-W.: Konzeption eines DV-Tools im Rahmen der CIM-Planung, in: ZfB 61(1991)1, S. 33-64, insbesondere S. 35; Warschat, J., Salzer, C.: CIM - ein Überblick, in: Bullinger, H.-J. (Hrsg.): Handbuch des Informationsmanagements im Unternehmen, Band I, München 1991, S. 228-253, insbesondere S. 248.

Obwohl diese Situation durchaus auch auf Großunternehmen zutreffen kann, besitzen diese jedoch die Möglichkeit, durch den Aufbau spezieller Abteilungen sowie das Heranziehen externer Berater den Mangel an eigenem Fach- und Methodenwissen auszugleichen. Mittelständische Unternehmen sind hierzu aus personellen und wirtschaftlichen Gründen nicht in der Lage.

Auch wenn die zuvor genannten Gründe die Notwendigkeit des Werkzeugeinsatzes gerade in mittelständischen Unternehmen unterstreichen, bedeutet dies keinesfalls, daß die Nutzung derartiger Hilfsmittel grundsätzlich auf diese beschränkt ist. Vielmehr ergeben sich auch in Großunternehmen durch den Rechnereinsatz erhebliche Vorteile [50].

In Abbildung A.4.1 ist die Typologie des betrachteten Industriezweiges nochmals zusammenfassend dargestellt. Die hier relevanten Merkmalsausprägungen sind durch ein Muster gekennzeichnet.

Merkmale	Merkmalsausprägungen		
Betriebsgröße	Großbetriebe	Mittelbetriebe	Kleinbetriebe
Art der Stoffverwertung Beispiel:	analytisch Raffinerien	durchlaufend Papierindustrie	synthetisch Maschinenbau
Prozeß-technologie Beispiel:	mechanisch Werkzeugbau		chemisch Farbenindustrie
Art der Güterformen Beispiel:	Fließgüter Gase		Stückgüter Maschinen

Abb. A.4.1:   Typologie des betrachteten Industriezweiges

---

[50]   Als von der Unternehmensgröße unabhängige Vorteile wurden bereits im Rahmen der Problemstellung und Zielsetzung eine systematische und rationelle Vorgehensweise, eine höhere Produktivität sowie ein geringerer Zeitaufwand angeführt.

A.4.2. Untersuchte Funktionsbereiche

Nachdem in den vorherigen Ausführungen die Frage, welche Unternehmen den Gegenstand der Betrachtungen bilden, beantwortet wurde, befassen sich die folgenden Erläuterungen mit der Darstellung der zu untersuchenden betrieblichen Funktionsbereiche.

Funktionsbereiche stellen in der Regel organisatorisch selbständige Einheiten dar, in denen ein inhaltlich abgeschlossenes Aufgabengebiet bearbeitet wird. Auf Grund der Tatsache, daß dem in dieser Arbeit entwickelten Vorgehensmodell die CIM-Definition von Scheer zugrunde liegt, bilden die im Y-CIM-Modell aufgeführten Funktionsbereiche die Grundlage für nachfolgende Abgrenzung.

Zunächst ist jedoch darauf hinzuweisen, daß nicht alle Komponenten des Y-CIM-Modells Funktionsbereiche im hier verstandenen Sinne darstellen. Deshalb wurde das ursprüngliche Y-CIM-Modell den Anforderungen der zu behandelnden Fragestellung entsprechend modifiziert. Das Ergebnis dieser Modifikation ist in Abbildung A.4.2 dargestellt. Die hier betrachteten Funktionsbereiche sind räumlich nach vorne geschoben und mit einem Muster hinterlegt [51].

Die Funktionsbereiche der linken Seite des (modifizierten) Y-CIM-Modells beschreiben die einzelnen Aufgabenbereiche der Produktionsplanung und -steuerung (PPS). Aufgabe der Produktionsplanung und -steuerung ist die Durchführung der wesentlichen dispositiven Funktionen eines Industriebetriebes, d. h. die organisatorische Planung, Steuerung, Überwachung und Kontrolle der Produktionsabläufe [52]. Aus diesem Aufgabengebiet werden gemäß Abbildung A.4.2 die Bereiche Primärbedarfsplanung, Materialwirtschaft, Zeit-/Kapazitätswirtschaft und Auftragsfreigabe auf der Planungsebene sowie die Fertigungssteuerung auf der Steuerungsebene betrachtet.

Beim Vertrieb handelt es sich um einen Funktionsbereich, der nicht grundsätzlich dem Gebiet der PPS zuzuordnen ist. Auf Grund der hohen Bedeutung dieses Bereiches, insbesondere für Unternehmen der Einzel- und Kleinserienfertigung, die im wesentlichen

---

[51] Auf eine inhaltliche Erläuterung der betrachteten Funktionsbereiche kann an dieser Stelle verzichtet werden, da in Kapitel B.2.2.1.2. zu jedem betrachteten Bereich ein detailliertes Funktionsmodell entwickelt wird.

[52] Vgl. Scheer, A.-W.: Wirtschaftsinformatik - Informationssysteme im Industriebetrieb, 3. Auflage, Berlin et al. 1990, S. 74.

aus der hohen informationellen Verflechtung zu den übrigen Anwendungsbereichen resultiert, wird dieser hier dennoch berücksichtigt.

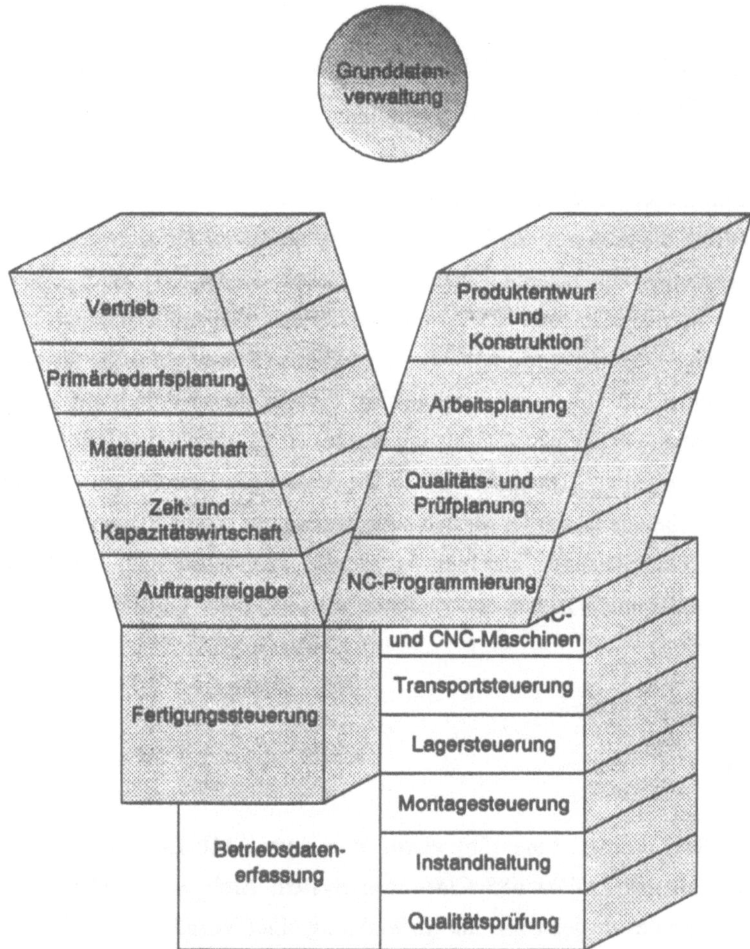

Abb. A.4.2:   Untersuchte Funktionsbereiche

Bei den ausgewählten Komponenten der rechten Seite des Y-CIM-Modells handelt es sich um die der Produktion vorgelagerten mehr technisch orientierten Planungsbereiche Konstruktion, Arbeitsplanung, Qualitäts-/Prüfplanung und NC-Programmierung.

Betrachtet man ein Unternehmen vor dem Hintergrund des Wertschöpfungsprozesses, der bei der Angebotserstellung beginnt, sich über die Phasen Produktentwicklung und Produkterstellung fortsetzt, der des weiteren Maßnahmen zur Planung, Steuerung, Überwachung und Kontrolle der Produktionsabläufe enthält, so wird deutlich, daß die behandelten Funktionsbereiche den betriebswirtschaftlich relevanten Teil des Wertschöpfungsprozesses vollständig abbilden [53].

A.5. Bestehende Ansätze zur EDV-gestützten Erstellung von CIM-Gesamtkonzeptionen

Es würde den Rahmen dieser Arbeit bei weitem sprengen, wenn man hier auf sämtliche Ansätze eingehen wollte, die sich mit der CIM-Planung im weitesten Sinne beschäftigen. Zudem wurde eine derartige Untersuchung bereits von Scholz-Reiter [54] durchgeführt. Auch in der von Mertens/Holzner [55] durchgeführten Gegenüberstellung von Integrationsansätzen der Wirtschaftsinformatik werden teilweise Planungsansätze aus dem Bereich des CIM behandelt. Dennoch ist es notwendig, auch in dieser Arbeit auf bereits bestehende Lösungsansätze einzugehen. Zielsetzung hierbei ist es, durch eine Einordnung des in dieser Arbeit entwickelten Lösungsansatzes in die bestehende Forschungslandschaft dessen Notwendigkeit zu belegen. Hierbei werden nachfolgend nur solche Planungsansätze beleuchtet, die sich unmittelbar auf die hier behandelte Problemstellung der EDV-gestützten CIM-Rahmenplanung beziehen und zu denen entsprechende Veröffentlichungen existieren.

A.5.1. CIM-OSA

Im Rahmen des ESPRIT 1-Programms [56] wurde von dem AMICE-(European CIM Architecture-)Konsortium das Projekt 688 CIM-Open System Architecture (CIM-OSA) gestartet [57]. Zielsetzung des Projektes ist die Entwicklung einer Vorgehensweise für die

---

[53] Wie aus den vorherigen Erläuterungen hervorgeht, werden hier nicht alle Komponenten des Y-CIM-Modells berücksichtigt. Die Konzentration auf die der Produktion vorgelagerten Planungs- und Steuerungsbereiche erfolgt hier deshalb, weil der eigentliche Produktionsprozeß keinen Gegenstand betriebswirtschaftlicher Betrachtungen darstellt. Vgl. hierzu Mertens, P.: Ingenieur-Wissen und Ingenieur-Denken für Betriebswirte - Aspekte der Lehre, Forschung und Hochschulpolitik, in: Heinrich, L. J., Pomberger, G., Schauer, R. (Hrsg.): Die Informationswirtschaft im Unternehmen, Linz 1991, S. 15-36, insbesondere S. 20.

[54] Scholz-Reiter, B.: CIM-Informations- und Kommunikationssysteme, München Wien 1990.

[55] Vgl. Mertens, P., Holzer, J.: Gegenüberstellung von Integrationsansätzen der Wirtschaftsinformatik, in: Bodendorf, F., Mertens, P. (Hrsg.): Arbeitspapier der Universität Erlangen, Abteilung Wirtschaftsinformatik, Nr. 5, Nürnberg 1991.

[56] Die Abkürzung ESPRIT bedeutet: European Strategic Program for Research and Development in Information Technology.

[57] Zum Projekt CIM-OSA vgl. o. V.: CIM-OSA Reference Architecture Specification, Esprit Project No. 688, Brüssel 1989; Stotko, E. C.: CIM-OSA, in: CIM Management 5(1989)1, S.

Planung, Implementierung, Anpassung und Weiterentwicklung von CIM-Systemen [58]. Die Basis hierfür bildet ein Meta-Informationsmodell (zum Begriff vgl. Kapitel A.3.4.), das im Laufe des Projektes inhaltlich gefüllt und damit zu einem umfassenden unternehmensweiten Referenzmodell eines Fertigungsbetriebes erweitert werden soll. Aus diesem Referenzmodell sollen dann mittels einer methodischen Vorgehensweise individuelle, das heißt auf die spezifischen Belange der Unternehmen ausgerichtete CIM-Systeme abgeleitet werden.

Das CIM-OSA Vorgehensmodell teilt sich prinzipiell in zwei Hauptteile, die zwar jeder für sich genommen einen geschlossenen Lösungsansatz darstellen, jedoch immer im Zusammenhang zu sehen sind [59]. Zum einen handelt es sich hierbei um den Teil der Unternehmensmodellierung, zum anderen um die operativen Aspekte der integrierenden Infrastruktur.

Das für die Unternehmensmodellierung entwickelte Rahmenwerk (Framework) ist in Abbildung A.5.1 dargestellt. Es bildet einen Würfel, dessen Achsen die Architekturebenen, die Modellierungsebenen und die komplementären Sichten bilden.

9-15; Panse, R.: CIM-OSA - Ein herstellerunabhängiges CIM-Konzept, in: DIN-Mitteilungen 69(1990)3, S. 157-164; CEN/CENELEC (Hrsg.): Computer Integrated Manufacturing, Systems Architecture, Framework for Enterprise Modelling, prENV 40 003, Berlin 1990.

[58] Vgl. Stotko, E. C.: CIM-OSA, in: CIM Management 5(1989)1, S. 9-15, insbesondere S. 9.
[59] Vgl. Panse, R.: CIM-OSA - Ein herstellerunabhängiges CIM-Konzept, in: DIN-Mitteilungen 69(1990)3, S. 157-164, insbesondere S. 157.

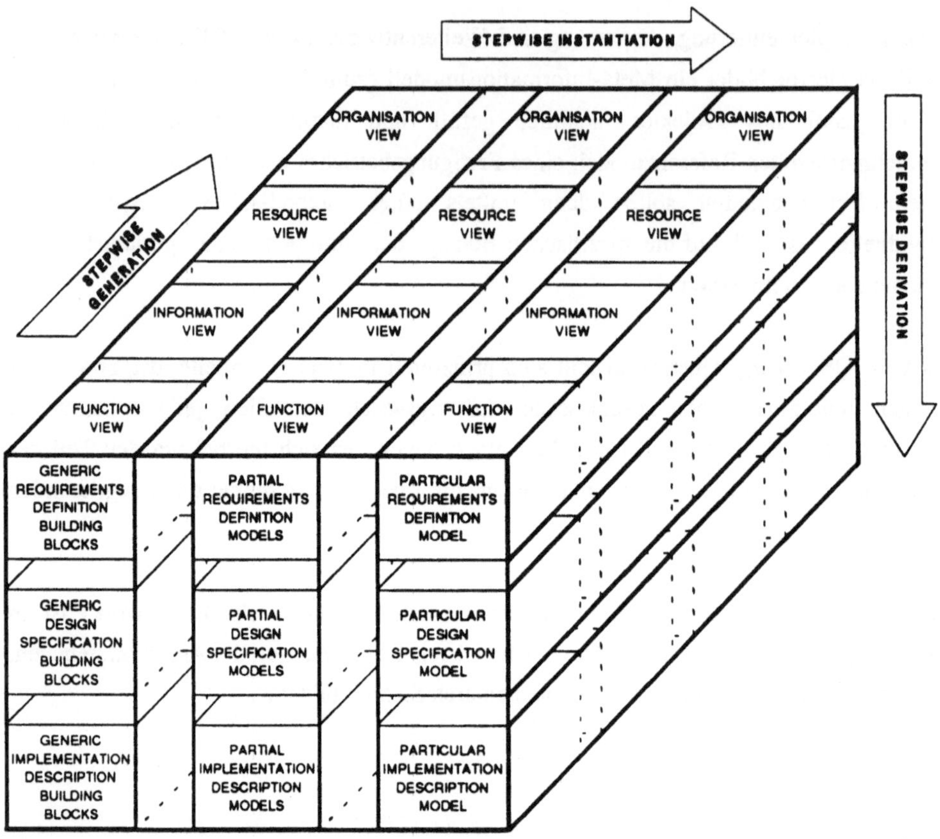

Abb. A.5.1:   CIM-OSA Rahmenwerk (Framework) [60]

Die Architekturebenen kennzeichnen den Weg, wie man ausgehend von einer allgemeinen Referenzarchitektur zur spezifischen Architektur des jeweils betrachteten Unternehmens gelangt. Hierzu werden drei Architekturebenen definiert. Die generische Ebene (Generic Architecture Level) beinhaltet generische Konstrukte (Operatoren), die, ähnlich der formalen Grammatik einer imperativen Programmiersprache, zur Erstellung der Unternehmensmodelle verwendet werden. In der Partialmodellebene (Partial Architecture Level) sind nach speziellen Branchen, Fertigungstypen und Größenklassen differenzierte Partialmodelle (z. B. für das Bestellwesen oder die Lagersteuerung) als Referenzmodelle abgelegt, wobei diese mittels der Konstrukte der generischen Ebene erstellt werden. Der individuellen Architekturebene (Particular Architecture Level) obliegt die Aufgabe, aus den vorhandenen Partialmodellen die für das betreffende Unternehmen relevanten Modelle auszuwählen, den spezifischen Anforderungen anzupassen und zu einem Gesamtmodell zu verknüpfen (stepwise instantination).

---

[60]   Aus: ESPRIT Consortium AMICE (Hrsg.): Open System Architecture for CIM, in: Research Reports ESPRIT, Project 688, Vol. 1, Berlin et al. 1989, S. 46.

Die Modellierungsebenen beschreiben ein Phasenmodell für die Anwendungsentwicklung. Es werden drei Modellierungsebenen festgelegt. In der Ebene der Anforderungsdefinitionen (Requirements Definition Modelling Level) werden die Anforderungen an das zu realisierende CIM-System in fachlicher, d. h. allgemeinverständlicher Form definiert. Aufgabe der Ebene der Entwurfsspezifikation ist zum einen das Erkennen und Beseitigen von Redundanzen innerhalb der Fachspezifikation (Optimierung) sowie deren Detaillierung und Umsetzung in eine mehr technisch orientierte Sprache. Innerhalb der Ebene der Realisierungsbeschreibung (Implementation Description Modelling Level) werden die Spezifikationen der zweiten Modellierungsebene mit den verfügbaren Ressourcen (Applikationen) verbunden. Hierbei ist unter Umständen eine Anpassung der bisherigen Idealstrukturen an die Erfordernisse der konkreten Realisierung notwendig.

Um innerhalb der Entwicklung eines CIM-Systems bestimmte Aspekte in optimierender Form behandeln zu können, unterscheidet CIM-OSA vier Betrachtungssichten. Die Funktionssicht (Function View) beinhaltet die strukturierte (hierarchische) Beschreibung der Aufgaben und Unteraufgaben eines Unternehmens. Die Beschreibung einer Aufgabe beinhaltet hierbei neben der Verarbeitungsregel auch deren Ziele, Inputs und Outputs. Innerhalb der Informationssicht (Information View) werden sämtliche Informationsobjekte eines Unternehmens klassifiziert und beschrieben. Als Informationsobjekte gelten hierbei Daten, Geschäftsvorgänge, Ressourcen etc.. Die Ressourcensicht (Resource View) beinhaltet die Überprüfung und Optimierung der Anwendung und Auslastung aller langfristigen Investitionsmittel (Mitarbeiter, Maschinen der Informations-, Produktions- und Bürotechnik sowie Rechenprogramme). Die Organisationssicht (Organisation View) beschäftigt sich mit Fragen der Aufbauorganisation und enthält Informationen über Verantwortlichkeiten innerhalb des Unternehmens.

Die zuvor beschriebenen Ebenen und Ansichten bilden in ihrem Zusammenwirken den Rahmen für die Unternehmensmodellierung. Hierbei ist festzustellen, daß die Modellierung eines spezifischen Unternehmens ausschließlich in der individuellen Architekurebene getrennt nach unterschiedlichen Sichten und Ebenen erfolgt. Die hierzu notwendigen Modellierungswerkzeuge werden in Form einer Modellierungssprache durch die generische und in Form von partiellen Referenzmodellen durch die partielle Architekturebene zur Verfügung gestellt.

Nachdem zuvor der Aspekt der Unternehmensmodellierung erläutert wurde, behandeln die nachfolgenden Erläuterungen den zweiten Hauptteil von CIM-OSA, nämlich die integrierende Infrastruktur. Die Ausführungen hierzu werden relativ kurz gefaßt, da es sich hierbei um den operativen Teil von CIM-OSA handelt und dieser Aspekt von der in dieser Arbeit entwickelten Vorgehensmethodik nicht berücksichtigt wird.

Der integrierenden Infrastruktur obliegt die Aufgabe, den Ablauf der täglichen Geschäftsvorgänge auf der Grundlage des jeweiligen Unternehmensmodells zu steuern und zu kontrollieren. Zur Erfüllung dieser Aufgabe werden von CIM-OSA eine Reihe von unterstützenden Diensten angeboten. Als Beispiel soll hier der Geschäftsvorgangsdienst genannt werden. Aufgabe dieses Dienstes ist es, den für die jeweilige Situation gültigen Geschäftsvorgang im Unternehmensmodell aufzufinden und zu kopieren. Die Kopie des Geschäftsvorgangs bildet dann die Grundlage für die Steuerung des Geschäftsvorgangsablaufs. Für die Kommunikation zwischen den einzelnen Diensten werden verschiedene Protokolltypen zur Verfügung gestellt.

Das skizzierte CIM-OSA Konzept ist ein gleichermaßen umfassendes wie anspruchsvolles Vorhaben. Auffallend ist jedoch, daß sich die Veröffentlichungen zu diesem Themengebiet überwiegend mit der Beschreibung der konzeptionellen Vorgehensweise befassen und weniger mit Fragen der konkreten inhaltlichen und methodischen Ausgestaltung. So werden zwar Referenzmodelle als zentrale Grundlage des Modellierungsprozesses aufgeführt, die Erarbeitung der betriebswirtschaftlichen Modellinhalte ist jedoch bisher noch nicht erfolgt [61]. Des weiteren sind die für die Modellierung der einzelnen Sichten erforderlichen Methoden lediglich in Form von Modellen beschrieben [62]. Auch der mitunter entscheidende Schritt vom Referenzmodell zum spezifischen Modell des Unternehmens sowie die Gestaltung der Rechnerunterstützung werden nicht näher beschrieben.

A.5.2. CIM-KSA

Bei der CIM-KSA (CIM-Kommunikationsstrukturanalyse) [63] handelt es sich um eine rechnerunterstützte Methode zur Analyse und Modellierung unternehmensindividueller Informations- und Kommunikationssysteme (IKS) im Bereich der rechnerintegrierter

[61] Vgl. Scholz-Reiter, B.: CIM-Informations- und Kommunikationssysteme, München Wien 1990, S. 76.

[62] Vgl. Jorysz, H. R., Vernadat, F. B.: CIM-OSA Part 1: total enterprise modelling and function view, in: International Journal of Computer Integrated Manufacturing 3(1990)3 und 4, S. 144-156; Jorysz, H. R., Vernadat, F. B.: CIM-OSA Part 2: information view, in: International Journal of Computer Integrated Manufacturing 3(1990)3 und 4, S. 157-167.

[63] Zur CIM-KSA vgl. Scholz-Reiter, B.: CIM-Informations- und Kommunikationssysteme, München Wien 1990.

Produktion. In ihren Grundzügen basiert die CIM-KSA auf der für den Verwaltungsbereich konzipierten Methode Kommunikationsstrukturanalyse (KSA) [64] [65].

Als Betrachtungsbereiche der IKS-Planung dienen die CIM-Komponenten der AWF-Definition (vgl. Kapitel A.3.1.). Den Kernpunkt der CIM-KSA bildet ein allgemeines unternehmensneutrales Referenzmodell, welches logische Vorgangsketten und mögliche organisatorisch-technische Ausprägungen umfaßt. Das zur Zeit hinterlegte logische Referenzmodell beruht weitgehend auf den Ergebnissen der Studie "Design Rules For A CIM-System" [66] (ESPRIT-Projekt 5.1/34). Auf der Basis dieses generischen Referenzmodells, welches auf Unternehmen der Einzel- und Kleinserienfertigung des Maschinenbaus ausgerichtet ist, wird ausgehend von den strategischen Zielen eines Unternehmens ein unternehmensspezifisches Implementierungsmodell abgeleitet. Im folgenden werden die einzelnen Vorgehensschritte der CIM-KSA kurz dargestellt [67]. Einen Überblick des Vorgehensmodells zeigt Abbildung A.5.2.

Auswählen relevanter CIM-Vorgangsketten aufgrund betriebstypologischer Merkmale (A1)
Im ersten Schritt werden die für das zu untersuchende Unternehmen relevanten Vorgangsketten des Referenzmodells ausgewählt. Die Auswahl erfolgt dergestalt, daß anhand von betriebstypologischen Angaben die relevanten Unternehmensfunktionen ermittelt und über die Zugehörigkeit dieser Funktionen zu Vorgangsketten die in die Untersuchung einzubeziehenden Vorgangsketten ausgewählt werden.

Festlegen der Reihenfolge der Bearbeitung der relevanten Vorgangsketten (A2)
Die Bearbeitung der jeweiligen Vorgangsketten erfolgt aus Komplexitätsgründen sukzessiv. Zur Priorisierung der Vorgangsketten werden kritische Erfolgsfaktoren herangezogen. Entsprechend den vom Anwender definierten kritischen Erfolgsfaktoren

---

[64]   Vgl. Krallmann, H.: Rechnergestützte Werkzeuge zur Analyse und Modellierung von Informations- und Kommunikationssystemen, in: Heinrich, L. J., Pomberger, G., Schauer, R. (Hrsg.): Die Informationswirtschaft im Unternehmen, Linz 1991, S. 81-97, insbesondere S. 88.

[65]   Zur KSA vgl. Bracchi, G., Pernici, B.: Design Requirements of Office Systems, in: ACM Transaction on Office Information Systems 2(1984)2, S. 151-170, und im folgenden Krallmann, H., Hoyer, R., Kölzer, G.: Konzeption und Realisierung einer Kommunikationsarchitektur, Arbeitsbericht 1985-1987, Fachgebiet Systemanalyse und EDV, Berlin 1987; Hoyer, R.: Organisatorische Voraussetzungen der Büroautomation, Berlin 1988.

[66]   Vgl. Yeomans, R. W., Choudry, A., Ten Hagen, P. J. W. (Hrsg.): Design Rules For A CIM-System, Amsterdam et al. 1985.

[67]   Vgl. Scholz-Reiter, B.: CIM-Informations- und Kommunikationssysteme, München Wien 1990, S. 174 ff.

wird festgelegt, in welcher Reihenfolge die Bearbeitung erfolgen muß, damit die angegebenen operativen Ziele möglichst gut unterstützt werden.

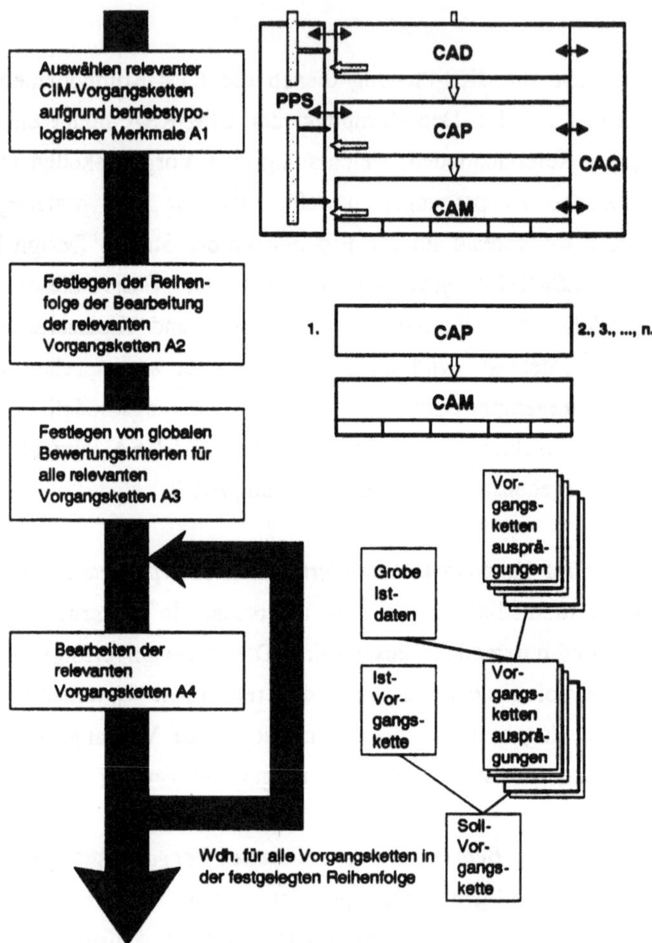

Abb. A.5.2:   Vorgehensschritte der CIM-KSA A0 [68]

Festlegen von globalen Bewertungskriterien für alle relevanten Vorgangsketten (A3)

In diesem Schritt werden globale Kriterien zur Bewertung der verschiedenen Ausprägungen der einzelnen Vorgangsketten bestimmt. Hierbei sollten die bei einer Vorgangskette festgelegten Kriterien für sämtliche Vorgangsketten eines IKS gelten. Um die Festlegung der Kriterien zu erleichtern, wurde ein Katalog von möglichen Kriterien (z. B. Zahl der Medienbrüche, Durchlaufzeiten) entwickelt.

---

[68]   Aus: Scholz-Reiter, B.: CIM-Informations- und Kommunikationssysteme, München Wien 1990, S. 175.

Bearbeiten der relevanten Vorgangsketten (A4)

Im Rahmen der Bearbeitung der relevanten Vorgangsketten werden zunächst die lokalen Bewertungskriterien bestimmt [69]. Anschließend werden die ausgewählten Ketten in der vorgegebenen Reihenfolge mit groben Ist-Daten (z. B. Abarbeitungsdauer und Komplexität) gefüllt. Bei Bedarf kann im nächsten Schritt eine detailliertere Ist-Aufnahme erfolgen. Im Anschluß daran werden die der logischen Vorgangskette zugeordneten und als relevant angesehenen organisatorisch-technischen Ausprägungen generiert und nach den zuvor festgelegten globalen und lokalen Kriterien bewertet [70]. Durch einen Vergleich der Ergebnisse der verschiedenen Ausprägungen kann die "optimale" Ausprägung ermittelt werden. Diese wird im darauffolgenden Schritt unter Berücksichtigung der unternehmensspezifischen Randbedingungen zu einer praxisgerechten Soll-Vorgangskette modelliert. Bei Vorliegen eines detaillierten Ist-Zustandes kann eine Gegenüberstellung von Ist- und Soll-Vorgangskette durchgeführt werden. In Abbildung A.5.3 ist der Schritt der Vorgangskettenbearbeitung zusammenfassend dargestellt.

Die CIM-KSA stellt den gegenwärtig fortgeschrittensten Ansatz zur rechnerunterstützten Planung von unternehmensweiten Integrationskonzepten dar. Die Notwendigkeit eines neuen Ansatzes begründet sich aus folgenden Sachverhalten. Zum einen bezieht sich die CIM-KSA im wesentlichen auf die Beschreibung von Abläufen (Prozessen). Funktionen oder auch Informationsflüsse werden nicht als eigenständige Betrachtungskomponenten behandelt. Zum anderen werden innerhalb der CIM-KSA lediglich tabellarische Beschreibungsmethoden eingesetzt. Grafische Darstellungsformen werden nicht verwendet. Des weiteren liegt die primäre Zielsetzung der CIM-KSA in der Funktionsintegration, wogegen Fragen der Datenintegration, wie beispielsweise die gemeinsame Nutzung von Datenbeständen, nicht explizit behandelt werden. Hinsichtlich des Vorgehensmodells ist festzustellen, daß die Modellierung der Soll-Zustände ausschließlich auf Basis der alternativen Ist-Zustände erfolgt. Weitere Bestimmungsmerkmale werden hierzu nicht herangezogen.

---

[69] Die Notwendigkeit der erneuten Kriterienbestimmung wird dadurch begründet, daß die mit einer speziellen Vorgangskette verfolgten Ziele durchaus von der Globalstrategie abweichen können. Hiebei ist darauf zu achten, daß die lokalen Bewertungskriterien nicht konkurrierend oder einschränkend zu den Globalkriterien sind. Vgl. Scholz-Reiter, B.: CIM-Informations- und Kommunikationssysteme, München Wien 1990, S. 227.

[70] In diesem Zusammenhang ist darauf hinzuweisen, daß lediglich Auswertungen bezüglich der statischen nicht aber der dynamischen Bewertungskriterien, wie z. B. Grad der Auslastung von Stellen, mit der CIM-KSA möglich sind. Letzteres erfordert die Anbindung eines Simulationsmoduls, was zwar geplant jedoch bisher noch nicht erfolgt ist. Vgl. Scholz-Reiter, B.: CIM-Informations- und Kommunikationssysteme, München Wien 1990, S. 227.

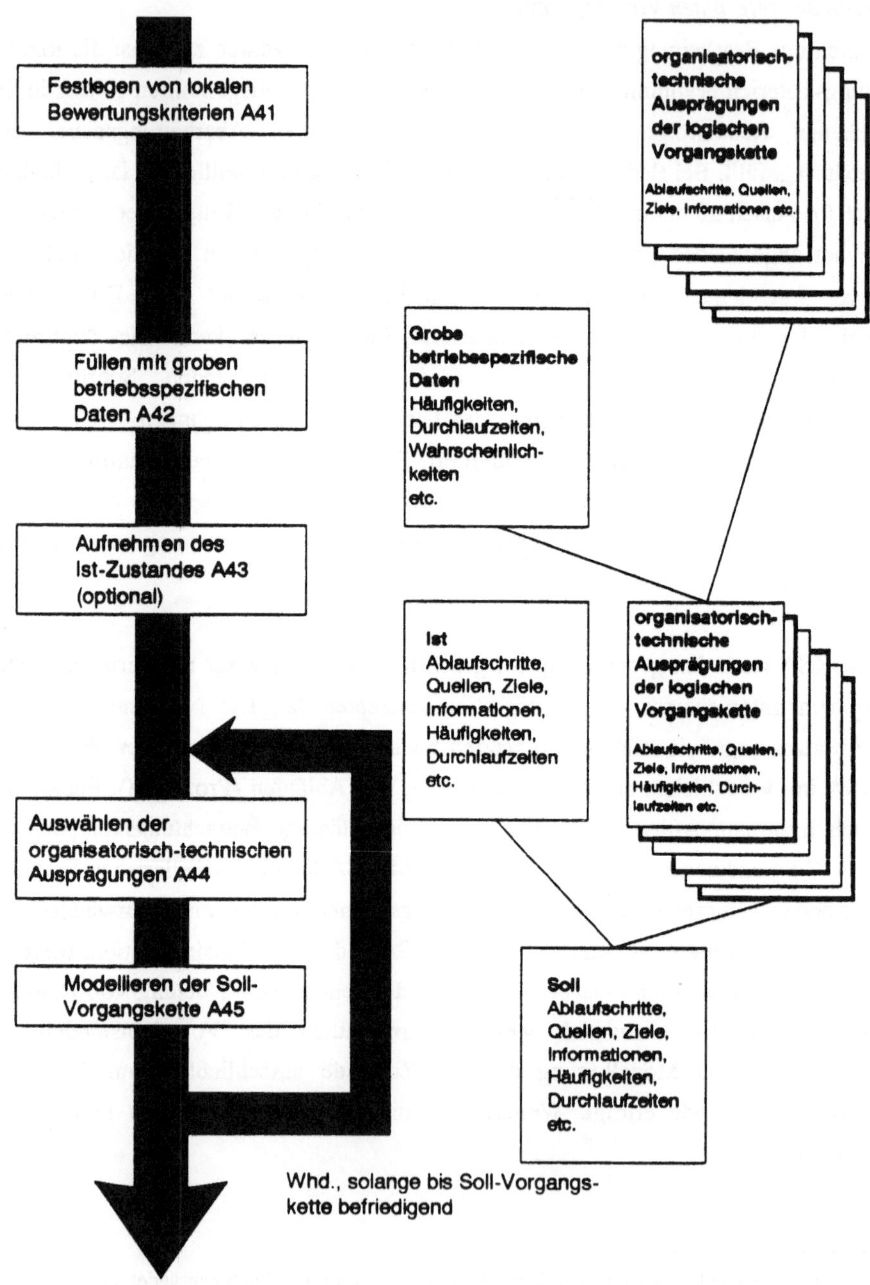

Abb. A.5.3:   Bearbeiten der relevanten CIM-Vorgangsketten A4 [71]

---

[71]   Aus: Scholz-Reiter, B.: CIM-Informations- und Kommunikationssysteme, München Wien 1990, S. 178.

B. Konzeption eines Vorgehensmodells zur rechnerunterstützten CIM-Rahmenplanung

B.1. Einordnung des Vorgehensmodells in die Architektur integrierter Informationssysteme

Um sowohl die Entwicklung als auch die Beschreibung integrierter Informations- bzw. Anwendungssysteme auf der Grundlage eines systematischen und rationellen Methodeneinsatzes durchführen zu können, hat Scheer [72] die Architektur integrierter Informationssysteme (ARIS) entwickelt. Da auch ein CIM-System als ein - wenn auch sehr umfangreiches - integriertes Anwendungssystem betrachtet werden kann, sollen im folgenden durch die Einordnung des dem Vorgehensmodell zugrunde liegenden CIM-Systems in die Architektur integrierter Informationssysteme (im folgenden ARIS-Architektur genannt) dessen Betrachtungskomponenten und -ebenen aus betriebswirtschaftlicher Sicht dargestellt werden.

Auf Grund der hohen Komplexität integrierter Informationsysteme geht Scheer dazu über, das Gesamtsystem in unterschiedliche Sichten (Komponenten) zu zerlegen, die unabhängig voneinander betrachtet werden können. Um die Zusammenhänge zwischen den einzelnen Sichten jedoch nicht zu verlieren, wird hierfür eine eigene Komponente gebildet. Die einzelnen Komponenten und Ebenen der ARIS-Architektur zeigt Abbildung B.1.1.

Gemäß der Abbildung B.1.1 wird innerhalb der ARIS-Architektur zwischen der Funktions-, Daten-, Organisations- und Steuerungskomponente unterschieden, wobei jede dieser Komponenten auf den Ebenen Fachkonzept, DV-Konzept und technische Implementierung beschrieben werden kann.

Die genannten Beschreibungsebenen resultieren aus der Auflösung der Ressourcensicht und sind Teil eines von Scheer [73] entwickelten Phasenkonzeptes zur Erstellung eines Informationssystems. Im Fachmodell, welches die zweite Stufe des Phasenmodells darstellt, werden die Systemanforderungen aus fachlicher Sicht, d. h. aus der Sicht des Anwenders, in einer formalisierten Form vollständig beschrieben. Fragen der DV-technischen Realisierung werden auf der Ebene des DV-Konzeptes behandelt. Hierzu gehören die Festlegung der Systemarchitektur sowie die Aufteilung der Spezifikationen

[72]   Vgl. Scheer, A.-W.: Architektur integrierter Informationssysteme, Berlin et al. 1991.
[73]   Vgl. Scheer, A.-W.: Architektur integrierter Informationssysteme, Berlin et al. 1991, S. 17.

des Fachmodells in implementierbare Einheiten (Moduln). Des weiteren umfaßt die Stufe des DV-Konzeptes die Beschreibung der Schnittstellen zwischen den Moduln sowie die Detailspezifikation, d. h. die Entwicklung von Algorithmen zur Lösung der im Fachmodell formulierten Aufgaben als Vorgabe für die Implementierung. Innerhalb der technischen Implementierung werden die Ergebnisse des DV-Konzeptes, die in der Regel in Form von Struktogrammen und/oder Pseudocode vorliegen, in den Quell-Code der entsprechenden Zielsprache transformiert (Codierung).

Abb. B.1.1:   ARIS-Architektur [74]

Die zuvor genannten Stufen bilden ein durchgängiges Phasenkonzept, d. h., die in einer Stufe erarbeiteten Ergebnisse werden in der nachfolgenden Stufe weiterverarbeitet. Eine eindeutige Abgrenzung der einzelnen Phasen ist allerdings nicht immer möglich.

Die dem hier entwickelten Vorgehensmodell zugrunde liegenden Komponenten sowie deren Beschreibungsebenen sind in Abbildung B.1.2 in die ARIS-Architektur eingeordnet [75]. Hieraus wird deutlich, daß das Vorgehensmodell - bzw. das mit Hilfe des Vorgehensmodells entwickelte CIM-Modell - die Funktions- und Steuerungssicht umfaßt und die Beschreibungen sich auf die Ebene des Fachkonzeptes konzentrieren. Die

---

[74]   Aus: Scheer, A.-W.: Architektur integrierter Informationssysteme, Berlin et al. 1991, S. 18.
[75]   Anzumerken ist, daß die aufgeführten Modelle nicht den Detaillierungsgrad besitzen, wie er für die Entwicklung von Anwendungssystemen in der Regel erforderlich ist.

Ressourcensicht wird insofern berücksichtigt, als daß auch Aussagen über den Einsatz der Informationstechnik gemacht werden. Bezüglich der Betrachtungskomponenten Organisation und Daten ist festzustellen, daß diese nicht als eigenständige Beschreibungskreise, sondern innerhalb der Prozeß- bzw. Informationsflußbetrachtung behandelt werden.

Im Gegensatz zur Abbildung B.1.1 ist in Abbildung B.1.2 auch die erste Phase des von Scheer entwickelten Phasenmodells, die Analyse der betriebswirtschaftlichen Ausgangssituation, abgebildet. Obwohl dieser Schritt eigentlich nicht zur ARIS-Architektur gehört, wird dieser hier dennoch mit aufgeführt, um aufzuzeigen, daß auch diese Phase durch das Vorgehensmodell unterstützt wird.

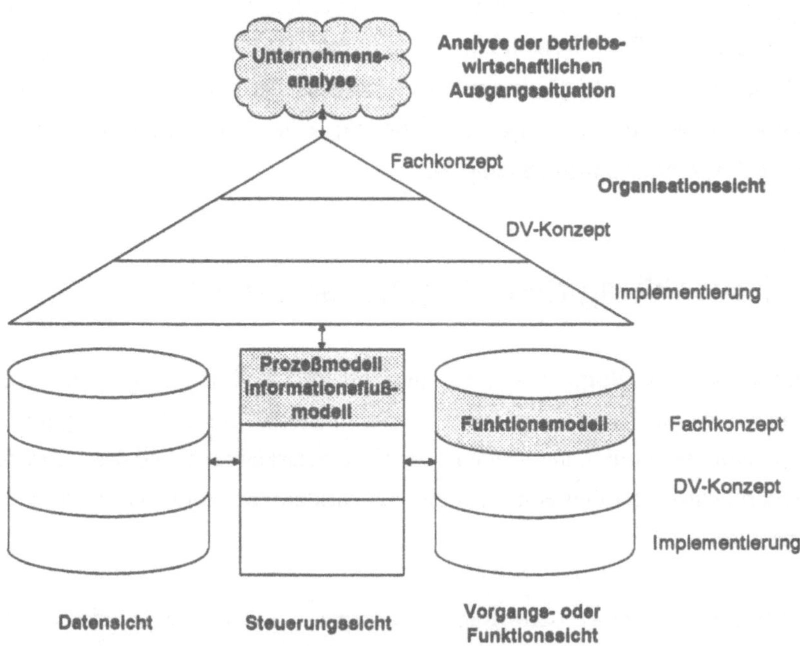

Abb. B.1.2:   Einordnung der Vorgehensmodellkomponenten in ARIS

Im Rahmen des Funktionsmodells werden die Funktionen unter dem Gesichtspunkt der Gliederung (Funktionsstruktur) beleuchtet. Das Prozeßmodell dagegen umfaßt die zeitliche Reihenfolge der Funktionsausführung (Funktionsabläufe) sowie die Verbindungen zwischen Funktionen, Daten und Organisationseinheiten. Innerhalb des Informationsfluß-modells wird ebenfalls der Zusammenhang zwischen Funktionen und Daten dargestellt, wobei hier jedoch der Aspekt der "Austausch-Beziehung" im Vordergrund steht.

Die Konzentration auf die Ebene des Fachkonzeptes erfolgt aus mehreren Gründen. Zum einen liegen, wie bereits zu Anfang erläutert, in der Entwicklung des betriebswirtschaftlich-fachlichen Anforderungsmodells die wesentlichen Probleme einer CIM-Realisierung. Fehler, die in dieser Phase gemacht werden, wirken sich auch auf die nachfolgenden Stufen aus und können in diesen, wenn überhaupt, nur noch mit einem sehr hohen zeitlichen und finanziellen Aufwand behoben werden. Zum anderen besitzen die Fachkonzepte, was zukünftige Änderungen betrifft, eine im Vergleich zu den übrigen Beschreibungsebenen weitaus größere Stabilität [76]. Letztendlich ist festzustellen, daß die Ebenen DV-Konzept und Technische Implementierung nur dann von Bedeutung sind, wenn Individualentwicklungen durchgeführt werden. In denjenigen Fällen, in denen die Anforderungen des Fachmodells durch Standardsoftwarekomponenten erfüllt werden, was insbesondere bei mittleren Unternehmen in zunehmendem Maße der Fall ist, erübrigt sich deren Betrachtung. Der wesentliche Grund für den überwiegenden Einsatz von Standardsoftware in mittelständischen Unternehmen ist darin zu sehen, daß diese wirtschaftlich nicht in der Lage sind, die für eine Individuallösung notwendigen finanziellen Aufwendungen zu tragen [77].

B.2. Entwicklung des Vorgehensmodells

Im folgenden soll das Vorgehensmodell zunächst im Überblick dargestellt werden. Die kurze Darstellung des Vorgehensmodells bereits zu Beginn des Entwicklungsprozesses ist deshalb sinnvoll, weil durch die Kenntnis der Gesamtzusammenhänge das Verständnis der Detailbeschreibungen zu den einzelnen Arbeitsschritten des Vorgehensmodells erheblich erleichtert wird.

Die Komplexität eines CIM-Rahmenkonzeptes macht es erforderlich, den Gesamtplanungsprozeß in einzelne Planungsphasen, die selbst wiederum verschiedene Arbeitschritte beinhalten, zu unterteilen. Innerhalb des Vorgehensmodells werden die Phasen "Unternehmensanalyse", "Entwicklung des Anforderungsmodells",

---

[76] Vgl. Scheer, A.-W.: Konsequenzen für die Betriebswirtschaftslehre aus der Entwicklung der Informations- und Kommunikationstechnologien, in: Heinrich, L. J., Pomberger, G., Schauer, R. (Hrsg.): Die Informationswirtschaft im Unternehmen, Linz 1991, S. 37-58, insbesondere S. 40 f.; Groditzki, G.: Entwicklung und Einführung von CIM-Systemen (Teil 1), in: CIM Management 5(1989)2, S. 59-64, insbesondere S. 63.

[77] Zum Einsatz von Standardsoftware in mittelständischen Unternehmen vgl. z. B. Steeb, H.: Einsatz von Standard-Software für das Finanz-Rechnungswesen und Logistik in mittelständischen Unternehmen, in: Scheer, A.-W. (Hrsg.): Rechnungswesen und EDV, Tagungsband zur 9. Saarbrücker Arbeitstagung - Integrierte Informationsverarbeitung, Heidelberg 1988, S. 370-389.

"Schwachstellenanalyse" und "Ermittlung der Einführungsprioritäten" unterschieden. Die genannten Vorgehensphasen sind aus sachlogischen Gründen, die daraus resultieren, daß die in einer Phase ermittelten Ergebnisse in den nachfolgenden Phasen weiterverarbeitet werden, in der angegebenen Reihenfolge durchzuführen. Im Gegensatz hierzu ist die Reihenfolge, in der die einer Phase zugeordneten Arbeitschritte zu bearbeiten sind, nicht explizit festgelegt [78]. Abbildung B.2.1 zeigt das Vorgehensmodells im Überblick.

Durch die dargestellte Vorgehensmethodik wird gewährleistet, daß die umfangreiche und komplexe Aufgabe der Entwicklung eines CIM-Rahmenkonzeptes in überschaubare, einzeln durchzuführende Teilaktivitäten untergliedert wird. Hierdurch wird eine systematische und flexible Konzeptentwicklung sichergestellt. Die erforderliche ganzheitliche Betrachtungsweise geht hierbei allerdings nicht verloren. Darüber hinaus macht die Untergliederung des Gesamtplanungsprozesses in aufeinander abgestimmte Teilschritte die Vorgehensweise transparent und zeitlich kalkulierbar. Nachfolgend werden die einzelnen Phasen des Vorgehensmodells bzw. die diesen zugeordneten Arbeitsschritte detailliert beschrieben.

---

[78] Eine Ausnahme hierzu bildet die Phase "Ermittlung der Einführungsprioritäten". Hier kann der Arbeitsschritt "Prioritätsermittlung" erst zum Schluß ausgeführt werden.

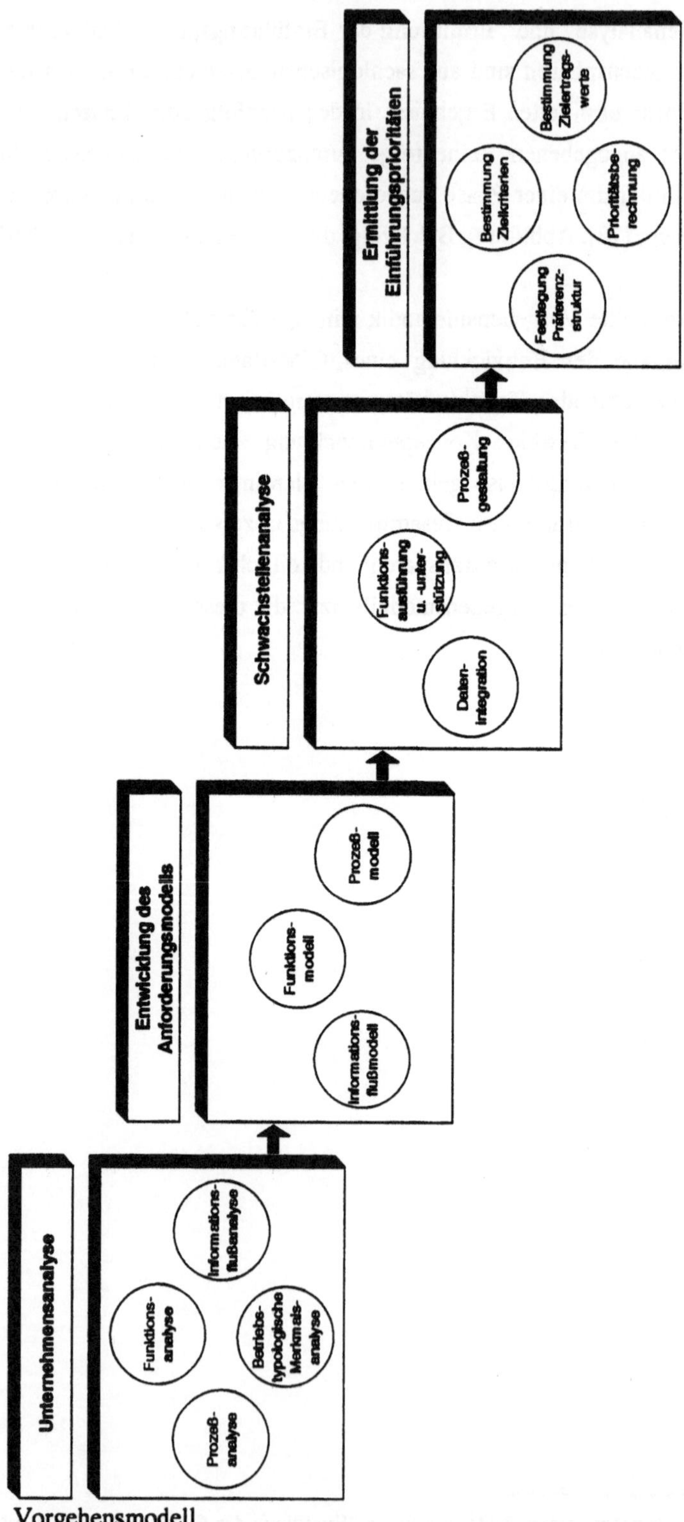

Abb. B.2.1:   Vorgehensmodell

B.2.1. Unternehmensanalyse

Eine fundierte Standortbestimmung, in der die für den genannten Untersuchungszweck relevanten internen und externen Gegebenheiten analysiert werden, bildet die Grundlage für die Planung und Realisierung integrierter Informationsverarbeitungskonzepte [79]. In diesem Kontext stellen zum einen die Ermittlung der spezifischen Erscheinungsform des Unternehmens (Betriebstypologie), zum anderen die Erfassung der aktuellen Unternehmensinfrastruktur die wesentlichen Kristallisationspunkte dar. Letzteres resultiert aus der Überlegung, daß ein zukünftiges CIM-Konzept in der Regel nicht völlig neu realisiert wird, sondern sich aus der Reorganisation des gegenwärtigen Ist-Zustandes ergibt [80].

Um die Komplexität einer ganzheitlichen Infrastrukturanalyse zu verringern und eine strukturierte Vorgehensweise zu ermöglichen, ist eine Zergliederung in unterschiedliche Betrachtungssichten (Teilschritte) erforderlich. In den nachfolgenden Ausführungen wird deshalb die Aufgabe der Infrastrukturanalyse in die Teilschritte Funktionsanalyse (Funktionssicht), Informationsflußanalyse (Informationsflußsicht), und Prozeßanalyse (Prozeßsicht) unterteilt.

B.2.1.1.   Betriebstypologische Merkmalsanalyse

Zur systematischen Entwicklung eines auf die individuellen Anforderungen des betrachteten Unternehmens ausgerichteten CIM-Fachmodells bedarf es einerseits einer geeigneten Methode zur Erfassung und Systematisierung der Vielzahl unterschiedlicher betrieblicher Erscheinungsformen, andererseits sind Kriterien zu entwickeln, die die

---

[79]   Vgl. Mählck, H., Panskus, G.: Analyse einer unternehmensspezifischen CIM-Infrastruktur, in: CIM Management 6(1990)5, S. 48-53, insbesondere S. 48; Grabowski, H., Watterott, R.: Komponenten einer strategischen CIM-Planung, in: Wildemann, H. (Hrsg.): Gestaltung CIM-fähiger Unternehmen, München 1989, S. 85-122, insbesondere S. 89; Wildemann, H.: Integrationslücken und Integrationspfade für CIM, in: DBW 51(1991)4, S. 413-434, insbesondere S. 416; Schulz, H. (Hrsg.): CIM-Planung und -Einführung, Berlin et al. 1990, S. 32.

[80]   Vgl. Krallmann, H.: Rechnergestützte Werkzeuge zur Analyse und Modellierung von Informations- und Kommunikationssystemen, in: Heinrich, L. J., Pomberger, G., Schauer, R. (Hrsg.): Die Informationswirtschaft im Unternehmen, Linz 1991, S. 81-97, insbesondere S. 83; Hausmann, A., Kettner, P., Schmidt, H.: Wege zur Integrierten Informationsverarbeitung in mittelständischen Unternehmen, in: CIM Management 4(1988)6, S. 41-53, insbesondere S. 41.

individuellen Anforderungen an das CIM-Fachmodell bestimmen und zur Kennzeichnung verschiedenartiger Industriebetriebe verwendet werden können [81].

Als Methode bietet sich in diesem Zusammenhang die Typologie [82] an. Kennzeichen der typologischen Methode ist, daß mehrere Merkmale (wobei diese in der Regel in abgestufter Form vorliegen) gleichzeitig zur Charakterisierung des Untersuchungsgegenstandes herangezogen werden und daß durch sinnvolle Kombination der Merkmalsausprägungen ein wesenhafter Gesamteindruck der zu untersuchenden Objekte vermittelt wird [83] [84]. Als Kriterien zur Unternehmenskennzeichnung und Anforderungsermittlung können industrie- bzw. betriebstypologische Merkmale herangezogen werden. Durch die Herausarbeitung derartiger Merkmale im Rahmen der Typologie lassen sich die verschiedenen Ausprägungsformen von (industriellen) Unternehmen systematisiert erfassen und strukturiert darstellen [85]. Die Einordnung des Teilschrittes in das Vorgehensmodell zeigt Abbildung B.2.2 (Kreis mit Muster).

Bei der Ermittlung betriebstypologischer Merkmale sowie deren Differenzierung in einzelne Merkmalsausprägungen stellt sich generell das Problem, Merkmale zu finden, " ... die die wichtigsten Probleme und Ziele des Untersuchungsbereiches bei einem bestimmten Abstraktionsgrad möglichst umfassend beschreiben" [86]. Entscheidendes Kriterium für die Auswahl der Merkmale ist somit der Zweck der jeweiligen Untersuchung.

Um die Vielfalt der benötigten Merkmale, und damit die Komplexität, nicht unnötig ansteigen zu lassen, besteht des weiteren die Notwendigkeit, sich auf diejenigen Merkmale und Merkmalsausprägungen zu beschränken, die im Hinblick auf die betrachtete

---

[81] Vgl. Scheer, A.-W., Jost, W., Kraemer, W.: CIM und Expertensysteme: Auswirkungen auf das Controlling, in: Reichmann, T., u. a. (Hrsg.): Controlling 91, Tagungsband zum 6. Deutschen Controlling Congress, o. O. 1991, S. 538-599, insbesondere S. 548.

[82] Zum Wesen der typologischen Methode vgl. Knoblich, H.: Die typologische Methode in der Betriebswirtschaft, in: Wirtschaftswissenschaftliches Studium 1(1972)4, S. 141-147; Tietz, B.: Bildung und Verwendung von Typen in der Betriebswirtschaftslehre, Köln Opladen 1960; Grosse-Oetringhaus, W. F.: Fertigungstypologie unter dem Gesichtspunkt der Fertigungsablaufplanung, Berlin 1974.

[83] Vgl. Knoblich, H., Beßler, H.: Informationsbetriebe, in: DBW 45(1985)5, S. 558-575, insbesondere S. 562.

[84] Wichtig hierbei ist, daß die Typologie als Methode selbst keine Sachinhalte besitzt und somit auf alle Untersuchungsgegenstände, die in verschiedenen Ausprägungen existieren, angewendet werden kann.

[85] Vgl. Küpper, H.-U.: Produktionstypen, in: Kern, W. (Hrsg.): Handwörterbuch der Produktionswirtschaft, Ungekürzte Sonderausgabe, Tübingen 1984, S. 1636-1647, insbesondere S. 1637.

[86] Grosse-Oetringhaus, W. F.: Fertigungstypologie unter dem Gesichtspunkt der Fertigungsablaufplanung, Berlin 1974, S. 58.

Zielsetzung unbedingt notwendig sind [87]. Aus diesem Grunde müssen die charakteristischen und für die zu behandelnde Problemstellung relevanten Merkmale sowie deren Ausprägungen in einem adäquaten Differenzierungsprozeß ermittelt werden.

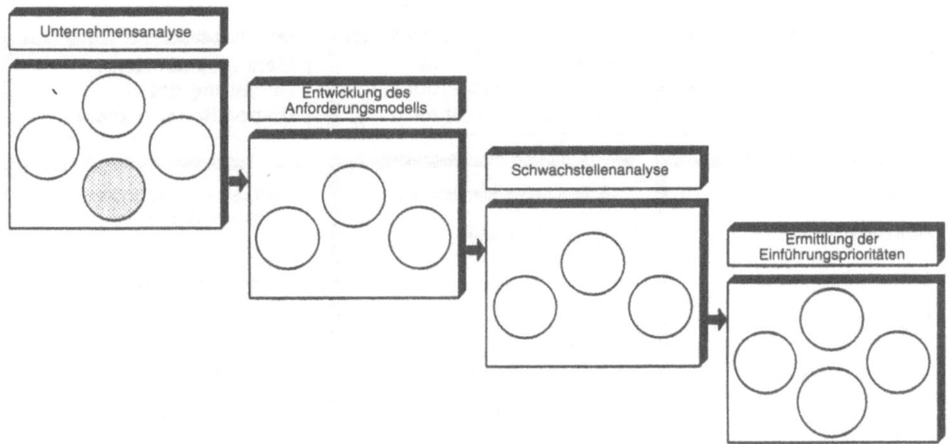

Abb. B.2.2: Einordnung "Betriebstypologische Merkmalsanalyse" in das Vorgehensmodell

Um den Prozeß der Merkmalsauswahl nicht zu einem mehr oder weniger willkürlichen Vorgang werden zu lassen, ist es sinnvoll, diesen so weit wie möglich zu systematisieren. Eine Systematisierung kann hierbei durch die Bildung von Merkmalsgruppen erfolgen, die dann als Ausgangspunkt für die Definition der eigentlichen Merkmale dienen [88]. Für den beschriebenen Untersuchungszweck können die Merkmalsgruppen Leistungserstellungsprozeß, Produkt- und Teilespektrum sowie Dispositionsprozeß abgegrenzt werden. In Abbildung B.2.3 sind diese mit den zugehörigen Merkmalen in einer Übersicht dargestellt.

Die hier verwendeten Merkmale mit den entsprechenden Ausprägungen wurden zum Teil auf der Grundlage bestehender Erkenntnisse entwickelt. Aufbauend auf diesen Merkmalen, wobei sowohl hinsichtlich der Merkmalsausprägungen als auch ihrer inhaltlichen Bedeutung Änderungen erfolgten, sind zusätzliche Merkmale und Merkmalsausprägungen definiert worden. Die Erarbeitung der Merkmale erfolgte hierbei vor dem Hintergrund des

[87] Auch Knoblich empfiehlt in diesem Zusammenhang eine Beschränkung auf die wesentlichen Eigenschaften und Merkmale, da eine lückenlose Erfassung aller Merkmale, die einen Untersuchungsgegenstand kennzeichnen, nicht möglich ist. Vgl. Knoblich, H.: Die typologische Methode in der Betriebswirtschaft, in: Wirtschaftswissenschaftliches Studium 1(1972)4, S. 141-147, insbesondere S. 143.
[88] Vgl. Grosse-Oetringhaus, W. F.: Fertigungstypologie unter dem Gesichtspunkt der Fertigungsablaufplanung, Berlin 1974, S. 52 f.

in Kapitel A.4.1. beschriebenen Betrachtungsgegenstandes. Des weiteren wurde darauf geachtet, daß die Merkmale abstufbar und mit einem hinreichenden Maß an Genauigkeit erfaßbar sind. Eine vollständige Darstellung der Merkmale und ihrer Ausprägungen zeigt Abbildung B.2.4.

Abb. B.2.3:   Zusammenstellung der Merkmale

Ansätze über die Verwendung der typologischen Methode unter Nutzung betriebstypologischer Merkmale zur Ableitung betriebsindividueller Anforderungsprofile lassen sich in der Literatur häufig finden. Die hierbei entwickelten Kataloge von betriebstypologischen Merkmalen sind mehr oder weniger umfangreich und der spezifischen Fragestellung angepaßt. Braun beispielsweise leitet auf Grund von bestimmten Betriebstypen Gestaltungshinweise für die CAD/PPS-Kopplung ab [89]. Scheer/Keller/Bartels gehen der Frage nach, ob und in welchem Maße die mit dem Einsatz von Computer Aided Design (CAD) verbundenen organisatorischen Veränderungen durch die Betriebstypologie determiniert werden [90]. Schomburg [91] und Kittel [92] zeigen auf, in welcher Weise die Struktur EDV-gestützter Produktionsplanungs- und -steuerungssysteme (PPS-Systeme) von betriebstypologischen Merkmalen bzw. deren

[89]   Vgl. Braun, M.: Konzepte der CAD/PPS-Kopplung, Berlin et al. 1990.

[90]   Vgl. Scheer, A.-W., Keller, G., Bartels, R.: Organisatorische Konsequenzen des Einsatzes von Computer Aided Design (CAD) im Rahmen von CIM, in: Scheer, A.-W. (Hrsg.): Veröffentlichungen des Instituts für Wirtschaftsinformatik, Heft 61, Saarbrücken 1989.

[91]   Vgl. Schomburg E.: Entwicklung eines betriebstypologischen Instrumentariums zur systematischen Ermittlung der Anforderungen an EDV-gestützte Produktionsplanungs- und -steuerungssysteme im Maschinenbau, Dissertation, Aachen 1980.

[92]   Vgl. Kittel, T.: Produktionsplanung und -steuerung im Klein- und Mittelbetrieb, Grafenau/Württ. 1982.

Ausprägungen beeinflußt wird. Mit der gleichen Thematik befassen sich auch Glaser/Geiger/Rhode [93].

Merkmale	Merkmalsausprägungen				
Fertigungsart	Einzelfertigung	Kleinserien-fertigung	Serienfertigung	Großserien-fertigung	Massenfertigung
Fertigungsorganisation	Werkstattfertigung	Fertigungsinseln/ Gruppenfertigung		Linienfertigung	Fließfertigung
Art der Auftragserteilung	Produktion auf Bestellung			Produktion auf Lager	
Art der Produktions-prozesse	Fertigungsprozesse			Montageprozesse	
Erzeugnis-standardisierung	nichtstandardisierte Erzeugnisse	teilstandardisierte Erzeugnisse	Standarderzeugnisse mit Varianten	Standarderzeugnisse	
Erzeugnisstruktur	Erzeugnisse mit komplexer Struktur	Erzeugnisse mit einfacher Struktur		einteilige Erzeugnisse	
Erzeugniskontur	Erzeugnisse mit komplexer Kontur		Erzeugnisse mit einfacher Kontur		
Kongruenz der Erzeugnisstruktur	Kongruenz zwischen Konstruktions- und Fertigungsstücklisten		keine Kongruenz zwischen Konstruktions- und Fertigungsstücklisten		
Werkstück-standardisierung	nichtstandardisierte Werkstücke	teilstandardisierte Werkstücke		standardisierte Werkstücke	
Werkstückspektrum	hohe Werkstückähnlichkeit		keine/ geringe Werkstückähnlichkeit		
Werkstückkomplexität	hohe Werkstückkomplexität		geringe Werkstückkomplexität		
Montagekomplexität	hohe Montagekomplexität		geringe Montagekomplexität		
Anzahl der zu disponier. Teile u. Materialien	geringe Anzahl	mittlere Anzahl		hohe Anzahl	
Wert der zu disponier. Teile u. Materialien	hochwertige Teile und Materialien		geringwertige Teile und Materialien		
Fremdbezugumfang	hoher Fremdbezugumfang		geringer Fremdbezugumfang		
Fremdbezugwert	hoher Fremdbezugwert		geringer Fremdbezugwert		
Verbrauchsverlauf	konstanter Verbrauchsverlauf	trendbeeinflußter Verbrauchsverlauf	saisonaler Verbrauchsverlauf	trendsaisonaler Verbrauchsverlauf	

Abb. B.2.4:   Betriebstypologische Merkmale mit Ausprägungen [94]

Bei allen zuvor aufgeführten Ansätzen basiert die Ermittlung der spezifischen Anforderungskonzepte auf einer einheitlichen Vorgehensweise, die nachfolgend kritisch

---

[93]   Vgl. Glaser, H., Geiger, W., Rohde, V.: PPS-Produktionsplanung und -steuerung, Wiesbaden 1991.

[94]   Die Erläuterungen zu den einzelnen Merkmalen und Merkmalsausprägungen sind im Anhang aufgeführt.

diskutiert wird. Zuvor ist jedoch darauf hinzuweisen, daß sich z. B. bei Schäfer [95], Grosse-Oetringhaus [96], Wöhe [97], Küpper [98] und Sames/Büdenbender [99] weitere betriebstypologische Merkmalsschemata finden lassen, wobei diese jedoch in erster Linie zur typologischen Kennzeichnung einzelner Industriebetriebe (Typenbildung) entwickelt worden sind.

Der erste Schritt im Rahmen der Anforderungsdefinition beinhaltet die Auswahl und Zusammenstellung relevanter und zur Typenbildung geeigneter Merkmale sowie deren Differenzierung in einzelne Merkmalsausprägungen. Im zweiten Schritt werden durch die Bildung sinnvoller Merkmalskombinationen (Verbundkombinationen) praxisrelevante und hinsichtlich der Anforderungsprofile unterschiedliche Betriebstypen bestimmt (Typenbildung). Dies erfolgt in der Regel durch sachlogische Herleitung, das heißt, die zuvor ausgewählten Merkmale und Merkmalsausprägungen werden auf der Grundlage theoretischer Überlegungen unter Berücksichtigung allgemeiner Praxiserfahrungen so kombiniert, wie sie für die betriebliche Realität typisch sind [100]. Im Anschluß daran wird häufig versucht, die Relevanz der auf diese Weise gewonnenen Typen bzw. der verwendeten Merkmalsausprägungen durch eine empirische Erhebung zu untermauern. Im dritten Schritt werden für die gebildeten Betriebstypen spezifische Anforderungsprofile entwickelt. Zur Bestimmung der unternehmensspezifischen Soll-Konzeption ist dann lediglich noch eine Zuordnung des jeweils betrachteten Unternehmens zu dem dieses repräsentierenden Modelltyp notwendig.

Die zuvor geschilderte Vorgehensweise ist deshalb als problematisch anzusehen, weil es sich außerordentlich schwierig gestaltet, die in der betrieblichen Praxis vorfindbare Vielzahl unterschiedlicher betrieblicher Erscheinungsformen theoretisch abzuleiten. Auch

---

[95] Vgl. Schäfer, E.: Der Industriebetrieb, Band 1, Köln 1969.

[96] Vgl. Grosse-Oetringhaus, W. F.: Fertigungstypologie unter dem Gesichtspunkt der Fertigungsablaufplanung, Berlin 1974.

[97] Vgl. Wöhe, G.: Einführung in die Allgemeine Betriebswirtschaftslehre, 17. Auflage, München 1990, S. 14 ff.

[98] Vgl. Küpper, H.-U.: Produktionstypen, in: Kern, W. (Hrsg.): Handwörterbuch der Produktionswirtschaft, Ungekürzte Sonderausgabe, Tübingen 1984, S. 1636-1647, insbesondere S. 1643.

[99] Vgl. Sames, G., Büdenbender, W.: Das Morphologische Merkmalsschema, FIR-Sonderdruck 1/90, Forschungsinstitut für Rationalisierung (FIR), 4. Auflage, Aachen 1991.

[100] Die geschilderte Vorgehensweise, die von den einzelnen Merkmalen und deren Verknüpfung ausgeht, wird in der Literatur als synthetische Methode bezeichnet, da hier das kombinative Element im Vordergrund steht. Die Typenbildung kann jedoch auch analytisch erfolgen, in dem ausgehend von einem konkreten Typ die diesen kennzeichnenden Ausprägungen ermittelt werden. Zu den unterschiedlichen Möglichkeiten der Typenbildung vgl. z. B. Knoblich, H.: Die typologische Methode in der Betriebswirtschaft, in: Wirtschaftswissenschaftliches Studium 1(1972)4, S. 141-147, insbesondere S. 144 f.

der Versuch, die relevanten Kombinationstypen (Betriebstypen) durch eine fundierte empirische Erhebung zu ermitteln, muß auf Grund der Größe des Untersuchungsbereiches als wenig praktikabel bezeichnet werden [101].

Die beschriebenen Schwierigkeiten bei der Bildung von Modelltypen führen dazu, daß es Unternehmen gibt, die den gebildeten Betriebstypen nicht eindeutig zugeordnet werden können [102]. Auch die Aufteilung des betrieblichen Produktspektrums in einzelne Produktgruppen [103] kann dieses Problem nicht lösen. Der Grund hierfür liegt darin, daß es häufig nicht möglich ist, die Produkte eines Unternehmens zu homogenen Produktgruppen zusammenzufassen. Homogen bedeutet in diesem Kontext, daß die einer Produktgruppe zugeordneten Produkte durch die gleiche Merkmalskombination gekennzeichnet werden können.

Aus den genannten Gründen wird im folgenden auf eine im Vorfeld durchgeführte (theoretische) Typenbildung verzichtet. Die für die zu behandelnde Problemstellung relevanten betriebstypologischen Merkmale und Merkmalsausprägungen werden zum Zwecke der Analyse unabhängig voneinander betrachtet. Hierzu gehört auch die Möglichkeit, innerhalb eines Merkmals mehrere Ausprägungen anzugeben [104]. Im Ergebnis bedeutet dies, daß die zu betrachtenden Unternehmen nicht einem vorgegebenen Verbund- bzw. Kombinationstyp zugeordnet werden müssen, sondern eine freie Kombination der Merkmalsausprägungen möglich ist. Hierdurch wird ein höherer Freiheitsgrad und infolgedessen eine höhere Flexibilität in der praktischen Anwendung erreicht. Dieser Vorgehensweise steht, wenn dies im Hinblick auf das Produktspektrum möglich und unter wirtschaftlichen Gesichtspunkten sinnvoll ist, eine Produktgruppenbildung seitens des Unternehmens jedoch nicht entgegen.

---

[101] Vgl. Grosse-Oetringhaus, W. F.: Fertigungstypologie unter dem Gesichtspunkt der Fertigungsablaufplanung, Berlin 1974, S. 313; Schäfer, E.: Der Industriebetrieb, Band 2, Opladen 1971, S. 310.

[102] Vgl. Glaser, H., Geiger, W., Rohde, V.: PPS-Produktionsplanung und -steuerung, Wiesbaden 1991, S. 406.

[103] Vgl. Schomburg, E.: Entwicklung eines betriebstypologischen Instrumentariums zur systematischen Ermittlung der Anforderungen an EDV-gestützte Produktionsplanungs- und -steuerungssysteme im Maschinenbau, Dissertation, Aachen 1980, S. 141 f.

[104] Eine Ausnahme hierzu bilden die Merkmale Fertigungsart und Fertigungsorganisation. Auf Grund der elementaren Bedeutung dieser Merkmale sowohl für die Entwicklung des Prozeßmodells (vgl. Kapitel B.2.2.3.1.) als auch die Ermittlung der Einführungsprioritäten (vgl. Kapitel B.2.4) ist für diese Arbeitsschritte eine eindeutige Zuordnung notwendig. Hierbei können die Merkmalsausprägungen Einzel- und Kleinserienfertigung sowie Großserien- und Massenfertigung des Merkmals Fertigungsart zu einer Merkmalsgruppe zusammengefaßt werden. Gleiches gilt für die Ausprägungen Werkstatt- und Fertigungsinseln/Gruppenfertigung des Merkmals Fertigungsorganisation.

Die unabhängige Betrachtung der typologischen Merkmale führt, wie bereits erwähnt, zu einer höheren Anwendungsflexibilität. Darüber hinaus ergibt sich durch diese Vorgehensweise ein weiterer, für den betrachteten Untersuchungszweck sehr wesentlicher Vorteil. Bisher wurde von der Prämisse ausgegangen, daß die Analyse der betriebstypologischen Merkmale unter der Zielsetzung erfolgt, die aktuelle Typologie des jeweiligen Unternehmens zu ermitteln. Durch die getrennte Betrachtung der einzelnen Merkmale besteht jedoch die Möglichkeit, innerhalb der Merkmalsanalyse Ausprägungen anzugeben, die nicht die gegenwärtige Situation beschreiben, sondern zukünftige Entwicklungsrichtungen festlegen.

B.2.1.2. Funktionsanalyse

Eine auf der Grundlage funktionaler Kriterien basierende Unternehmensanalyse hat generell das Ziel, ausgehend von der Gesamtaufgabe des Unternehmens die zur Erfüllung dieser Gesamtaufgabe gegenwärtig durchgeführten Teilaufgaben zu ermitteln. Die Funktionsanalyse, wie sie hier verstanden wird, umfaßt neben der Ermittlung der Funktionen eines Unternehmens auch die Frage, in welcher Form (DV-gestützt oder manuell) diese zum aktuellen Zeitpunkt ausgeführt werden. Die Unternehmensstrukturen werden hierbei in erster Linie auf solche Funktionen hin untersucht, die im Prozeß der betrieblichen Leistungserstellung von zentraler Bedeutung sind und durch den Einsatz moderner Anwendungssysteme wirkungsvoll unterstützt werden können. In Abbildung B.2.5 ist die Einordnung dieses Teilschrittes in das Vorgehensmodell dargestellt. Bereits behandelte Teilschritte besitzen einen schwarzen Hintergrund.

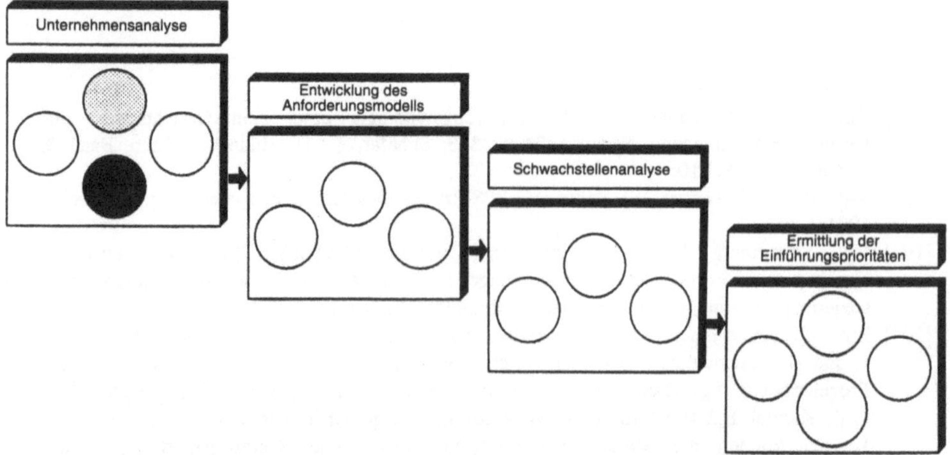

Abb. B.2.5:   Einordnung "Funktionsanalyse" in das Vorgehensmodell

Zur Durchführung des genannten Untersuchungszwecks wird ein unternehmensweites funktionales Referenzmodell entwickelt. Das heißt, die spezifischen Funktionen eines Unternehmens werden auf der Grundlage einer vorgegebenen Referenzarchitektur ermittelt. Der Begriff Referenzmodell soll hierbei als eine allgemeingültige, unternehmensneutrale, d. h. von individuellen Besonderheiten abstrahierende Abbildung der Funktionen eines Unternehmens verstanden werden (vgl. Kapitel A.3.4.). Um die hohe Komplexität eines derartigen Modells beherrschbar zu machen, wird für dessen Aufbau eine hierarchische Struktur gewählt. Kennzeichen der Struktur ist, daß jeder Knoten maximal einen Vorgänger hat.

Durch das Prinzip der Hierarchisierung wird das Gesamtmodell schrittweise durch die Einführung von Hierarchiestufen in übersichtlichere Teilkomponenten zerlegt [105]. Hierdurch wird eine Rangordnung zwischen den Komponenten des Referenzmodells hergestellt. Komponenten der gleichen Rangordnung bilden eine Hierarchieebene. Die inhaltliche Bedeutung des Zusammenhangs zwischen den im folgenden näher erläuterten Modellkomponenten ist dabei durch eine "Detaillierungs-Beziehung" gekennzeichnet.

Das Modell ist in vier Abstraktionsebenen untergliedert. Auf der obersten Ebene sind die Funktionsbereiche angeordnet. Die Bereichsgliederung orientiert sich hierbei am Y-CIM-Modell, das gemäß Kapitel A.4.2. den inhaltlichen Rahmen der Betrachtungen bildet. Den Funktionsbereichen folgen auf der nächsten Stufe die Teilbereiche. Den Teilbereichen untergeordnet sind die ´Funktionen´. Die unterste Hierarchieebene wird durch die Elementarfunktionen repräsentiert, denen konkrete Ausprägungen zugeordnet werden können (zu den einzelnen Begriffen vgl. Kapitel A.3.2.). Ausprägungen werden in diesem Kontext nicht als eigene Hierarchiestufe interpretiert, sondern stellen eine Art qualitative Konkretisierung der Elementarfunktionen dar. In der Regel handelt es sich hierbei um unterschiedliche Möglichkeiten der Elementarfunktionsausführung.

Betrachtet man die verschiedenen Bereiche als abgeschlossene Einheiten, so ist festzustellen, daß die Ausprägungen und Teilbereiche optionalen Charakter besitzen, die übrigen Modellkomponenten dagegen Bestandteil eines jeden Bereichsmodells sind. Für einzelne ´Funktionen´ und Elementarfunktionen gilt, daß diese in mehreren Bereichsmodellen vorkommen können.

---

[105] Zum Prinzip der Hierarchisierung vgl. z. B. Balzert, H.: Die Entwicklung von Software-Systemen, Mannheim et al. 1982, S. 31; Gewald, K., Haake, G., Pfadler, W.: Software Engineering, 4. Auflage, München Wien 1985, S. 60.

Zur grafischen Visualisierung der hierarchischen Beziehungen wird eine Baumstruktur [106] verwendet. Durch die baumartige Struktur werden die komplexen Zusammenhänge in vereinfachter Form verständlich dargestellt, ohne daß dabei der Charakter und die spezifischen Eigenschaften des Ganzen verloren gehen. Innerhalb der Baumstruktur werden Funktionsbereiche, Teilbereiche und ´Funktionen´ als Rechtecke, Elementarfunktionen als Rechtecke mit abgerundeten Ecken dargestellt. Da Ausprägungen keine eigenständige Hierarchiestufe bilden, werden diese den jeweiligen Elementarfunktionen unmittelbar zugeordnet. Die Aufbaustruktur des Referenzmodells zeigt Abbildung B.2.6.

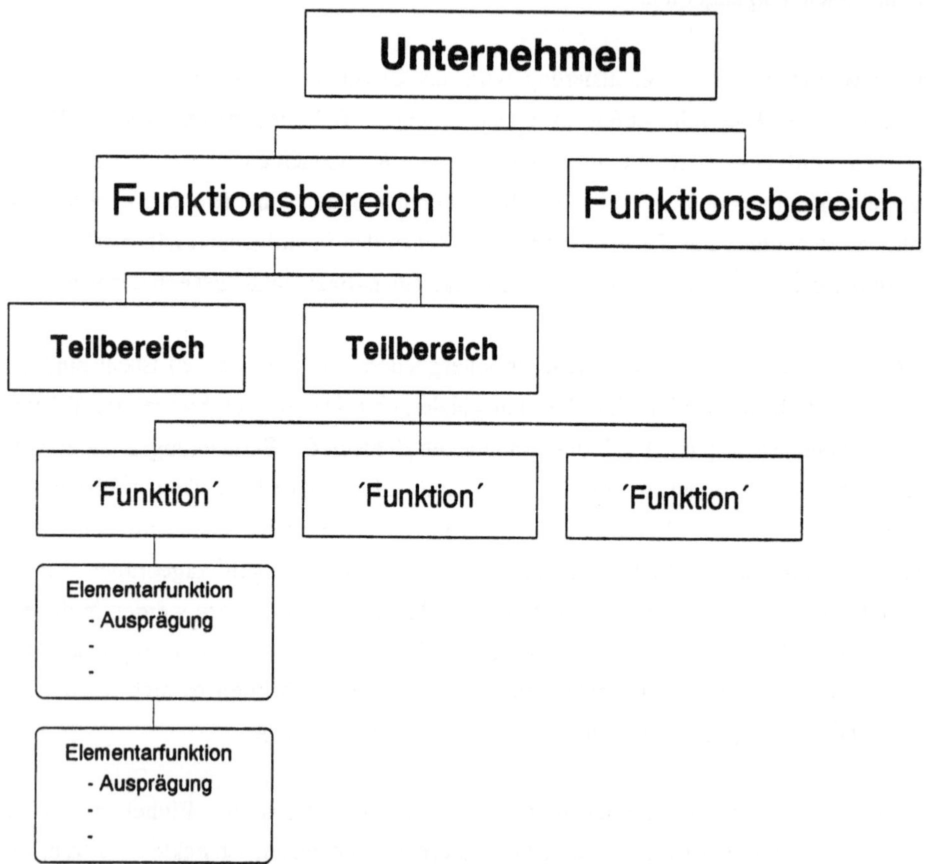

Abb. B.2.6:   Aufbaustruktur des Referenzfunktionsmodells

Bei der Entwicklung des Referenzfunktionsmodells wird einer kombinierten Top-down- und Bottom-up-Vorgehensweise gefolgt [107]. Das heißt, in einem ersten Schritt werden

---

[106] Zu den Eigenschaften von Baumstrukturen vgl. ausführlich Wirth, N.: Algorithmen und Datenstrukturen, 2. Auflage, Stuttgart 1979, S. 257 f.
[107] Zur Top-down- und Bottom-up-Vorgehensweise vgl. ausführlich Kimm, R., Koch, W., Simonsmeier, W., Tontsch, F.: Einführung in Software-Engineering, Berlin New York 1979,

die Funktionsbereiche (die Gliederung des Modells auf Bereichsebene ist durch die Wahl des Y-CIM-Modells als Ausgangsbasis bereits vorgegeben) mit Hilfe des Top-down-Ansatzes bis auf die Ebene der Elementarfunktionen untergliedert. Daran anschließend werden die auf diese Weise ermittelten Elementarfunktionen mittels des Bottom-up-Ansatzes vor dem Hintergrund der in Kapitel A.3.2. genannten Kriterien zu neuen Einheiten gruppiert.

Obwohl es nicht immer möglich ist, die unterschiedlichen Hierarchiestufen inhaltlich eindeutig voneinander abzugrenzen, und die Übergänge zwischen den einzelnen Stufen oft fließend sind, stellt die geschilderte Vorgehensweise dennoch einen geeigneten Ansatz dar, um die komplexen Zusammenhänge eines betriebswirtschaftlich-fachlichen Unternehmensfunktionsmodells zu erfassen und in verständlicher und übersichtlicher Form aufzuzeigen.

Da der Schwerpunkt der vorliegenden Arbeit nicht in der Entwicklung eines Referenzfunktionsmodells liegt, wird hier nicht näher auf den Entwicklungsprozeß selbst eingegangen, sondern lediglich dessen Ergebnis beschrieben [108]. Um Redundanzen zu vermeiden, erfolgt die Darstellung des Referenzmodells allerdings erst innerhalb des Kapitels B.2.2.1.2.. Dies bietet sich deshalb an, weil die dort aufgezeigten betriebstypologischen Merkmalsabhängigkeiten der Funktionen ohne Funktionserläuterung nur schwer verständlich sind.

Die Vorgehensweise im Rahmen der Funktionsanalyse (vgl. Abbildung B.2.7) ist infolge der hierarchischen Dekomposition "top-down". Ausgehend von einem spezifizierten Funktionsbereich wird das Referenzmodell stufenweise in ein unternehmensspezifisches Ist-Funktionsmodell (I-FM), welches in der Regel lediglich einen Ausschnitt aus dem gesamten Referenzmodell darstellt und die innerhalb des Unternehmens zum gegenwärtigen Zeitpunkt gültigen Funktionen beinhaltet, transformiert. Hierbei werden die einzelnen Funktionen dahingehend analysiert, ob und in welcher Form (DV-gestützt oder manuell) diese gegenwärtig ausgeführt werden. Bei einer DV-gestützten Bearbeitung wird nochmals danach differenziert, ob diese dialog- oder batchorientiert erfolgt.

Die schrittweise Verfeinerung der Analysedaten ist deshalb sinnvoll, weil durch dieses strukturierte Vorgehensprinzip die gedankliche Durchdringung der umfangreichen Funktionsstrukturen möglich wird. Durch den Top-down-Ansatz werden darüber hinaus

---

S. 127 f.; Schumann, J., Gerisch, M.: Software Entwurf - Prinzipien-Methoden-Arbeitsschritte-Rechnerunterstützung, Berlin 1984, S. 211 f.

[108] Gleiches gilt für das noch zu erläuternde Referenzinformationsfluß- und -prozeßmodell.

differenzierte Detaillierungsgrade bei der Analyse ermöglicht. Dies bedeutet, daß die Funktionsanalyse nicht zwangsläufig über alle Hierarchiestufen erfolgen muß, sondern in Abhängigkeit der mit der Untersuchung verfolgten Zielsetzung unterschiedliche Detaillierungsgrade möglich sind. Unternehmensfunktionen, die im jeweiligen Bereichsreferenzmodell nicht enthalten sind, werden zwar erfaßt, jedoch nicht unmittelbar ins Referenzmodell übernommen.

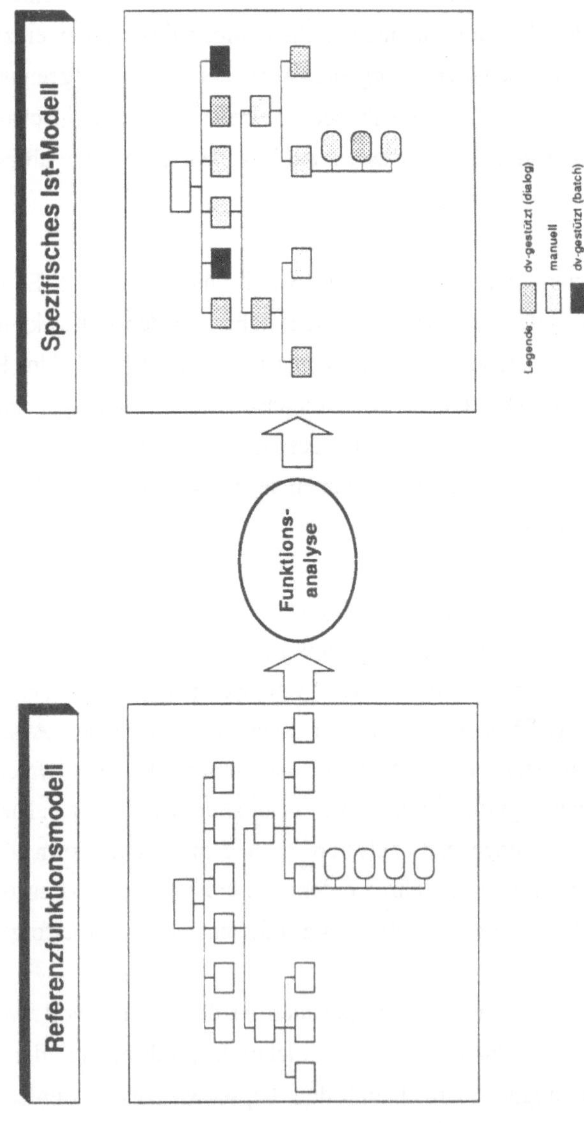

Abb. B.2.7: Vorgehensweise innerhalb der Funktionsanalyse

B.2.1.3. Informationsflußanalyse

Betriebswirtschaftliche Funktionen zeichnen sich u. a. dadurch aus, daß diese zum Zwecke ihrer Ausführung Informationen benötigen und selbst wiederum neue Informationen erzeugen. Da sich im Rahmen der Auftragsdurchführung eine Vielzahl von Funktionen unterschiedlicher Bereiche aneinanderreihen, entsteht ein Informationsfluß, der die innerbetrieblichen Bereichsgrenzen überschreitet. Letzteres führt dazu, daß zur Ausführung einer Funktion häufig Informationen notwendig sind, die von bereichsfremden Funktionen, originär erzeugt werden. Folgendes Beispiel soll diesen Sachverhalt verdeutlichen: Zu den wesentlichen Aufgaben des Vertriebsbereiches bei Einzel- und Kleinserienfertigung gehört die Angebotserstellung, innerhalb derer die vorliegenden Kundenanfragen unter dem Aspekt der technologischen Machbarkeit untersucht werden. Hierbei ist zu überprüfen, ob die vom Kunden definierten Produktanforderungen mit den im Unternehmen vorhandenen fertigungstechnologischen Möglichkeiten erfüllt werden können. Um die genannte Aufgabe bewältigen zu können, werden Informationen aus dem Bereich der Arbeitsplanung benötigt [109].

Entsprechend den vorherigen Ausführungen werden innerhalb der Informationsflußanalyse die bestehenden informationstechnischen Verflechtungen zwischen den funktionalen Einheiten eines Unternehmens untersucht [110]. Der Begriff informationstechnisch ist hierbei nicht im Sinne einer physischen, d. h. datentechnischen Kopplung zu verstehen, sondern deutet darauf hin, daß zwischen den Funktionsbereichen ein interaktiver Zusammenhang besteht, der einen Informationsaustausch erforderlich macht. Die Bedeutung dieser Fragestellung im Zusammenhang mit der Entwicklung eines CIM-Rahmenkonzeptes resultiert aus der Tatsache, daß erst durch das Zusammenwirken der einzelnen Funktionsbereiche über den Datenaustausch eine effiziente Auftragsabwicklung ermöglicht wird. Die Einordnung dieses Gliederungspunktes zeigt Abbildung B.2.8.

---

[109] Das zuvor beschriebene Beispiel macht darüber hinaus deutlich, daß im Rahmen der Analyse der vorhandenen informationstechnischen Verflechtungen es nicht ausreicht, lediglich die Informationsflüsse innerhalb des rechten und linken Schenkels des Y-CIM-Modells zu betrachten, sondern daß auch die Informationsbeziehungen zwischen beiden Schenkeln zu berücksichtigen sind.

[110] Die Übertragung von Informationen von einem Sender zu einem Empfänger wird in der Literatur als Kommunikation bezeichnet, weshalb in diesem Kontext auch von Kommunikationsbeziehungen gesprochen werden kann. Vgl. hierzu Hax, H.: Kommunikation, in: Grochla, E., Wittmann, W. (Hrsg.): Handwörterbuch der Betriebswirtschaft, 4. Auflage, Stuttgart 1975, Sp. 2170-2176.

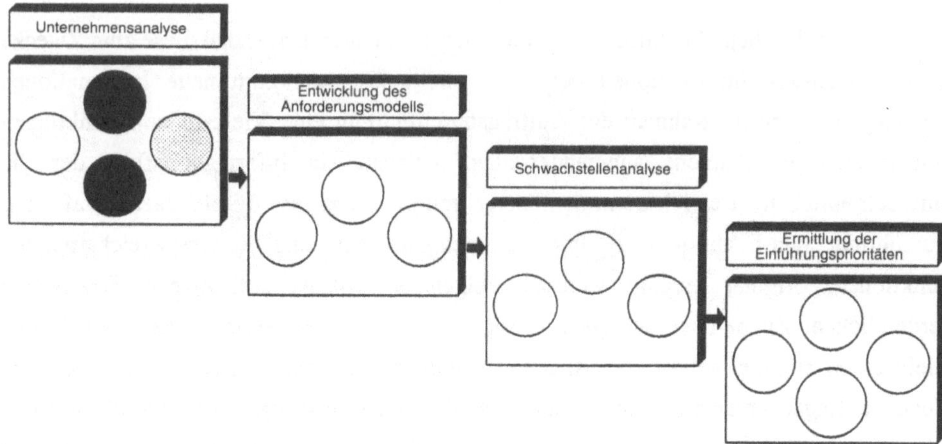

Abb. B.2.8:   Einordnung "Informationsflußanalyse" in das Vorgehensmodell

Die Informationsflußanalyse erfolgt auf logischer Ebene. Das heißt, ein Informationsaustausch liegt vor, wenn Informationen, die in einem Bereich originär erzeugt werden, einem anderen Bereich zur dortigen Be- bzw. Verarbeitung ohne redundante Erfassung zur Verfügung gestellt werden können. Die Art und Weise wie der Informationsaustausch erfolgt, spielt hierbei noch keine Rolle. Der Ursprung einer Information wird als Informationsquelle, das Ziel als Informationssenke bezeichnet.

Analog zur Funktionsanalyse orientiert sich auch die Informationsflußanalyse am Y-CIM-Modell. Dies bedeutet, daß die bestehenden Informationsflüsse zwischen den relevanten Funktionsbereichen des Y-CIM-Modells untersucht werden. Zur Durchführung dieser Aufgabe wird ein Referenzinformationsflußmodell entwickelt, in dem sowohl die notwendigen Informationsflußbeziehungen (im folgenden Informationsbeziehungen genannt) als auch die jeweils zu übertragenden Informationen enthalten sind. Die Ermittlung der Informationsflüsse des Referenzmodells erfolgt vor dem Hintergrund der durch das Referenzfunktionsmodell festgelegten Zuordnung von Funktionen zu Funktionsbereichen. Erst diese Funktionszuordnung ermöglicht es, eindeutig festzulegen, welche Informationen zwischen den verschiedenen Funktionsbereichen zu übertragen sind. Um auch hier Überschneidungen zu vermeiden, werden nachfolgend lediglich der Aufbau des Referenzinformationsflußmodells sowie die Vorgehensweise im Rahmen der Analyse erläutert. Die Beschreibung des Referenzmodells erfolgt erst innerhalb des Kapitels B.2.2.2.2..

Wie in Abbildung B.2.9 dargestellt, bestehen zwischen den zu betrachtenden Funktionsbereichen eine Vielzahl informationeller Verflechtungen. Des weiteren wird deutlich, daß ein Funktionsbereich sowohl als Informationssenke als auch als Informationsquelle gekennzeichnet werden kann.

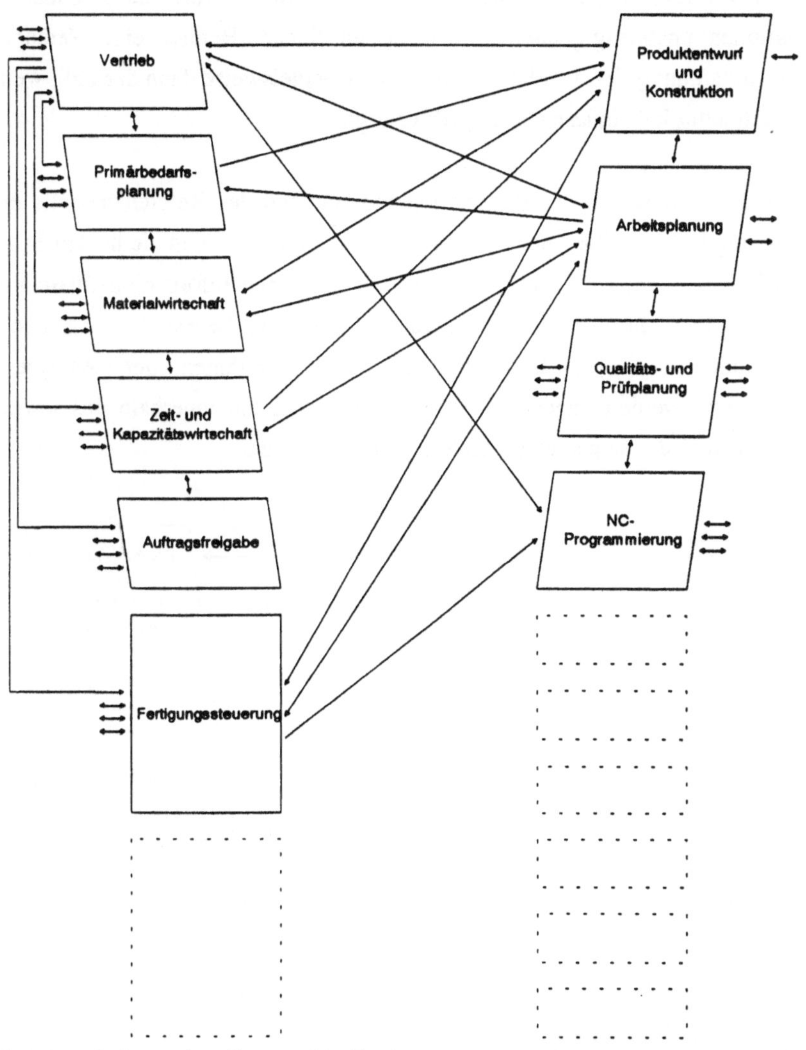

Abb. B.2.9: Informationelle Verflechtungen zwischen den betrachteten Funktionsbereichen

Um einerseits die Komplexität der Erhebung zu reduzieren und andererseits eine strukturierte Vorgehensweise und übersichtliche Darstellungsform zu ermöglichen, wird das Gesamtmodell der Informationsbeziehungen in Partialmodelle untergliedert. Ein Partialmodell ist dadurch charakterisiert, daß dieses zwar mehrere Ziel-Funktionsbereiche

(Informationssenken), jedoch jeweils nur einen Ursprungs-Funktionsbereich (Informationsquelle) umfaßt. Dies hat zur Folge, daß ein Partialmodell mehrere einfache Informationsflüsse, das heißt unidirektionale Informationsströme zwischen lediglich zwei Funktionsbereichen, beinhaltet. Ein einfacher Informationsfluß kann dabei durchaus mehrere Informationen umfassen. Des weiteren ist darauf hinzuweisen, daß die Informationsflüsse unabhängig von ihrer Verwendung erfaßt werden. Dies bedeutet, daß die Informationen unabhängig davon, ob diese im Senken-Bereich eine Veränderung erfahren oder nicht, analysiert werden. Letzteres ist beispielsweise dann der Fall, wenn im Senken-Bereich lediglich ein lesender Zugriff erfolgt.

Die grafische Dokumentation der Informationsbeziehungen des Referenzmodells erfolgt gemäß Abbildung B.2.10 mittels des Y-CIM-Modells. Hierzu werden die beiden Schenkel des Y-Modells in vertikaler Richtung getrennt. Die einzelnen Informationsflüsse werden durch gerichtete Pfeile, die zwei Funktionsbereiche verbinden, dargestellt. Die Spitze eines Pfeils zeigt dabei auf die Informationssenke. Im Rahmen der Analyse und Ergebnisdarstellung werden diejenigen Funktionsbereiche, die innerhalb des jeweiligen Partialmodells von Bedeutung sind, gesondert gekennzeichnet.

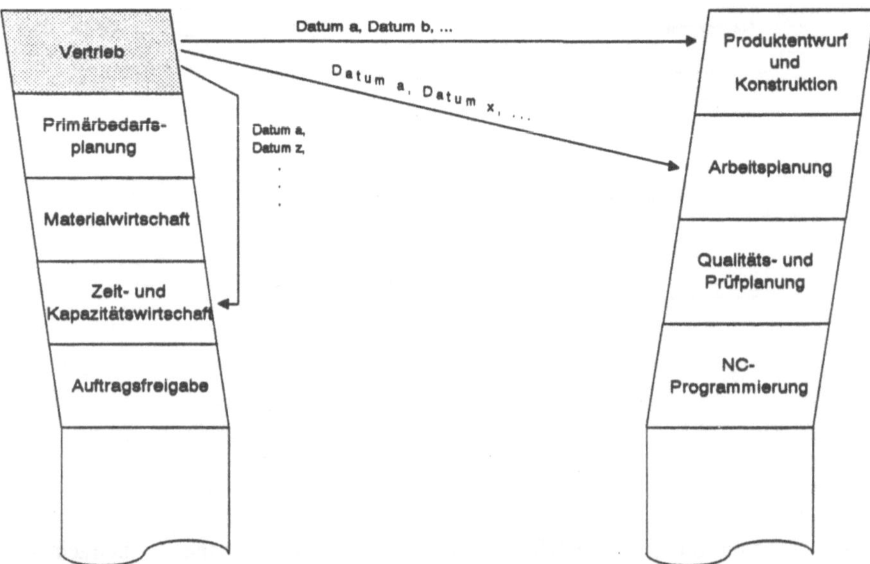

Abb. B.2.10:   Aufbau des Referenzinformationsflußmodells

Die Analyse der bestehenden informationstechnischen Interdependenzen erfolgt in einer Art "Top-down"-Ansatz. Ausgehend von einem spezifizierten Partialmodell werden stufenweise zunächst die darin enthaltenen Einzelbeziehungen und daran anschließend die diesen zugeordneten Informationen analysiert. Sowohl die Ermittlung der Informationsbeziehungen als auch die der Informationen erfolgt hierbei anhand der Kriterien "DV-gestützt" und "manuell". Bei einer DV-gestützten Informationsübertragung wird nochmals danach unterschieden, ob diese ereignisorientiert (Real-Time) oder zeitraumorientiert (Batch) durchgeführt wird. Unabhängig von der Art der DV-Unterstützung bedeutet "DV-gestützt" in diesem Kontext, daß die Informationen bereits digitalisiert vorliegen und in dieser Form mittels DV-technischen Hilfsmitteln übertragen werden. Fragen der konkreten DV-technischen Realisierung (Dateitransfer, Netze, Datenbanken etc.) sind nicht Gegenstand der Betrachtungen. Informationsübertragungen, die im jeweiligen Partialmodell nicht enthalten sind, werden zwar erfaßt, jedoch nicht direkt ins Referenzmodell übernommen.

Mittels der zuvor beschriebenen und in Abbildung B.2.11 dargestellten Vorgehensweise wird das Referenzinformationsflußmodell in ein Ist-Informationsflußmodell (I-IFM), welches den innerhalb des Unternehmens gegenwärtig stattfindenden Informationsaustausch beinhaltet, überführt. Innerhalb des Ist-Modells wird zwischen einer DV-gestützten und manuellen Informationsübertragung differenziert.

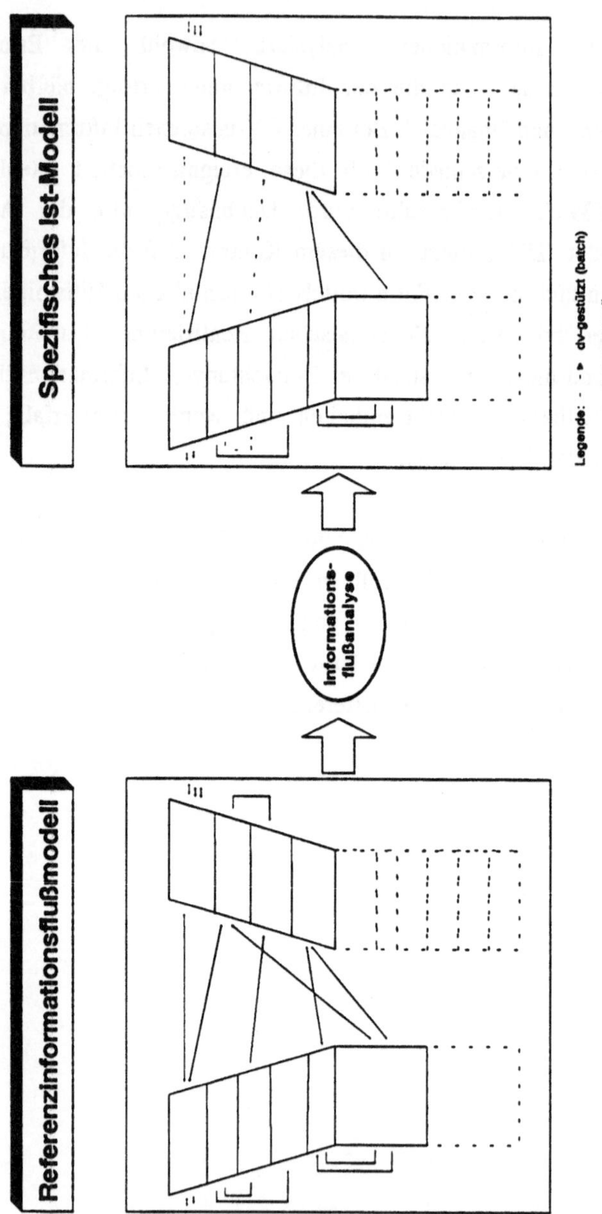

Abb. B.2.11: Vorgehensweise innerhalb der Informationsflußanalyse

B.2.1.4.   Prozeßanalyse

Innerhalb der Funktionsanalyse werden die einzelnen Unternehmensfunktionen unabhängig voneinander betrachtet. Die Funktionen eines Unternehmens stehen jedoch nicht isoliert nebeneinander, sondern werden zum Zwecke der betrieblichen

Leistungserstellung in einer festgelegten, logischen und zeitlichen Reihenfolge ausgeführt. Im Rahmen einer gesamtheitlichen Unternehmensanalyse sind daher nicht nur die einzelnen Funktionen für sich genommen zu betrachten, sondern auch deren Zusammenwirken. Die Analyse der dynamischen Aufeinanderfolge der Unternehmensfunktionen führt dazu, daß die bereichsorientierte Funktionsbetrachtung der Funktionsanalyse in eine ablauforientierte, von Bereichsgrenzen unabhängige Betrachtung überführt wird. Darüber hinaus werden auch Fragen des funktionsspezifischen Informationsinputs und -outputs behandelt.

Der dynamische Aspekt der Ablauflogik ist hier deshalb von besonderer Bedeutung, weil gerade in der Bildung und Neugestaltung von bereichsübergreifenden, durchgängigen Geschäftsprozessen ein wesentlicher Grundgedanke von CIM liegt [111]. Die Prozeßanalyse ist in Abbildung B.2.12 in das Vorgehensmodell eingordnet.

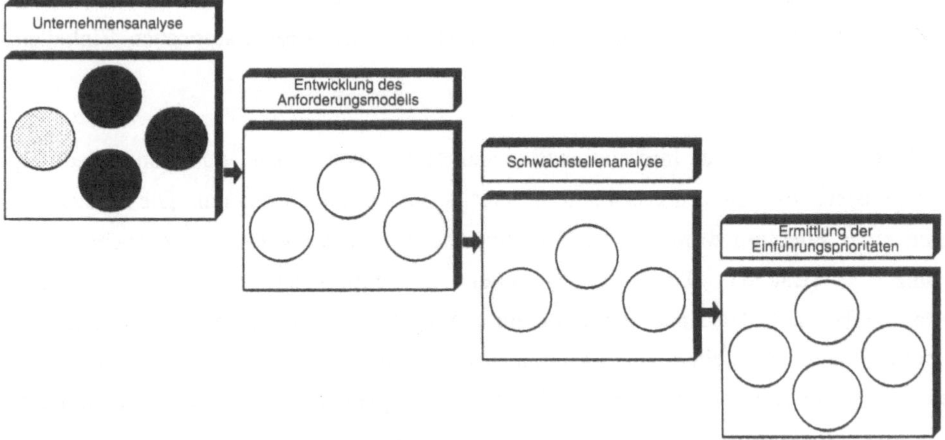

Abb. B.2.12: Einordnung "Prozeßanalyse" in das Vorgehensmodell

Zur Verfolgung des genannten Untersuchungszwecks wird im folgenden eine für die Beschreibung und Definition der Prozesse geeignete Methode entwickelt. Der Begriff Methode steht hierbei für ein grafisches Beschreibungsmittel zur (formalen) Darstellung ablauforganisatorischer Zusammenhänge, wobei die Beschreibung auf der Basis festgelegter Konstruktionsregeln erfolgt. Als wesentliche Eigenschaften einer derartigen Beschreibungsmethodik sind eine leichte Erlern- und Anwendbarkeit sowie eine formale Eindeutigkeit zu nennen. Im Rahmen der Methodenentwicklung werden zunächst die

---

[111] Vgl. Scheer, A.-W.: CIM - Der computergesteuerte Industriebetrieb, 4. Auflage, Berlin et al. 1990, S. 3 ff.; Mosler, H.-J.: Konzept für das Computer Integrated Manufacturing, in: Handbuch der modernen Datenverarbeitung 25(1988)139, S. 3-11, insbesondere S. 4.

Prozeßinhalte (Konstrukte) begrifflich und symbolisch festgelegt, d. h., es wird die Frage beantwortet, welche Inhalte in welcher Form dargestellt werden. Daran anschließend werden Regeln für die logische Verknüpfung und räumliche Anordnung der verschiedenen Prozeßelemente definiert.

Infolgedessen, daß es sich bei einem Prozeß um eine ablauforientierte Zusammenfassung von Funktionen handelt, stellen diese eine der wesentlichen Prozeßelemente dar. Die symbolische Darstellung der Funktionen erfolgt durch Rechtecke. Werden Funktionen bereits DV-technisch unterstützt, sind auch Informationen über die jeweils eingesetzten Anwendungssysteme von Bedeutung. Anwendungssysteme werden ebenfalls durch Rechtecke visualisiert, wobei diese jedoch eine geringere Höhe als die der Funktionen besitzen. Um auch Aussagen über organisatorische Fragestellungen treffen zu können, ist eine Berücksichtigung der organisatorischen Einheiten, denen die Funktionen zugeordnet sind, erforderlich. Als Organisationseinheiten gelten die Abteilungen innerhalb eines Unternehmens. Diese können mit den Funktionsbereichen und Teilbereichen des Y-CIM-Modells übereinstimmen. Die grafische Visualisierung der organisatorischen Einheiten erfolgt durch Ellipsen.

Wie bereits innerhalb der Informationsflußanalyse angedeutet, sind Funktionen dadurch charakterisiert, daß sie Eingabedaten in Ausgabedaten transformieren. Die relevanten Daten einer Funktion werden hierbei in Speichermedien verwaltet, die entweder DV-technischer (Dateien, Datenbanken) oder konventioneller (Karteien, Register, Formulare/Belege) Art sind. Die Aufnahme der Daten in die Prozeßdarstellung hat mehrere Gründe. Zum einen geht es darum festzustellen, in welchen Abteilungen welche Daten verwaltet werden und welche Datenbestände gleichzeitig mehreren Abteilungen zugeordnet sind. Zum anderen gilt es herauszufinden, welche Daten von welchen Funktionen gemeinsam genutzt werden und somit für eine funktionsübergreifenden Nutzung bereitzustellen sind. Ferner wird hierdurch deutlich, welche Daten bereits in digitalisierter Form vorliegen und welche mit konventionellen Hilfsmitteln manuell verwaltet werden.

Die Daten werden danach differenziert, ob es sich um Inputdaten (Daten, auf die ein lesender Zugriff erfolgt) oder um Outputdaten (Daten, auf die ein schreibender Zugriff erfolgt) handelt. Als Symbol für DV-technische Speichermedien werden Rechtecke mit abgerundeten Ecken verwendet. Konventionelle Speichermedien werden als Trapez (Formulare, Belege), oder durch drei versetzt hintereinander liegende Rechtecke (Karteien, Register) dargestellt.

Funktionen, Organisationseinheiten und Daten stellen die zentralen Elemente der hier beschriebenen Prozesse dar. Wie nachfolgend noch näher erläutert, wird innerhalb der Prozeßanalyse eine Untergliederung der gesamten Prozeßkette der Leistungserstellung in einzelne Prozesse vorgenommen. Zur eindeutigen Abgrenzung der Prozesse werden Ereignisse verwendet. Das heißt, ein Prozeß wird von einem oder mehreren Ereignissen angestoßen (Anfangsereignis) und durch ein oder mehrere Ereignisse beendet (Schlußereignis). Darüber hinaus führt die Eingrenzung eines Prozesses durch Ereignisse dazu, daß dessen Einordnung in die Gesamtprozeßkette erleichtert wird. Bei den Ereignissen kann es sich sowohl um externe als auch um interne Ereignisse handeln.

Um zu vermeiden, daß durch die Bildung von (Teil-) Prozessen der ganzheitliche Charakter verloren geht, wird, unter der Voraussetzung, daß von dem jeweiligen Schlußereignis ein unternehmensinterner Prozeß angestoßen wird, zu jedem Prozeß der jeweilige Nachfolgeprozeß angegeben. Das Symbol für Endereignisse sind Doppelkreise, wogegen Anfangsereignisse durch einen einfachen Kreis gekennzeichnet werden. Nachfolgeprozesse werden durch Rechtecke, die zwei durch einen treppenartigen Pfeil verbundene kleinere Rechtecke beinhalten, dargestellt. Da innerhalb eines Prozesses auch Entscheidungen stattfinden können, werden auch diese mit in die Betrachtungen einbezogen. Als Symbol hierfür werden Rauten verwendet. In Abbildung B.2.13 sind alle Prozeßelemente nochmals zusammenfassend dargestellt.

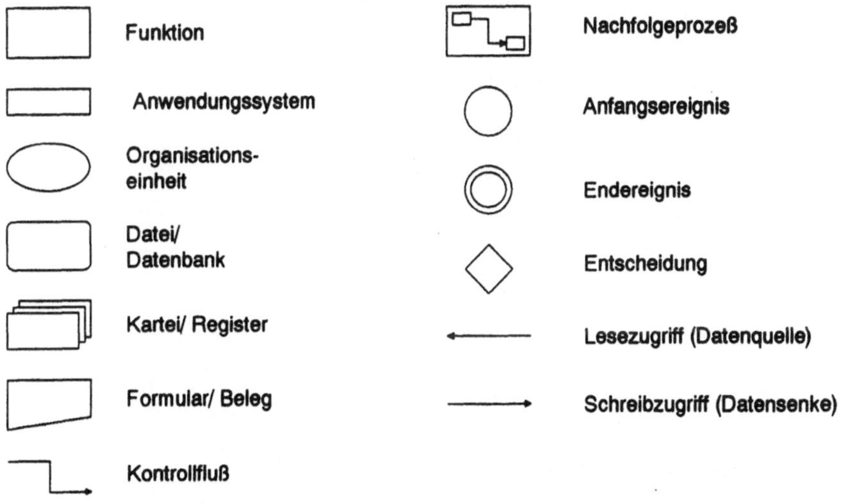

Abb. B.2.13: Elemente des Prozeßmodells

Nachdem zuvor die einzelnen Elemente eines Prozesses sowie ihre Symbole erläutert wurden, folgt nun die Beschreibung der logischen Verknüpfung der Prozeßelemente zu einem Prozeß.

Ein Prozeß besteht prinzipiell aus mehreren Prozeßkomponenten. Eine Prozeßkomponente stellt eine geschlossene Einheit dar, die sich aus jeweils einer Funktion, einem Anwendungssystem, einer Organisationseinheit und einem oder mehreren Datenspeicher [112] zusammensetzt. Hierbei werden die Organisationseinheiten oberhalb und die Datenspeicher unterhalb der Funktionen angeordnet, wobei erstere durch eine durchgezogene und letztere durch eine gestrichelte Kante mit den Funktionen verbunden sind. Die Verbindung der Datenspeicher mit der Kante erfolgt durch Pfeile. Zeigt die Pfeilspitze in Richtung Datenspeicher, so handelt es sich um eine Datensenke; im umgekehrten Falle um eine Datenquelle. Die Anwendungssysteme werden den Funktionen unmittelbar zugeordnet. Den grundsätzlichen Aufbau einer Prozeßkomponente zeigt Abbildung B.2.14.

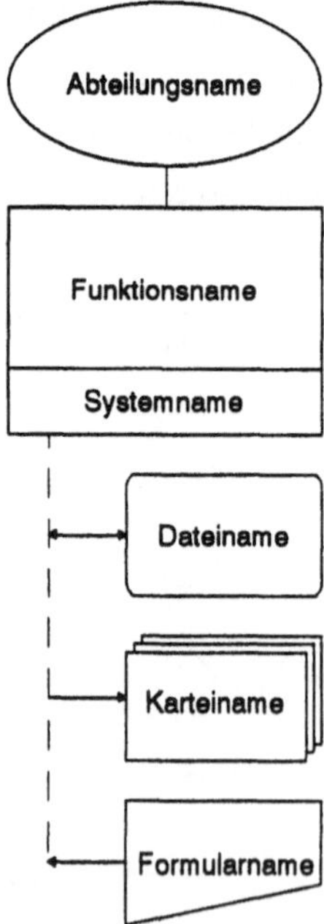

Abb. B.2.14: Aufbau einer Prozeßkomponente

---

[112] Der Begriff Datenspeicher kennzeichnet die Verbindung zwischen Daten und Speichermedien (vgl. hierzu Kapitel B.3.).

Die Verknüpfung der einzelnen Prozeßkomponenten erfolgt gemäß Abbildung B.2.15 durch treppenartige Pfeile (Kontrollfluß), die auf der Ebene der Funktionen angeordnet sind und deren Spitze auf die Folgekomponente zeigt. Die Anordnung der Funktionen bzw. Prozeßkomponenten von links nach rechts entspricht der zeitlichen und logischen Bearbeitungsreihenfolge. Bei iterativen Zusammenhängen verläuft der Kontrollfluß in beide Richtungen.

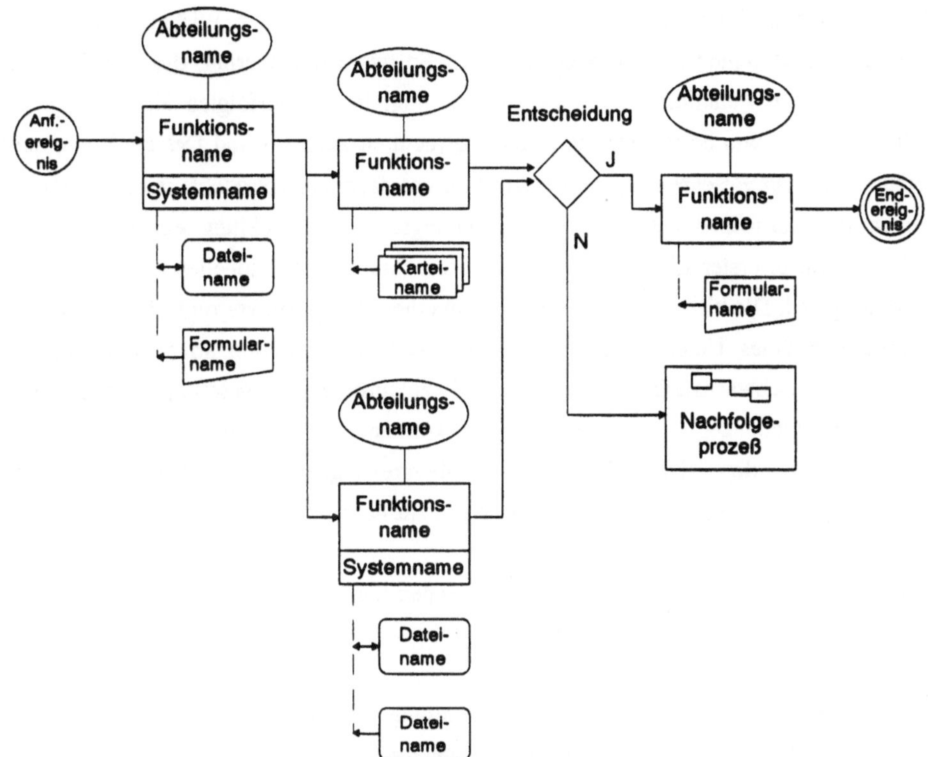

Abb. B.2.15: Logische und räumliche Anordnung der Prozeßkomponenten

Infolge der möglichen Komplexität von Funktionsabläufen wird für die Anordnung der einzelnen Prozeßkomponenten eine netzartige Darstellung gewählt, was bedeutet, daß ein Funktionsablauf sich in mehrere Äste aufspalten kann. Hierdurch können neben linearen auch parallele Ablaufstrukturen abgebildet werden [113]. Anfangsereignisse sind jeweils vor der ersten, Endereignisse hinter der letzten Prozeßkomponente eines Prozeßastes angeordnet und mit diesen über gerichtete Pfeile, die von rechts nach links verlaufen, verbunden. Nachfolgeprozesse werden generell wie Funktionen behandelt, wobei diese jedoch alleine, d. h. ohne weitere Elemente, aufgeführt werden. Ein weiterer Unterschied

---

[113] Zur Darstellung von Ablaufstrukturen vgl. z. B. Kargl, H.: Fachentwurf für DV-Anwendungssysteme, 2. Auflage, München Wien 1990, S. 166 ff.

zu den Funktionen liegt darin, daß Nachfolgeprozesse auch hinter einem Endereignis plaziert werden können. Entscheidungen werden in der Regel zwischen zwei aufeinanderfolgenden Komponenten angeordnet.

Die Verwendung der zuvor erläuterten Methode gewährleistet eine formal eindeutige Beschreibung der Unternehmensprozesse. Der Einsatz grafischer Darstellungstechniken sowie die konsequente Anordnung der Prozeßelemente führen darüber hinaus zu einer hohen Transparenz und leichten Verständlichkeit der aufgezeigten Wirkungszusammenhänge. Der Unterschied zu den Methoden des Software-Engineering, die ebenfalls der ablauforientierten Funktionsdarstellung dienen, liegt in der verfolgten Zielsetzung. So werden Sprachen wie beispielsweise SADT (Structured Analysis and Design Technique) in erster Linie zur Beschreibung und Definition von fachlichen Produktanforderungen im Rahmen der betriebswirtschaftlichen Anwendungssystementwicklung eingesetzt [114]. Hierbei stehen in erster Linie die Funktionen mit ihren informationellen Verflechtungen im Vordergrund. Die hier entwickelte Entwurfsmethodik dagegen verfolgt primär das Ziel, die innerhalb eines Unternehmens bestehende Ablauforganisation so abzubilden, daß gegenwärtige Schwachstellen erkennbar und zukünftige Verbesserungsmöglichkeiten (Entwicklungstendenzen) spezifiziert werden können. Infolgedessen besitzt diese im Vergleich zu den Methoden des Software-Engineering einen erweiterten Betrachtungsgegenstand sowie eine größere Nähe zur betriebswirtschaftlichen Realität.

Nach der Methodenbeschreibung steht im folgenden die Erläuterung der Vorgehensweise innerhalb der Prozeßanalyse im Mittelpunkt.

Zur Analyse der spezifischen Prozeßgestaltung eines Unternehmens wird ein Referenzprozeßmodell entwickelt, das, mit Ausnahme der Anwendungssysteme, alle zuvor erläuterten Prozeßelemente beinhaltet. Die Entwicklung dieses Modells hinsichtlich der Funktionen erfolgt auf der Grundlage des funktionalen Referenzmodells, wobei der Detaillierungsgrad den 'Funktionen' und Elementarfunktionen entspricht. Festzustellen ist, daß das Referenzprozeßmodell nicht alle Funktionselemente des Referenzfunktionsmodells beinhaltet. Der Grund hierfür ist darin zu sehen, daß im Prozeßmodell auf Grund dessen, daß hier lediglich die (zentralen) Funktionen der Wertschöpfungskette betrachtet werden, die mehr administrativen Funktionen keine Berücksichtigung finden. Um die Komplexität auf ein handhabbares Maß zu reduzieren, erfolgt eine Dekomposition des hier relevanten

---

[114] Vgl. Balzert, H.: Die Entwicklung von Software-Systemen, Mannheim et al. 1982, S. 107 f.; Heinrich, L. J., Burgholzer, P.: Systemplanung - Planung und Realisierung von Informations- und Kommunikationssystemen, Band 1, 5. Auflage, München Wien 1991, S. 85 ff.; Scheer, A.-W.: Architektur integrierter Informationssysteme, Berlin et al. 1991, S. 113 ff.

Teils der Wertschöpfungskette in die (Teil-) Prozesse Angebotsbearbeitung, Anfragenbearbeitung, Bestellabwicklung, Auftragsabwicklung, Feinplanung und Produktplanung [115]. Hierbei ist darauf hinzuweisen, daß lediglich die Prozeßfunktionen als Referenzen (Leitlinie) für die Ermittlung der aktuellen Prozeßgestaltung dienen. Die übrigen Prozeßelemente (Daten, Organisationseinheiten, Ereignisse usw.) sind vom Anwender frei bestimmbar. Im Gegensatz zur Funktions- und Informationsflußanalyse sind in diesem Kontext zwei Arten von Referenzstrukturen zu unterscheiden.

Zum einen handelt es sich um Referenzmodelle im "klassischen" Sinne, wie sie in Kapitel A.3.4. definiert wurden. Zum anderen treten im diesem Zusammenhang sog. spezifische Referenzprozesse auf. Der Begriff spezifischer Referenzprozeß wird hier deshalb verwendet, weil es sich um Strukturen handelt, die sich bereits an konkreten betriebstypologischen Merkmalsausprägungen orientieren. Das heißt, für einen spezifizierten Prozeß können in Abhängigkeit bestimmter Merkmalsausprägungen unterschiedliche Referenzstrukturen existieren. Dieser Sachverhalt beinhaltet auch den Fall, daß ein Referenzprozeß als solcher nur bei bestimmten Merkmalsausprägungen relevant ist. Von entscheidender Bedeutung sind hierbei die Merkmale Fertigungsart und Fertigungsorganisation. Die Ausprägungen Einzel- und Kleinserienfertigung sowie Großserien- und Massenfertigung des Merkmals Fertigungsart können zu einer Merkmalsgruppe zusammengefaßt werden. Gleiches gilt für die Ausprägungen Werkstatt und Fertigungsinseln/Gruppenfertigung des Merkmals Fertigungsorganisation. Die Zusammenfassung ist deshalb möglich, weil den Ausprägungen der jeweiligen Merkmalsgruppen die gleichen spezifischen Referenzprozesse zugeordnet werden können.

Bei "klassischen" Referenzprozessen besitzen die Funktionen und Daten sowie die logische und zeitliche Reihenfolge der Funktionen grundsätzlich allgemeingültigen Charakter. Die Zuordnung der Funktionen zu den betrieblichen Aufgabengebieten ist - analog zu den spezifischen Referenzprozessen - fest vorgegeben.

Ausgehend von einem ausgewählten Prozeß, wird dessen unternehmensspezifische Gestaltung mittels der zuvor beschriebenen Beschreibungssprache auf der Grundlage des entsprechenden Referenzprozesses analysiert (vgl. Abbildung B.2.16). Dies erfolgt dergestalt, daß dem Anwender sämtliche Funktionen des ausgewählten Referenzprozesses als Vorgaben zur Verfügung gestellt werden, die dieser dem jeweiligen Ist-Zustand entsprechend auswählen und zusammenfügen kann. Gleiches gilt für die

---

[115] Die detaillierte Darstellung und Beschreibung der einzelnen Prozesse erfolgt aus den bereits innerhalb der Funktions- und Informationsflußanalyse genannten Gründen erst innerhalb des Kapitels B.2.2.3.2..

Nachfolgeprozesse. Wurde der Prozeßanalyse keine Funktionsanalyse vorgeschaltet, so müssen zusätzlich Informationen über die Art der Funktionsausführung (manuell oder DV-gestützt) erfaßt werden. Im Gegensatz zu den Funktionen sind, wie bereits angedeutet, die Daten, Organisationseinheiten und Anwendungssysteme vom Anwender selbst festzulegen. Alle Datenbestände erhalten neben der Bezeichnung eine zusätzliche Kennzahl, die es später ermöglicht, gleiche Datenbestände zu identifizieren.

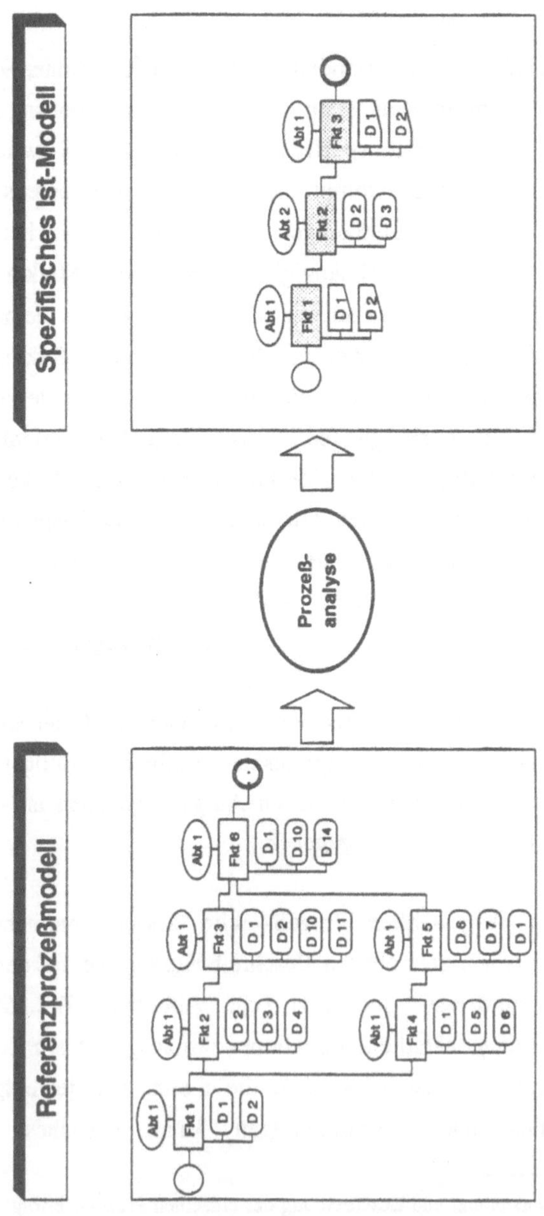

Abb. B.2.16: Vorgehensweise innerhalb der Prozeßanalyse

Mittels der zuvor geschilderten Vorgehensweise wird das Referenzprozeßmodell in ein `Ist-Prozeßmodell (I-PM)`, in dem sich die aktuelle Prozeßgestaltung des betrachteten Unternehmens widerspiegelt, transformiert.

B.2.2. Entwicklung des Anforderungsmodells

In den vorangegangenen Ausführungen wurde die Vorgehensmethodik im Rahmen der Unternehmensanalyse erläutert. Die nun folgende Phase des Vorgehensmodells beinhaltet die Entwicklung eines auf die spezifischen Belange des jeweiligen Unternehmens ausgerichteten CIM-Gesamtmodells (Soll-Modell). Da es aus Konsistenzgründen sinnvoll ist, die bereits innerhalb der Unternehmensanalyse eingeführte Unterteilung in die Betrachtungssichten Funktionen, Informationsflüsse und Prozesse auch in dieser Phase beizubehalten, umfaßt dieser Schritt die Entwicklung eines Funktions- (FM), Informationsfluß- (IFM) und Prozeßmodells (PM).

Die mit Hilfe der nachfolgend beschriebenen Methoden entwickelten Soll-Modelle besitzen die Eigenschaften spezifischer Standardmodelle. Da es jedoch das "Standardunternehmen" nicht gibt, können die Anforderungsmodelle keinen Anspruch auf vollständige Abdeckung sämtlicher unternehmensindividueller Eigenheiten erheben. Darüber hinaus kann das konkrete Realisierungsmodell auf Grund betrieblicher Restriktionen (z. B. Finanzen oder Kapazitäten) vom idealtypischen Soll-Modell abweichen. Aus beiden Tatbeständen folgt, daß zur Ermittlung verbindlicher und vollständiger Modelle in der Regel Anpassungen notwendig sind.

B.2.2.1.   Funktionsmodell

Innerhalb dieses Teilschrittes erfolgt die Entwicklung eines Funktionsmodells, das die für das jeweilige Unternehmen relevanten und in der Regel DV-technisch zu unterstützenden Funktionen beinhaltet. Bevor nachfolgend die methodische Vorgehensweise ausführlich erläutert wird, wird auf Verwendungsmöglichkeiten eines derartigen Funktionsmodells hingewiesen, die in dieser Arbeit nicht näher behandelt werden.

Als erstes wäre hierbei die Möglichkeit zu nennen, das Funktionsmodell als Grobanforderungskatalog für die Auswahl von Standardanwendungssystemen heranzuziehen. Des weiteren besteht die Möglichkeit, das Modell als Ausgangspunkt für die (funktionale) Fachkonzepterstellung innerhalb des Softwareentwicklungsprozesses zu verwenden. Letztendlich können dem Funktionsmodell auch Anregungen für aufbauorganisatorische Umstrukturierungen entnommen werden. Dieser Verwendungszweck ergibt sich nicht zuletzt deshalb, weil bei der Wahl der Gliederungskriterien des Referenzmodells u. a. auch organisatorische Gesichtspunkte berücksichtigt wurden. Der Gliederungspunkt ist in Abbildung B.2.17 in das Vorgehensmodell eingeordnet.

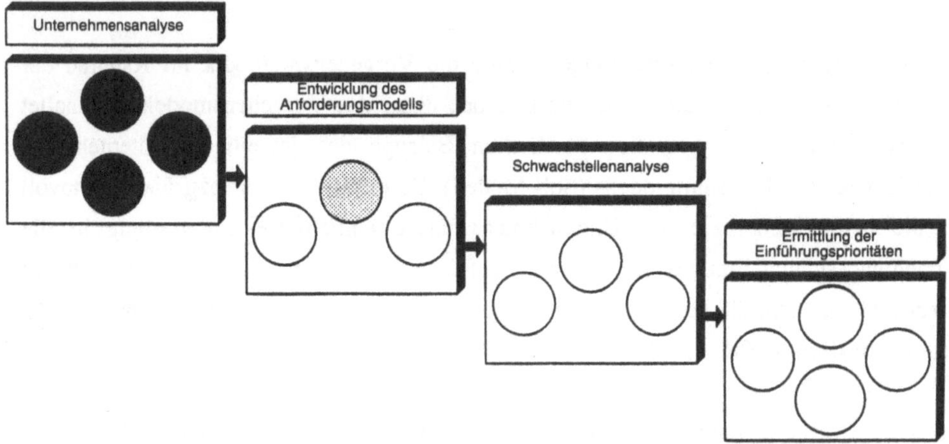

Abb. B.2.17: Einordnung "Funktionsmodell" in das Vorgehensmodell

B.2.2.1.1.   Methodisches Vorgehen

Die Basis für die Ermittlung des spezifischen Funktionsmodells bildet das funktionale Referenzmodell. Das heißt, das individuelle Anforderungsmodell setzt sich aus den für das betrachtete Unternehmen relevanten Komponenten des Referenzfunktionsmodells zusammen. Die bereits innerhalb der Funktionsanalyse eingeführte Untergliederung des Gesamtmodells in einzelne Bereichsreferenzmodelle besitzt auch in diesem Kontext Gültigkeit.

Als für die Entwicklung unternehmensindividueller funktionaler Anforderungsprofile geeignete Determinanten wurden bereits in Kapitel B.2.1.1. betriebstypologische Merkmale genannt. Im Rahmen der betriebstypologischen Merkmalsanalyse werden Merkmale mit abgestuften Merkmalsausprägungen herangezogen, um die spezifischen Eigenschaften des betrachteten Unternehmens zu beschreiben.

Nach der Festlegung geeigneter Bestimmungsfaktoren sind im nächsten Schritt die Wirkungszusammenhänge zwischen diesen und den Komponenten des funktionalen

Referenzmodells herzuleiten. Das heißt, für jede Funktion des Referenzmodells ist festzulegen, ob und von welchen Merkmalsausprägungen diese determiniert wird. Den beschriebenen Sachverhalt zeigt Abbildung B.2.18.

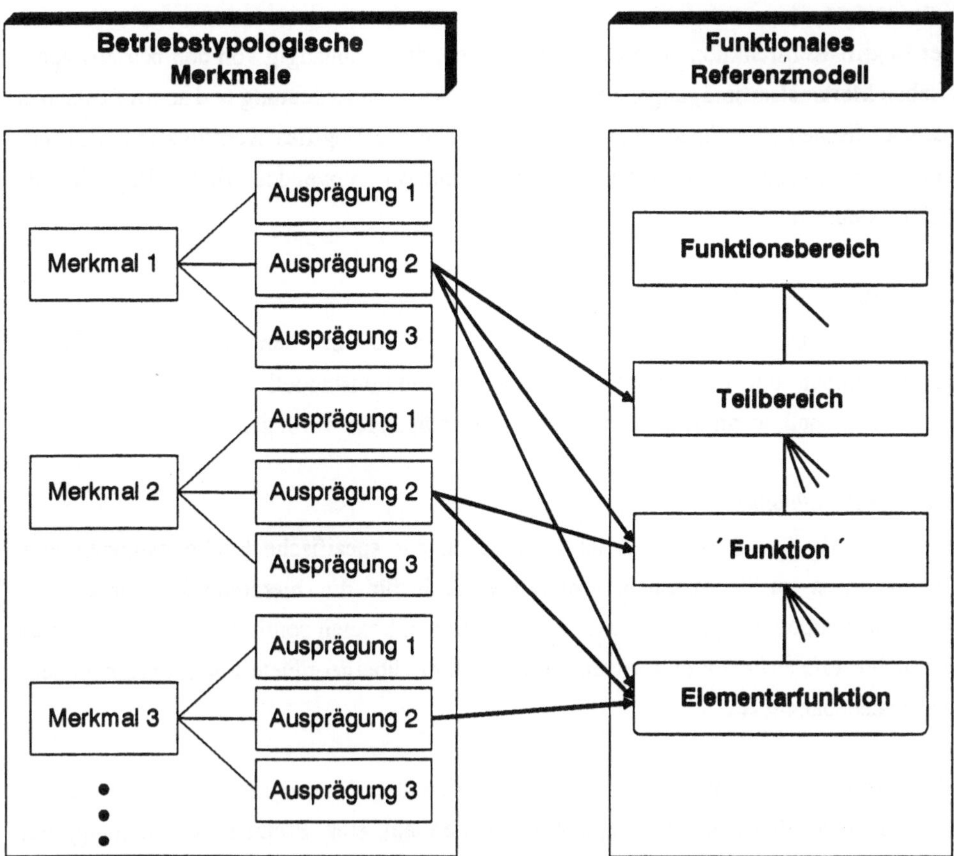

Abb. B.2.18: Beziehungen zwischen betriebstypologischen Merkmalsausprägungen und den Komponenten des funktionalen Referenzmodells

Im Hinblick auf die Abhängigkeit der Funktionen von den betriebstypologischen Merkmalsausprägungen können drei Funktionsarten unterschieden werden. Im einzelnen sind dies:

- Kernfunktionen,
- merkmalsabhängige Funktionen und
- indirekte Kernfunktionen.

Bevor die unterschiedlichen Funktionsarten im folgenden näher erläutert werden, is
nochmals darauf hinzuweisen, daß der Funktionsbegriff in diesem Zusammenhang all
Komponenten des Referenzmodells umfaßt.

Kernfunktion

Der Begriff Kernfunktion bezeichnet Funktionen, die unabhängig von den betriebstypolo
gischen Merkmalsausprägungen eines Unternehmens von Bedeutung und somit Bestandtei
des spezifischen Funktionsmodells sind. An Stelle des Begiffes Kernfunktion wird auc
häufig der Begriff merkmalsunabhängige Funktion verwendet. Beide Begriffe sin
gleichbedeutend.

Merkmalsabhängige Funktion

Merkmalsabhängige Funktionen sind im Gegensatz zu den zuvor beschriebene
Kernfunktionen nur dann in das spezifische Funktionsmodell des Unternehmens z
übernehmen sind, wenn bestimmte Merkmalsausprägungen vorliegen.

Indirekte Kernfunktion

Eine indirekte Kernfunktion ist immer dann in das spezifische Funktionsmodell eine
Unternehmens zu übernehmen, wenn dies auch für die hierarchisch übergeordnet
Funktionskomponente gilt. Indirekte Kernfunktionen können somit nicht auf der oberste
Hierarchiestufe auftreten und setzen voraus, daß die übergeordnete Funktionskomponent
merkmalsabhängig ist.

Die Formulierung der in Abbildung B.2.18 dargestellten Wirkungszusammenhänge erfolg
in Form von (Produktions-) Regeln, bei denen auf eine Prämisse (Bedingung) ein
Konklusion folgt. Hierbei kann es sich um konjunktive, disjunktive sowie um einfach
Regeln handeln [116]. Unabhängig vom Regeltyp beinhaltet der Bedingungsteil di
Merkmalsausprägung(en) und der Folgerungsteil die Komponente des Funktionsmodells
Somit ergibt sich folgende Regelstruktur:

> *"Wenn das Merkmal A in der Ausprägung A1 und/oder das
> Merkmal B in der Ausprägung B2 vorliegt, dann ist die
> Komponente X des Referenzmodells in das spezifische
> Funktionsmodell des betreffenden Unternehmens zu übernehmen".*

---

[116] Zu den verschiedenen Möglichkeiten der Wissensrepräsentation vgl. z. B. Brewka, G.:
Techniken der Wissensrepräsentation, in: State of th Art 2(1987)3, S. 17-22, insbesondere S.
19.

Entsprechend den vorherigen Erläuterungen erfolgt die Entwicklung des Funktionsmodells in zwei Schritten: Der erste Schritt liegt darin, auf der Grundlage des in Abbildung B.2.4 dargestellten Merkmalskatalogs die Typologie des betrachteten Unternehmens zu ermitteln. Im nächsten Schritt werden dann mit Hilfe der zuvor genannten Regeln diejenigen Komponenten des funktionalen Referenzmodells ermittelt, die auf Grund der vorgegebenen Betriebstypologie von Bedeutung sind. Wird bei der betriebstypologischen Merkmalsanalyse von der Möglichkeit Gebrauch gemacht, Unternehmensziele zu definieren, indem Merkmalsausprägungen angegeben werden, die nicht die aktuelle Typologie, sondern zukünftige Entwicklungsrichtungen widerspiegeln, so wird ein Funktionsmodell entwickelt, das der Erreichung dieser Ziele dient.

Mittels der zuvor beschriebenen Vorgehensmethodik wird das funktionale Referenzmodell in ein unternehmensspezifisches Anforderungsmodell, das in der Regel lediglich einen Ausschnitt des Referenzmodells darstellt, transformiert (vgl. Abbildung B.2.19). Das Ergebnis dieses Transformationsprozesses wird - analog zur Funktionsanalyse - in Form eines Funktionsbaumes grafisch dokumentiert. Da das Referenzfunktionsmodell - und infolgedessen auch das funktionale Anforderungsmodell - in der Regel nicht alle relevanten Funktionskomponenten eines spezifischen Unternehmens beinhaltet, besteht von der Seite der Anwender die Notwendigkeit, fehlende Komponenten selbst zu ergänzen. Dieser Tatbestand gilt gleichermaßen auch für die übrigen Referenzmodelle.

Nachfolgend werden beginnend mit dem Bereich Vertrieb die einzelnen Bereichsreferenzmodelle (im folgenden vereinfachend Bereichsmodelle genannt) detailliert aufgeführt und ihre betriebstypologische Abhängigkeiten aufgezeigt. Hierbei werden nicht nur Differenzen beschrieben, die sich im Hinblick auf die Ausführung bzw. Nichtausführung bestimmter Funktionen ergeben, sondern auch solche, die sich auf den Ausführungsaufwand beziehen. Da die Beschreibung aller Bereichsmodelle den Rahmen der vorliegenden Arbeit bei weitem sprengen würde, werden beispielhaft die Bereiche Vertrieb, Primärbedarfsplanung, Materialwirtschaft, Fertigungssteuerung, Konstruktion und Arbeitsplanung ausgewählt. Auch die innerhalb der einzelnen Bereiche bestehenden Merkmalsabhängigkeiten können nur auszugsweise dargestellt werden. Die beschriebenen Modellkomponenten sind in den jeweiligen Abbildungen durch ein Muster gekennzeichnet.

Da mit der Beschreibung der Merkmalsabhängigkeiten gleichzeitig auch das entwickelte Referenzfunktionsmodell dargestellt wird, sollen zuvor kurz bereits bestehende Ansätze

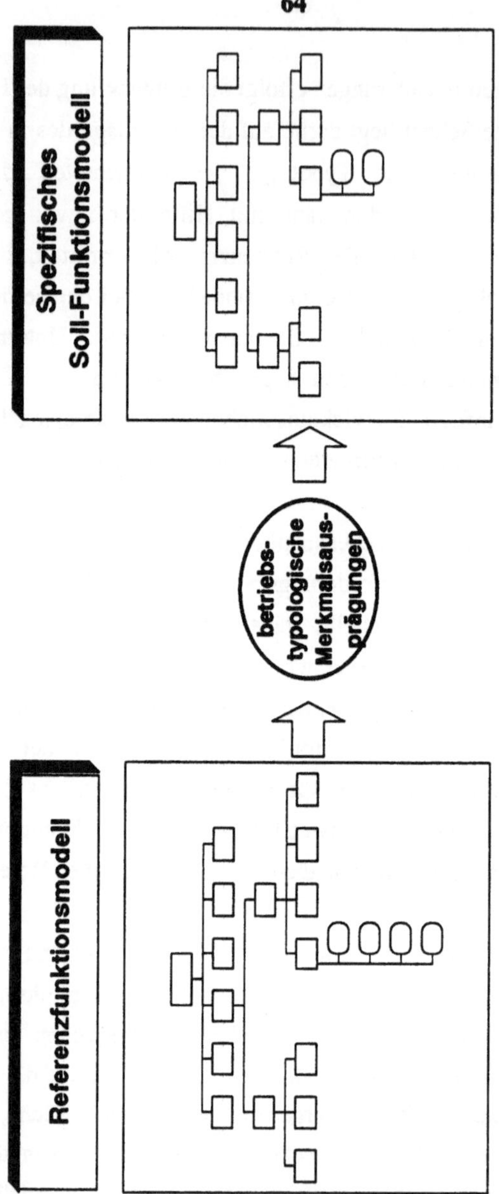

Abb. B.2.19: Vorgehensweise zur Entwicklung des Funktionsmodells

bezüglich der Entwicklung funktionaler Referenzmodelle skizziert werden [117]. Hierbei ist allerdings darauf hinzuweisen, daß diese Ansätze vor dem Hintergrund

[117] Auch in den Kapiteln Informationsflußmodell und Prozeßmodell werden zu Beginn bereits existierende Referenzmodell-Ansätze, die dem hier zugrunde liegenden Betrachtungsgegenstand (vgl. Kapitel A.4.1.) entsprechen, diskutiert. Hierbei ist darauf hinzuweisen, daß es hinsichtlich der Modellbegriffe, wie sie hier verwendet werden, äußerst schwierig ist, ein Modell einzig und allein als Funktions-, Informationsfluß- oder Prozeßmodell zu kennzeichnen. Diese Schwierigkeit resultiert im wesentlichen daraus, daß oftmals Modelle entwickelt werden, die mehrere Aspekte (z. B. Funktionen und

unterschiedlicher Zielsetzungen entwickelt worden sind, was sich sowohl im inhaltlichen Umfang als auch im Detaillierungsgrad der Modelle niederschlägt. Der inhaltliche Umfang und Detaillierungsgrad, wie er dem im folgenden dargestellten Referenzfunktionsmodell zugrunde liegt, wird jedoch von keinem dieser Modell-Ansätze erreicht .

Exkurs: Darstellung bestehender Referenzfunktionsmodelle

Funktionales Referenzmodell des Fabrikbetriebes
Am Fraunhofer-Institut für Produktionsanlagen und Konstruktionstechnik wurde Mitte der achtziger Jahre ein funktionales Referenzmodell des Fabrikbetriebes entwickelt [118]. Das Modell dient der Erfassung betrieblicher Funktionsabläufe mit dem Ziel, über eine funktionale Betrachtung der industriellen Produktion die Herausarbeitung von Integrationspotentialen zu ermöglichen. Dem Modell liegt folgende Funktionsgliederung auf der Hauptfunktionsebene zugrunde:

- Vertrieb und Kundendienst,
- Produktionsprogrammplanung,
- Entwicklung und Konstruktion,
- Fertigungsplanung,
- Betriebsmittelerstellung,
- Fertigungsprogrammplanung und
- Fertigung steuern und überwachen.

Jede dieser Hauptfunktionen wird in weitere Teilfunktionen untergliedert. Neben den eigentlichen Funktionen beinhaltet das Modell auch die zwischen diesen bestehenden Informationsflüsse. Zur Darstellung des Modells wird eine grafische Beschreibungssprache verwendet, die sich stark an der IDEF O-Methode [119] orientiert. Durch diese Darstellungsweise werden auch die zwischen den jeweiligen Funktionen bestehenden

---

Informationsflüsse) in sich vereinen. Auch die Tatsache, daß die einzelnen Modellbegriffe in der Literatur nicht einheitlich verwendet werden, trägt hierzu bei. Deshalb werden die existierenden Modelle hier dort aufgeführt, wo dies vor dem Hintergrund der in dieser Arbeit verwendeten Begriffsinhalte bzw. ihres inhaltliches Schwerpunktes sinnvoll erscheint. Des weiteren ist anzumerken, daß das Ziel hierbei nicht darin liegt, bestehende Referenzmodelle zu vergleichen, sondern darin, deren wesentlichen Ziele und Eigenschaften darzustellen und diese von den in dieser Arbeit entwickelten Modell-Ansätzen abzugrenzen.

[118] Vgl. Seliger, G., Mertins, K., Süssenguth, W.: Organisation und Planung rechnerintegrierter Betriebsstrukturen, in: Meins, W. (Hrsg.): Handbuch Fertigungs- und Betriebstechnik, Braunschweig Wiesbaden 1989, S. 619-634.

[119] Zur IDEF-Methode vgl. ausführlich: o.V.: Integrated Computer-Aided Manufacturing (ICAM) Task 1-Final Report Manufacturing Architecture, Wright-Patterson Air Force Base, Ohio 1978.

zeitlichen Abhängigkeiten dokumentiert und damit eine ablauforientierte Sichtweise erreicht.

Funktionales Idealmodell der CIM-Basisbetrachtungen

Als weiterer Ansatz in diesem Kontext ist das von der Siemens AG entwickelte funktionale Idealmodell der CIM-Basisbetrachtungen zu nennen [120]. Ziel des Modells ist eine umfassende Darstellung der mit dem CIM-Gedanken verbundenen Zusammenhänge, um dadurch mögliche Wege für die CIM-Einführung aufzuzeigen. Das innerhalb der CIM-Basisbetrachtungen entworfene Referenzmodell folgt folgendem Aufbau:

Im ersten Schritt werden die einzelnen Funktionen auf der höchsten Betrachtungsebene definiert. Neben den Funktionen der AWF-Definition (PPS, CAD, CAP, CAM und CAQ) enthält das Siemens-Modell des weiteren die Funktionen Einkauf, Vertrieb, Unternehmensplanung und Rechnungswesen. Im Anschluß daran werden die einzelnen Hauptfunktionen weiter detailliert und die zwischen diesen bestehenden Informations-Schnittstellen angegeben. Die Funktionsgliederung umfaßt drei Stufen, wobei jedoch lediglich - und dies auch nur teilweise - die ersten beiden Stufen näher erläutert werden. Auch das funktionale Referenzmodell der CIM-Basisbetrachtungen umfaßt somit neben der reinen Funktionsstruktur ebenfalls Fragen des Informationsaustausches. Die Darstellung der Funktionen erfolgt durch Aufzählung. Zur Dokumentation der Informationsflüsse zwischen den Hauptfunktionen werden sowohl Grafiken als auch Tabellen verwendet. Eine ablauforientierte Sichtweise, wie sie dem zuvor erläuterten Ansatz zugrunde liegt, kann dem Modell nicht entnommen werden.

Referenzmodell der integrierten Informationsverarbeitung

Als letztes Modell in diesem Zusammenhang soll das von Mertens [121] entwickelte Referenzmodell der integrierten Informationsverarbeitung in der Industrie aufgeführt werden. Zielsetzung ist es, einen strukturierten Rahmen für die planvolle Entwicklung von Anwendungssystemen zu schaffen. Der Schwerpunkt des Modells liegt darin, die Schnittstellen der Funktionen durch das Aufzeigen der zwischen diesen bestehenden

---

[120] Vgl. Baumgartner, H., u. a.: CIM-Basisbetrachtungen, Siemens AG (Hrsg.), Berlin München 1989.

[121] Vgl. Mertens, P.: Integrierte Informationsverarbeitung, Band 1: Administrations- und Dispositionssysteme in der Industrie, 8. Auflage, Wiesbaden 1991.

Datenflüsse aufeinander abzustimmen [122]. Hierbei werden die Anwendungssysteme auf die folgenden betrieblichen Sektoren aufgeteilt:

- Forschung und Produktentwicklung,
- Marketing und Verkauf,
- Beschaffung und Lagerhaltung,
- Produktion,
- Versand,
- Finanzen,
- Rechnungswesen und
- Personal.

Die genannten Sektoren umfassen insgesamt 55 Hauptfunktionen, die teilweise in weitere Unterfunktionen untergliedert sind. In Übersichtstabellen werden neben den einzelnen Funktionen die jeweils wichtigsten funktionsspezifischen (programmspezifischen) Ein- und Ausgaben, Datentypen (Stamm- und Vormerkdaten) sowie Dialogfunktionen aufgeführt. Darüber hinaus umfaßt das Modell die Informationsflüsse sowohl zwischen den Funktionen eines Sektors als auch zwischen den einzelnen Sektoren, wobei auch die jeweiligen Datenspeicher (Datenbestände) abgebildet sind. Während die Funktionen lediglich in verbaler Form dargestellt sind, werden die Informationsflüsse zusätzlich in tabellarischer und grafischer Form aufgezeigt. Hervorzuheben ist, daß neben den bereichsspezifischen Darstellungen auch eine Übersichtsdarstellung in Form eines Gesamtmodells exisitiert, die den Integrationsgedanken verdeutlicht.

B.2.2.1.2.   Die Bereichsmodelle und ihre betriebstypologische Merkmalsabhängigkeiten

B.2.2.1.2.1.   Vertrieb

Nach Kreikebaum [123] umfaßt der Vertrieb alle Tätigkeiten eines Betriebes, die dazu dienen, die Betriebsleistungen den Abnehmern zuzuleiten. Die Aufgaben des Vertriebsbereiches können danach differenziert werden, ob diese vor

---

[122] Vgl. Mertens, P., Holzer, J.: Gegenüberstellung von Integrationsansätzen der Wirtschaftsinformatik, in: Bodendorf, F., Mertens, P. (Hrsg.): Arbeitspapier der Universität Erlangen, Abteilung Wirtschaftsinformatik, Nr. 5, Nürnberg 1991, S. 37.
[123] Vgl. Kreikebaum, H.: Industrielle Unternehmungsorganisation, in: Schweitzer, M. (Hrsg.): Industriebetriebslehre, München 1990, S. 149-218, insbesondere S. 209 ff.

(Angebotsbearbeitung), während (Auftragsüberwachung) oder nach (Versandabwicklung) der physischen Produkterstellung anfallen. Die eher langfristigen Vertriebsaufgaben, wie beispielsweise Marktforschung und Werbung, werden hier nicht behandelt. Das Bereichsmodell des Vertriebs zeigt Abbildung B.2.20.

<u>Angebotsbearbeitung</u>

Aufgabe der Angebotsbearbeitung ist die Erstellung und Verwaltung von Angeboten bzw. angebotsorientierter Einzeldaten. Angebote enthalten Informationen über Leistungen, die das Unternehmen dem Kunden anbietet [124]. Diese Leistungen können sich beispielsweise auf Preise, Lieferzeiten und -bedingungen sowie Qualitäts- und Garantiezusagen beziehen. Angebote können, müssen aber nicht auf Grund einer Kundenanfrage erstellt werden. Umgekehrt wird nicht jede Anfrage mit einem Angebot beantwortet [125].

Vorkalkulation

In der Kalkulation werden die Herstell- bzw. Selbstkosten eines Erzeugnisses ermittelt. Die Kalkulation erzeugt damit Daten, die für andere Funktionen, wie beispielsweise das Produktions-Controlling oder die Preisermittlung, von wesentlicher Bedeutung sind. Fehler in der Kalkulation können einerseits zu einem nicht wettbewerbsfähigen Angebot, andererseits zu nicht kostendeckenden Preisen führen. Aufgabe der Vorkalkulation ist eine im voraus, das heißt vor Auftragseingang und somit vor der Produktion durchgeführte Berechnung der Selbstkosten [126]. Da zu diesem Zeitpunkt die für eine exakte Kalkulation benötigten Unterlagen, wie beispielsweise Stücklisten und Arbeitspläne, noch nicht bzw. nur in grober Form erstellt sind, und somit keine konkreten Kostendaten vorliegen, erfolgt die Vorkalkulation auf der Basis geplanter oder geschätzter Kostendaten [127]. Aus diesem Grunde liefern Vorkalkulationen in der Regel keine genauen Ergebnisse, sondern lediglich Näherungslösungen.

---

[124] Eine umfassende und verständliche Darstellung der Problematik der Angebotserstellung in Unternehmungen der Einzel- und Kleinserienfertigung findet sich in: VDI-Gesellschaft Konstruktion und Entwicklung (Hrsg.): Angebotserstellung in der Investitionsgüterindustrie, Düsseldorf 1983.

[125] Mögliche Ansätze zur Bewertung von Kundenanfragen sind dargestellt in: Steppan, G.: Informationsverarbeitung im industriellen Vertriebsaußendienst, Berlin et al. 1990, S. 39 ff.

[126] Zu den Aufgaben und Zielen der Vorkalkulation vgl. ausführlich Kilger, W.: Einführung in die Kostenrechnung, 3. Auflage, Wiesbaden 1987, S. 290.

[127] Zu den verschiedenen Möglichkeiten der Kostenabschätzung im Rahmen der Vorkalkulation vgl. z. B. Gröner, L.: Entwicklungsbegleitende Vorkalkulation, Berlin et al. 1991.

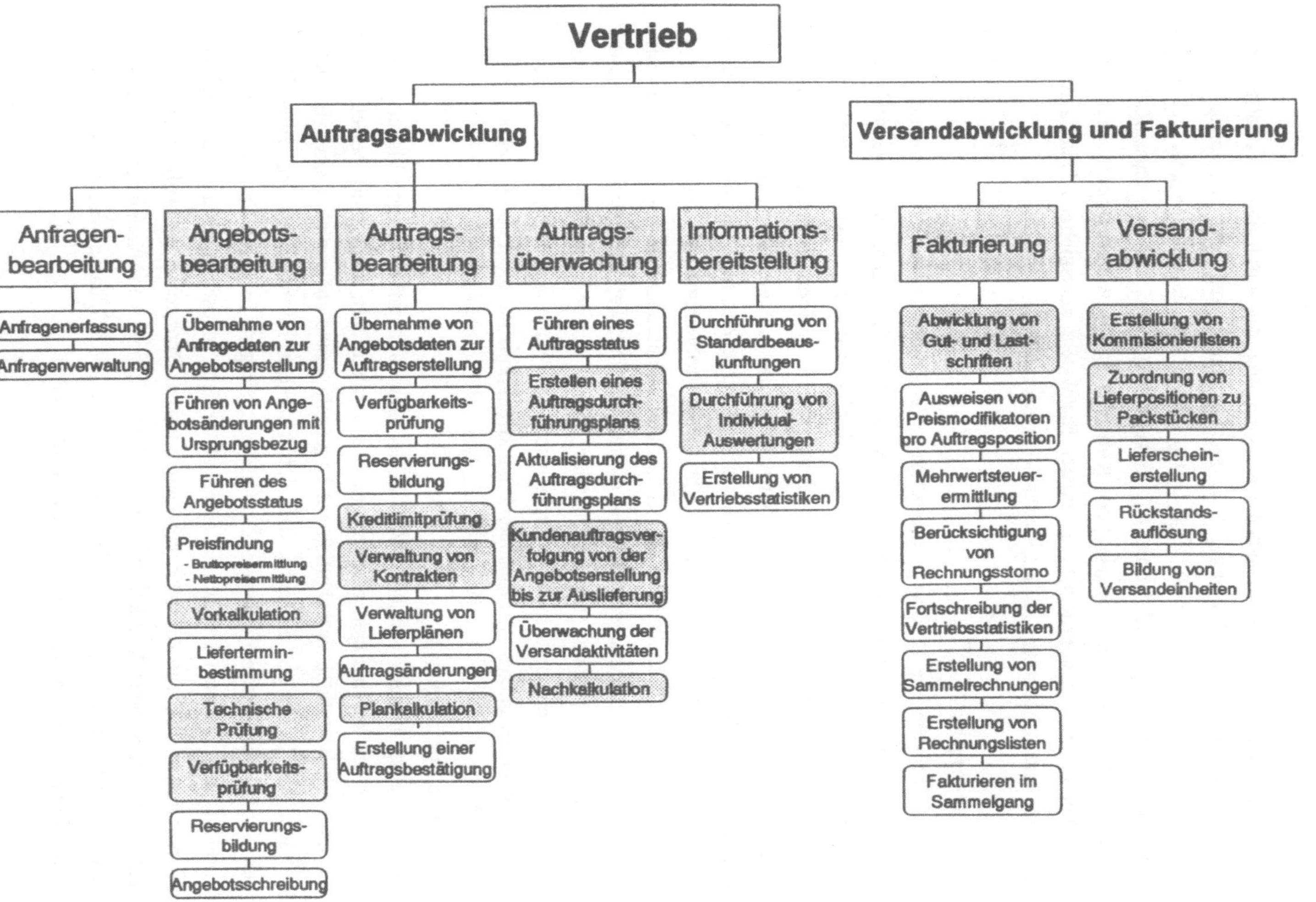

Abb. B.2.20: Bereichsmodell Vertrieb

Die Vorkalkulation ist in Unternehmen von Bedeutung, die durch die Merkmalsausprägungen Produktion auf Bestellung und nichtstandardisierte bzw. teilstandardisierte Erzeugnisse gekennzeichnet sind. Der Grund hierfür ist darin zu sehen, daß es in derartigen Unternehmen auf Grund der Ungewißheit über den Auftragseingang aus Wirtschaftlichkeitsgründen nicht sinnvoll ist, bereits in der Angebotsphase die für eine exakte Kalkulation erforderlichen und in der Regel sehr kostspieligen Unterlagen wie Stücklisten und Arbeitspläne in detaillierter Form zu erstellen.

Technische Prüfung

Sofern das zu liefernde Produkt kundenspezifische Anforderungen erfüllen muß, ist zu überprüfen, ob die vom Kunden gestellten Anforderungen, wie beispielsweise Abmessungen und Toleranzen, unter Berücksichtigung der technologischen Fertigungsmöglichkeiten des Unternehmens, erfüllt werden können. Verläuft die Überprüfung der technischen Machbarkeit negativ und besteht darüber hinaus nicht die Möglichkeit, die betreffenden Arbeiten extern zu vergeben, muß auf die Abgabe eines Angebotes verzichtet werden. Die beschriebene Problematik gilt hauptsächlich für Unternehmen, deren Produktspektrum sich aus nichtstandardisierten bzw. teilstandardisierten Erzeugnissen zusammensetzt. Dies ist deshalb der Fall, weil bei diesen Erzeugnisarten die Produktanforderungen fast ausschließlich vom Kunden bestimmt werden. Bei Standarderzeugnissen und in der Regel auch bei Variantenerzeugnissen ist dieser Sachverhalt auf Grund der vorgegebenen Produktfunktionalität nicht von Bedeutung.

Verfügbarkeitsprüfung

Verfügbarkeitsprüfungen werden sowohl in der lang- und mittelfristigen Planungsebene als auch in der kurzfristigen Steuerungsebene durchgeführt. Langfristig beziehen sich Verfügbarkeitsprüfungen vornehmlich auf Lagerteile sowie auf geplante bzw. veranlaßte Aufträge. Auf Grund der Tatsache, daß Verfügbarkeitsprüfungen vor dem Hintergrund eines bestimmten Verwendungszwecks (Auftrag) erfolgen, ist deren Durchführung zum Zeitpunkt der Angebotsbearbeitung in sofern als kritisch anzusehen, als daß sich Angebote nur in geringem Maße in Aufträge umwandeln lassen. Dennoch ist es häufig sinnvoll, für wichtige Aufträge oder Aufträge mit einer hohen Eingangswahrscheinlichkeit bereits im Rahmen der Angebotsbearbeitung die Überprüfung der Verfügbarkeit durchzuführen. Dies gilt insbesondere für Materialien mit langen Lieferfristen.

Die Verfügbarkeitsprüfung ist als merkmalsunabhängig zu kennzeichnen. Jedoch ergeben sich in Abhängigkeit des Standardisierungsgrades der Erzeugnisse Unterschiede hinsichtlich der zu überprüfenden Komponenten. So erfolgt die Verfügbarkeitsprüfung bei standardisierten Erzeugnissen in der Regel auf Endproduktebene, bei nicht- bzw. teilstandardisierten Erzeugnissen dagegen auf der Ebene von Baugruppen und Einzelteilen.

Auftragsbearbeitung

Die Auftragsbearbeitung umfaßt alle Aufgaben, die mit der Auftragserfassung und Auftragserstellung in Zusammenhang stehen.

Kreditlimitprüfung

Die Aufgabe der Kreditlimitprüfung liegt in der Überprüfung der Kundenbonität [128]. Hierzu wird für jeden Kunden ein Kreditlimit festgelegt. Die Berechnung der aktuellen Kreditinanspruchnahme erfolgt durch Summation der Forderungen aus Lieferungen und Leistungen und den bereits gelieferten aber noch nicht fakturierten Aufträgen. Ergibt die Kreditlimitprüfung eine Überschreitung der festgelegten Kreditgrenze, so kann entweder ein Hinweis an den Kunden oder aber eine Liefersperre erfolgen. Durch die Kreditlimitprüfung soll das Risiko, daß der Kunde seinen Zahlungsverpflichtungen nicht bzw. nicht vertragsgerecht nachkommt, auf ein Mindestmaß reduziert werden. Die Antwort auf die Frage, ob eine Kreditlimitprüfung durchgeführt werden soll oder nicht, wird von einer Vielzahl von Faktoren beeinflußt, wobei den Einflußfaktoren "Kunde" und "Auftragssumme" die größte Bedeutung beizumessen ist. Die Kreditlimitprüfung ist somit in die Gruppe der merkmalsunabhängigen Elementarfunktionen einzureihen.

Verwaltung von Kontrakten

Ein Kontrakt kann als eine Sonderform eines Auftrages angesehen werden, in dem ein Unternehmen die Absicht erklärt, innerhalb eines festgelegten Zeitraumes eine bestimmte Menge eines Erzeugnisses (Mengenkontrakt) oder aber einen bestimmten Warenwert (Wertkontrakt) abzunehmen [129]. Bei einem Kontrakt sind die einzelnen Liefertermine und Liefermengen der Teillieferungen im voraus nicht bekannt. Bekannt sind lediglich Gesamtmenge oder Gesamtwert. Innerhalb des festgelegten Zeitraumes werden zur Kontrakterfüllung vom Kunden aus dem Kontrakt Abrufe (Aufträge) erzeugt. Die Summe der Einzelabrufe ergibt dabei die Gesamtmenge bzw. den Gesamtwert. Kontrakte sind eine notwendige Grundlage für die Realisierung der fertigungssynchronen Beschaffung.

---

[128] Zur Kreditlimitprüfung vgl. z. B. Mertens, P.: Integrierte Informationssysteme, Band 1: Administrations- und Dispositionssysteme in der Industrie, 8. Auflage, Wiesbaden 1991, S. 56.

[129] Vgl. SAP AG (Hrsg.): System RV - Funktionsbeschreibung, Walldorf Baden 1986, S. 39 ff.

Da Kontrakte nur dann sinnvoll sind, wenn einerseits größere Mengen gleicher oder ähnlicher Produkte über einen längeren Zeitraum benötigt werden, andererseits die genauen Bedarfstermine und -mengen zum Zeitpunkt des Vertragsabschlusses noch nicht feststehen, ist das Verwalten von Kontrakten nur für Unternehmen von Bedeutung, die **nicht** durch die Ausprägung Einzel- bzw. Kleinserienfertigung des Merkmals Fertigungsart gekennzeichnet sind.

Plankalkulation

In Unternehmen, die die Merkmalsausprägungen Massen- und Großserienfertigung aufzeigen, ist es in der Regel nicht erforderlich, für jeden einzelnen Kundenauftrag gesonderte Vorkalkulationen zu erstellen. Gleiches gilt für die Kombination aus Serienfertigung und Standarderzeugnissen bzw. Standarderzeugnissen mit Varianten. Begründet wird dies dadurch, daß derartige Unternehmen in der Regel Erzeugnisse herstellen, die über einen längeren Zeitraum in größeren Stückzahlen produziert werden. Die kunden- und auftragsindividuelle Vorkalkulation wird durch die zeitraumbezogene Plankalkulation ersetzt. Kennzeichen der Plankalkulation ist eine exakte Berechnung der Selbstkosten vor Produktionsbeginn [130]. Eine notwendige Voraussetzung hierfür ist, daß die erforderlichen Planungsunterlagen, wie beispielsweise Stücklisten und Arbeitspläne, bereits zu diesem Zeitpunkt in detaillierter Form vorliegen. Diese Voraussetzung ist lediglich in Unternehmen mit den zuvor genannten Merkmalsausprägungen erfüllt, da diese im allgemeinen erst dann mit der Produktion beginnen, wenn alle hierfür erforderlichen Planungsaktivitäten abgeschlossen sind.

<u>Auftragsüberwachung</u>

Unter dem Begriff Auftragsüberwachung soll hier die Überwachung derjenigen Aktivitäten verstanden werden, die vom Eingang des Kundenauftrages bis zum Versand des fertigen Produktes speziell für diesen durchzuführen sind.

Erstellen eines Auftragsdurchführungsplans

Der Auftragsdurchführungsplan beinhaltet alle zur Auftragsabwicklung erforderlichen Aktivitäten, von der Konstruktion bis zur Auslieferung des fertigen Produktes, sowie deren zeitliche Abwicklung. Hierbei werden die verschiedenen Auftragszustände (z. B. Zeichnung erstellt, Stückliste erstellt, Arbeitspläne erstellt) vorgeplant und in Form von Meilensteinen festgeschrieben. Aus dem erstellten Durchführungsplan können die für die

---

[130] Vgl. Kilger, W.: Einführung in die Kostenrechnung, 3. Auflage, Wiesbaden 1987, S. 294 f.

Auftragsdurchsetzung erforderlichen Aktivitäten abgeleitet und an die jeweiligen Bereiche (Konstruktion, Produktionsplanung usw.) weitergeleitet werden. Die Erstellung eines derartigen Plans ist primär für Unternehmen von Bedeutung, die die Merkmalsausprägung Produktion auf Bestellung aufzeigen. Derartige Unternehmen sind dadurch charakterisiert, daß jeder eingehende Kundenauftrag den gesamten Leistungserstellungsprozeß beginnend von der Konstruktion bis hin zum Versand des fertigen Produktes durchläuft. In Unternehmen mit Produktion auf Lager dagegen sind zum Zwecke der Kundenauftragsabwicklung in der Regel lediglich noch Versandaktivitäten auszuführen.

Kundenauftragsverfolgung von der Angebotsbearbeitung bis zur Auslieferung
Aufgabe der Kundenauftragsverfolgung ist die Überwachung des Auftragsfortschritts entsprechend der im Auftragsdurchführungsplan festgelegten Meilensteine. Hierdurch ist gewährleistet, daß jederzeit der aktuelle Bearbeitungszustand eines bestimmten Kundenauftrages bekannt ist und, falls erforderlich, dem Kunden mitgeteilt werden kann. Darüber hinaus werden durch die Auftragsverfolgung Planabweichungen frühzeitig erkannt, so daß rechtzeitig entsprechende Korrekturmaßnahmen ergriffen werden können. Die Verfolgung eines Kundenauftrages von der Angebotserstellung bis zur Auslieferung ist aus den bereits zuvor genannten Gründen lediglich für Unternehmen mit kundenindividueller Produktion (Produktion auf Bestellung) relevant.

Nachkalkulation
Im Gegensatz zu den bereits erläuterten Kalkulationsarten Vorkalkulation und Plankalkulation versteht man unter dem Begriff Nachkalkulation eine nach Beendigung der Produktion durchgeführte Berechnung der entstandenen Istkosten [131]. Die Nachkalkulation hat die Aufgabe zu überprüfen, ob die im Rahmen der Vorkalkulation bzw. der Plankalkulation ermittelten Kostendaten eingehalten oder überschritten wurden. Die Nachkalkulation ist unabhängig von bestimmten Merkmalsausprägungen notwendig. In Unternehmen, die durch die Merkmalsausprägung Einzel- bzw. Kleinserienfertigung charakterisiert werden können, ist eine nachträgliche Ermittlung der tatsächlich angefallenen Kosten und deren Vergleich mit den vorkalkulierten Kosten zur auftragsindividuellen Gewinnberechnung unerläßlich [132]. Die Nachkalkulation muß demnach für jeden Kundenauftrag durchgeführt werden. Im Gegensatz hierzu erfolgt die Nachkalkulation bei den Ausprägungen Großserien- und Massenfertigung nicht auftrags-, sondern zeitraumbezogen. Gleiches gilt für die Ausprägung Serienfertigung in

---

[131] Vgl. Kilger, W.: Einführung in die Kostenrechnung, 3. Auflage, Wiesbaden 1987, S. 292 f.
[132] Vgl. Kilger, W.: Einführung in die Kostenrechnung, 3. Auflage, Wiesbaden 1987, S. 293.

Kombination mit Standarderzeugnissen bzw. Standarderzeugnissen mit Varianten. Die Unterschiede liegen somit in der Häufigkeit der Funktionsausführung.

Informationsbereitstellung

Gerade im Vertriebsbereich werden an die Bereitstellung der gewünschten Informationen sehr hohe Anforderungen gestellt. Diese resultieren daraus, daß die Informationen in Anbetracht des engen Kundenkontaktes sehr schnell in übersichtlicher und kompakter Form zur Verfügung stehen müssen.

Durchführung von Individual-Auswertungen

Im Rahmen der Auftragsüberwachung liefern Individual-Auswertungen dem Vertriebsmitarbeiter oftmals hilfreiche Informationen zur Abwicklung des Tagesgeschäftes. Derartige Auswertungsfunktionen sind dadurch charakterisiert, daß die vorhandenen Datenbestände nach unterschiedlichen, vom Anwender frei wählbaren Zielkriterien verknüpft werden. Individual-Auswertungen sind als merkmalsunabhängig einzustufen. Jedoch ergeben sich in Abhängigkeit der Ausprägungen des Merkmals Fertigungsart unterschiedliche Zielkriterien. Einen Großserien- bzw. Massenfertiger beispielsweise interessieren in erster Linie die Auftragseingänge der verschiedenen Produktgruppen oder Vertreter sowie die aktuellen Auftragsbestände pro Produktgruppe, Vertreter, Kunde oder Region. Für einen Einzel- bzw. Kleinserienfertiger dagegen sind vordringlich Informationen über die Angebote pro Produkt und Kunde sowie die Angebotserfolgsquote von Interesse.

Fakturierung

Unter dem Begriff Fakturierung versteht man allgemein die Rechnungsschreibung. Bei der Fakturierung kann danach unterschieden werden, welche Belege (Lieferschein oder Auftragsbeleg) und welche Mengen (Auftragsmenge, Warenausgangsmenge oder Lieferscheinmenge) der Faktura zugrunde gelegt werden. Ist eine Faktura als "Proforma-Rechnung" gekennzeichnet, so besitzt diese keine buchhalterische Relevanz, und die fakturierte Menge wird nicht im Auftrag fortgeschrieben.

Abwicklung von Gut- und Lastschriften

Gut- und Lastschriften stellen eine Art Sonderform der Faktura dar, die, obwohl dies in der Regel der Fall ist, nicht notwendigerweise einen Bezug zu konkreten Warenlieferungen besitzen müssen. Erforderlich sind Gutschriften beispielsweise in den Fällen, wo Waren über einen Abholauftrag vom Kunden zurückgenommen werden müssen [133]. Des weiteren führen Falschlieferungen bzw. fehlerhafte Lieferungen zu entsprechenden Belegen. Durch die Erstellung von Differenzgutschriften besteht die Möglichkeit, fehlerhafte Rechnungen ohne Stornierung und anschließende Neufakturierung zu korrigieren. Da das Auftreten der zuvor genannten Ereignisse unabhänigig von den spezifischen Merkmalsausprägungen eines Unternehmens ist, kann die genannte Funktion als merkmalsunabhängig gekennzeichnet werden.

<u>Versandabwicklung</u>

Die Versandabwicklung umfaßt alle Maßnahmen, die für die ordnungsgemäße Auslieferung der von dem Unternehmen erstellten Leistungen an den Abnehmer erforderlich sind.

Erstellung von Kommissionierlisten

Die Kommissionierung innerhalb der Versandabwicklung hat die Aufgabe, die lagerhaltigen Komponenten einer Lieferung für den Versand zusammenzustellen. Als Grundlage für die Kommissionierung dienen sogenannte Kommissionierlisten. Die Kommissionierung ist immer dann von Bedeutung, wenn in einer Lieferung Komponenten enthalten sind, die aus dem Lager ausgefaßt und zusammengestellt werden müssen. Da diese Bedingung zwar schwerpunktmäßig, nicht aber ausschließlich bestimmten Merkmalsausprägungen zugeordnet werden kann, ist das Erstellen von Kommissionierlisten als merkmalsunabhängig zu kennzeichnen.

Zuordnung von Lieferpositionen zu Packstücken

Bei bestimmten Warenlieferungen ist es notwendig bzw. wünschenswert zu wissen, welche Lieferpositionen welchen Packstücken zugeordnet sind. Hierbei können einem Packstück mehrere Lieferpositionen und einer Lieferposition mehrere Packstücke zugeordnet werden. Insbesondere bei der Abwicklung von Exportaufträgen ist es erforderlich, dem Zoll gegenüber den Inhalt der einzelnen Packstücke offenzulegen. Gleiches gilt für den Transport von gefährlichen Gütern. Auch in den Fällen, wo lediglich die einzelnen Komponenten (Einzelteile und Baugruppen) eines Erzeugnisses angeliefert werden und die Montage erst am Versandort erfolgt, ist eine klare Zuordnung von Lieferpositionen zu

---

[133] Vgl. z. B. Mertens, P.: Integrierte Informationssysteme, Band 1: Administrations- und Dispositionssysteme in der Industrie, 8. Auflage, Wiesbaden 1991, S. 214 f.

Packstücken erforderlich. Da die zuvor aufgeführten Sachverhalte nicht an bestimmte Merkmalsausprägungen gebunden sind, ist die genannte Funktion als merkmalsunabhängig einzustufen

B.2.2.1.2.2. Primärbedarfsplanung

Die Hauptaufgabe der Primärbedarfsplanung, auch häufig Produktionsprogrammplanung genannt, besteht in der Ermittlung des zukünftigen Absatz- und Produktionsprogramms. Des weiteren obliegt diesem Bereich auch die grobe Überprüfung der Realisierbarkeit des aufgestellten Produktionsprogramms sowie der Abgleich zwischen geplanten und eingegangenen Aufträgen. Da die Bedarfswerte der Primärbedarfsplanung Ausgangspunkt für die nachfolgenden Planungsfunktionen sind, bestimmen diese wesentlich die Qualität der gesamten Produktionsplanung. Das Bereichsmodell der Primärbedarfsplanung ist in Abbildung B.2.21 aufgeführt.

<u>Primärbedarfsermittlung</u>

Ziel der Primärbedarfsermittlung ist die Festlegung der zukünftigen Bedarfszahlen für Enderzeugnisse und selbständig veräußerbare Baugruppen und Einzelteile.

Prognoseerstellung
Die für einen bestimmten Zeitraum zu erwartenden Absatzmengen werden, neben Schätzungen des Vertriebsbereiches, durch Hochrechnung von Vergangenheitszahlen mittels mathematisch-statistischer Prognoseverfahren berechnet [134]. Die Durchführung der Prognose als solches ist als merkmalsunabhängig einzustufen, da diese zu den grundsätzlichen Voraussetzungen einer prognostizierten Bedarfsermittlung gehört. Dagegen ist die Frage nach dem einzusetzenden Prognoseverfahren abhängig vom Verbrauchsmodell (Merkmal Verbrauchsverlauf) des zu disponierenden Teils [135]. So ist beispielsweise die Methode der Mittelwertbildung nur im Falle eines konstanten Verbrauchsverlaufes sinnvoll einzusetzen. Die exponentielle Glättung 2. Ordnung und die Regressionsanalyse dagegen führen bei Vorliegen eines trendförmigen Verbrauchsverlaufes zu zuverlässigen Prognosewerten.

---

[134] Zu den einzelnen Prognoseverfahren vgl. z. B. Scheer, A.-W.: Absatzprognosen, Berlin et al. 1983; Mertens, P. (Hrsg.): Prognoserechnung, 4. Auflage, Würzburg Wien 1981.
[135] Vgl. Hartmann, H.: Materialwirtschaft, 4. Auflage, Gernsbach 1988, S. 222 ff.; Oeldorf, G., Olfert, K.: Materialwirtschaft, 5. Auflage, Ludwigshafen 1987, S. 125 ff.

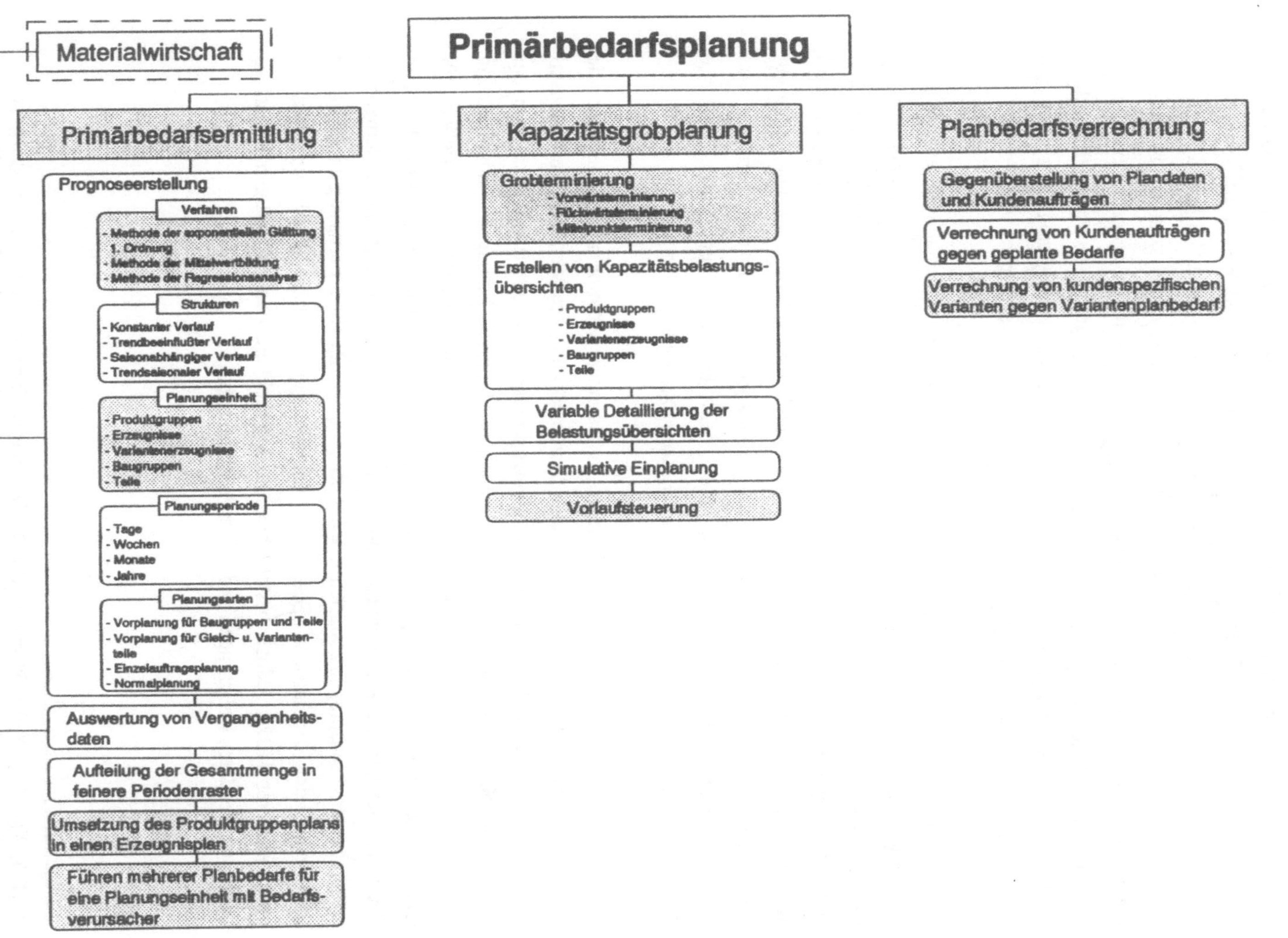

Abb. B.2.21:   Bereichsmodell Primärbedarfsplanung

Wenn auch die komplexeren Verfahren der exponentiellen Glättung 2. Ordnung und der Regressionsanalyse in der Regel zu genaueren Ergebnissen führen, wird in EDV-Systemen zur Bedarfsermittlung überwiegend die Methode der exponentiellen Glättung 1. Ordnung eingesetzt [136]. Die Begründung hierfür ist darin zu sehen, daß zum einen auch die komplexeren Verfahren nicht alle Einflußfaktoren berücksichtigen können, zum anderen die einfachere Methode der exponentiellen Glättung 1. Ordnung durch die Ermittlung sogenannter "Modellfaktoren" (Trendfaktor, Saisonfaktor, Trendsaisonfaktor) bei den wesentlichen Verbrauchsmodellen ausreichend genaue Ergebnisse liefert.

Im Gegensatz zum Prognoseverfahren gibt die gewählte Planungseinheit an, auf welcher Produktgrundlage die Planung des Primärbedarfs erfolgt. Unternehmen, deren Kennzeichen ein weit gestreutes Produktsortiment ist, stehen vor der schwierigen Aufgabe, den zukünftigen Bedarf einer Vielzahl von Erzeugnissen zu planen. Um in dieser Situation aussagefähige Informationen zu erhalten, ist es oftmals sinnvoll, die Planungen nicht auf der Ebene einzelner Produkte, sondern auf Produktgruppenebene durchzuführen. Ein weiterer Vorteil der Prognose aggregierter Zeitreihenwerte liegt darin, daß die Fehlerwahrscheinlichkeit geringer ist, als bei Einzelprognosen.

Der zuvor beschriebenen Problematik stehen insbesondere Unternehmen gegenüber, die die Ausprägungen Massen-, Großserien- und Serienfertigung des Merkmals Fertigungsart besitzen. Im Gegensatz hierzu wird die Planungseinheit Variantenerzeugnisse von der Ausprägung Standarderzeugnisse mit Varianten des Merkmals Erzeugnisstandardisierung bestimmt. Die Bedarfsvorhersage von Baugruppen und Teilen ist lediglich für Unternehmen von Bedeutung, die durch die Merkmalsausprägung Einzel- bzw. Kleinserienfertigung gekennzeichnet sind. Begründet wird dies dadurch, daß Unternehmen dieser Merkmalsausprägung auf Grund der kundenindividuellen Fertigung nicht in der Lage sind, den zukünftigen Bedarf an Enderzeugnissen bzw. Produktgruppen zu prognostizieren [137]. Jedoch besteht hier die Möglichkeit, den zukünftigen Bedarf an häufig verwendeten Baugruppen und Teilen vorzuplanen.

[136] Vgl. EDV-Studio Ploenzke (Hrsg.): PPS Studie, Eine detaillierte Untersuchung von Produktions-Planungs- und Steuerungssystemen, Band 1, 3. Auflage, o. O. 1989, S. 20.
[137] Zur Problematik der Primärbedarfsplanung bei Einzel- und Kleinserienfertigung vgl. auch Glaser, H., Geiger, W., Rohde, V.: PPS-Produktionsplanung und -steuerung, Wiesbaden 1991, S. 424 f.

Umsetzung des Produktgruppenplans in einen Erzeugnisplan

Erfolgt die Primärbedarfsplanung auf Produktgruppenebene, so ist es erforderlich, aus dem Produktgruppenbedarf den Bedarf der einzelnen Produktgruppenmitglieder zu ermitteln. Die Umsetzung des Produktgruppenplans in einen Erzeugnisplan ist für Unternehmen von Bedeutung, die durch die Ausprägungen Massen-, Großserien- bzw. Serienfertigung charakterisiert werden können. Dieser Sachverhalt resultiert daraus, daß, wie bereits zuvor erläutert, lediglich in diesem Falle eine Planung auf der Ebene von Produktgruppen möglich ist.

Führen mehrerer Planbedarfe für eine Planungseinheit mit Bedarfsverursacher

Unter Umständen kann der Fall auftreten, daß für eine bestimmte Planungseinheit mehrere Planbedarfe zu führen sind. So kann beispielsweise neben dem "normalen" Primärbedarf ein Sonderbedarf (einmaliger Zusatzbedarf) existieren, der nicht Teil der auf Grund der Prognose vorhergesagten Primärbedarfsmenge ist. Als Beispiel hierfür sind betriebsinterne Entwicklungsaufträge zu nennen. Um die unterschiedlichen, dem "normalen" Primärbedarf nicht zuordbaren Sonderbedarfe identifizieren zu können, ist es notwendig, den jeweiligen Bedarfsverursacher mitzuführen. Das Führen mehrerer Planbedarfe für eine Planungseinheit mit Bedarfsverursacher ist in Anbetracht des aufgeführten Beispiels als merkmalsunabhängig zu kennzeichnen.

<u>Kapazitätsgrobplanung</u>

Hauptaufgabe der Kapazitätsgrobplanung ist die Überprüfung der kapazitätsmäßigen Realisierbarkeit des aufgestellten Produktionsprogramms. Um diese Überprüfung exakt durchführen zu können, wäre eine Einplanung der Planprimäraufträge auf der Basis von Arbeitsgängen und Einzelmaschinen erforderlich. Da diese Vorgehensweise einerseits einen hohen Aufwand erforderlich macht, andererseits eine Planung pro Endprodukt(gruppe) und Betriebsmittelgruppe den Anforderungen der Primärbedarfsplanung genügt, wird im Rahmen dieser lediglich eine Grobplanung durchgeführt. Die Notwendigkeit hierzu wird dadurch begründet, daß Kapazitätsanpassungen in Form von Investitionen nur langfristig geplant und realisiert werden können.

Grobterminierung

Aufgabe der Grobterminierung ist es, die Kunden- und Planprimäraufträge kapazitätsmäßig einzuplanen. Die Einplanung der Aufträge kann dabei sowohl auf der Basis von Netzplänen als auch mit Hilfe von (Grob-)Arbeitsplänen erfolgen. Im Hinblick auf die Planungsrichtung können die Verfahren der Vorwärts-, Mittelpunkts- und Rückwärtsterminierung unterschieden werden.

Vergleicht man die genannten Einplanungsverfahren, so ist festzustellen, daß jedes einzelne spezifische Vorteile besitzt [138]. Die Vorteile der Vorwärtsterminierung, bei der vom frühesten Starttermin eines Auftrages ausgegangen wird, liegen in einer tendenziell starken Kapazitätsauslastung in der Gegenwart und einer hohen Terminsicherheit (Pufferzeiten). Die Vorteile der Rückwärtsterminierung, bei der vom spätesten Beginntermin ausgegangen wird, liegen in einer möglichst geringen Kapitalbindung. Die Mittelpunktsterminierung, bei der die Terminierung ausgehend von einem Engpaßaggregat erfolgt, hat den Vorteil einer Verkürzung der Durchlaufzeit von Aufträgen, die während ihrer Bearbeitung das Engpaßaggregat passieren müssen.

Um innerhalb der Grobterminierung unterschiedliche Zielkriterien, wie beispielsweise Kapitalbindung und Terminsicherheit, berücksichtigen zu können, ist es erforderlich, daß alle drei Einplanungsverfahren zur Verfügung stehen. Hinsichtlich der Merkmalsabhängigkeit ist die Grobterminierung als merkmalsunabhängig einzustufen, da die Frage, auf welchen Kapazitäten die geplanten Erzeugnisse zu produzieren sind, für einen Industriebetrieb von elementarer Bedeutung ist.

Vorlaufsteuerung

Im Rahmen der Vorlaufsteuerung erfolgt analog zur Grobterminierung ebenfalls eine Planung von Kapazitäten und Terminen. Während sich jedoch die Grobterminierung auf die unmittelbare Produktion konzentriert, werden innerhalb der Vorlaufsteuerung die Kapazitäten und Termine der indirekten Bereiche (Vorlaufabteilungen), wie beispielsweise Konstruktion und Arbeitsplanung, betrachtet. Die Steuerung der Vorlaufabteilungen kann zum einen mit Hilfe der Netzplantechnik erfolgen, zum anderen besteht die Möglichkeit, die Vorlaufabteilungen analog den Kapazitäten der Fertigung als Kapazitätsgruppen zu betrachten.

Im Hinblick auf die Abhängigkeit der Vorlaufsteuerung von betriebstypologischen Merkmalen ist festzustellen, daß diese als merkmalsunabhängig einzustufen ist, wobei sich jedoch in Abhängigkeit der Ausprägungen des Merkmals Fertigungsart unterschiedliche Einsatzschwerpunkte ergeben. So durchläuft beim Einzelfertiger in der Regel jeder einzelne (Kunden-)Auftrag die Bereiche Konstruktion und Arbeitsplanung, so daß die Vorlaufsteuerung hier in erster Linie im Rahmen der (Kunden-)Auftragssteuerung

---

[138] Vgl. Hackstein, R.: Produktionsplanung und -steuerung (PPS), Düsseldorf 1984, S. 176 f.

eingesetzt wird. Beim Massen- und Großserienfertiger dagegen liegt der Einsatz der Vorlaufsteuerung vornehmlich in der Steuerung von Entwicklungsaufträgen. Der Kleinserien- und Serienfertiger benötigt die Vorlaufsteuerung gleichermaßen für die Steuerung von Kunden- und Entwicklungsaufträgen.

<u>Planbedarfsverrechnung</u>

Im Laufe der Zeit können Aufträge eingehen, deren Bedarfstermine in eine Periode fallen, für die bereits eine Prognoserechnung durchgeführt wurde. Die Planbedarfsverrechnung dient dazu, die eintreffenden Aufträge mit den prognostizierten Planprimärbedarfen zu verrechnen. Das heißt, die Aufträge werden durch bereits geplante Bedarfe gedeckt.

Gegenüberstellung von Plandaten und Kundenaufträgen
Für die Notwendigkeit der Gegenüberstellung von bereits vorliegenden Kundenaufträgen und Planbedarfen sprechen im wesentlichen zwei Gründe. Zum einen ist die Gegenüberstellung Voraussetzung für die (manuelle) Zuordnung eines Kundenauftrages zum Produktionsplan, zum anderen liefert sie wichtige Informationen für zukünftige Planungsaktivitäten. Aus der Gegenüberstellung sind sowohl die Planbedarfsmengen pro Periode als auch die bereits vorliegenden Kundenaufträge einschließlich ihrer Bedarfstermine ersichtlich.

Auf eine Gegenüberstellung von geplanten Bedarfen und vorliegenden Aufträgen zum Zweck der Verrechnung kann verzichtet werden, wenn die Zuordnung bereits automatisch erfolgt. Die automatische Zuordnung besitzt jedoch den Nachteil, daß die Entscheidung, welche Planbedarfsposition(en) zur Deckung eines Kundenauftrages verwendet werden soll(en), vom Anwender nicht beeinflußt werden kann. Da sich die Gegenüberstellung von Planbedarfen und Kundenaufträgen sowohl auf Enderzeugnisse als auch auf selbständig veräußerbare Baugruppen und Einzelteile beziehen kann, ist diese als merkmalsunabhängig zu kennzeichnen.

Verrechnung von kundenspezifischen Varianten gegen Variantenplanbearf
Die Verrechnung von kundenspezifischen Varianten gegen den Variantenplanbedarf hat die Aufgabe, bereits vorliegende Aufträge an kundenspezifischen Varianten dem geplanten Bedarf an Varianten- und Gleichteilen zuzuordnen. Im Gegensatz zu Nicht-Variantenteilen bedarf es hierzu einer Aufschlüsselung des Variantenauftrages in die verschiedenen Bedarfssätze an Gleich- und Variantenteilen. Im Anschluß an die Selektion der Bedarfssätze können diese den entsprechenden Planbedarfspositionen zugeordnet werden.

Die Möglichkeit, kundenspezifische Variantenaufträge gegen den geplanten Bedarf an Gleich- und Variantenteilen zu verrechnen, wird infolge der spezifischen Teileart durch die Merkmalsausprägung Standarderzeugnisse mit Varianten des Merkmals Erzeugnisstandardisierung determiniert.

B.2.2.1.2.3. Materialwirtschaft

Für den im folgenden behandelten Funktionsbereich existieren in der betriebswirtschaftlichen Literatur und Praxis eine Vielzahl von Begriffsbezeichnungen [139]. Diese Begriffsvielfalt resultiert im wesentlichen daraus, daß man die Versorgungsfunktion eines Unternehmens aus unterschiedlichen Blickwinkeln betrachten kann. Die hier vorgenommene funktionale Abgrenzung der Materialwirtschaft wird durch das in den Abbildungen B.2.22 und B.2.23 dargestellte Bereichsmodell deutlich. Die in den Abbildungen als Ellypsen dargestellten Komponenten stellen keine Funktionen im hier verstandenen Sinne dar. Vielmehr handelt es sich hierbei um Verfahren zur Funktionsausführung. Die Aufnahme der Verfahren als eigenständige Komponenten ins Referenzfunktionsmodell erfolgt hier deshalb, weil diese einerseits in sehr engem Zusammenhang mit den Funktionen stehen, andererseits deren Einsatz betriebstypologischen Merkmalsabhängigkeiten unterliegt.

Die wachsende Bedeutung der Materialien (hierzu gehören hauptsächlich Roh-, Hilfs- und Betriebsstoffe sowie Zulieferteile) hat in der Vergangenheit dazu geführt, daß diese unter der Vielfalt der im industriellen Produktionsprozeß eingesetzten Wirtschaftsgüter eine Sonderstellung einnehmen [140]. Begründet wird diese Entwicklung im wesentlichen aus dem hohen Anteil der Materialkosten an den Umsatzerlösen [141]. In Anbetracht dieser Tatsache bezeichnet Hartmann [142] den rationellen Einsatz der Materialien als die wichtigste Aufgabe der Materialwirtschaft in modernen Industriebetrieben.

---

[139] Zur Begriffsvielfalt sowie möglichen Begriffsabgrenzungen vgl. z. B. Arnolds, H., Heege, F., Tussing, W.: Materialwirtschaft und Einkauf, 7. Auflage, Wiesbaden 1990, S. 19 ff.; Hartmann, H.: Materialwirtschaft, 4. Auflage, Gernsbach 1988, S. 11 ff.

[140] Dieser Umstand hat in vielen Unternehmen bereits dazu geführt, daß die Materialwirtschaft zu einem Bereich aufgestiegen ist, der gleichrangig neben den Bereichen Produktion, Absatz und Finanzen steht.

[141] Material- und Materialbewirtschaftungskosten zusammengefaßt machen bis zu 70 % der Umsatzerlöse aus. Vgl. Arnolds, H., Heege, F., Tussing, W.: Materialwirtschaft und Einkauf, 7. Auflage, Wiesbaden 1990, S. 28; Hartmann, H.: Materialwirtschaft, 4. Auflage, Gernsbach 1988, S. 32 f.

[142] Vgl. Hartmann, H.: Materialwirtschaft, 4. Auflage, Gernsbach 1988, S. 11.

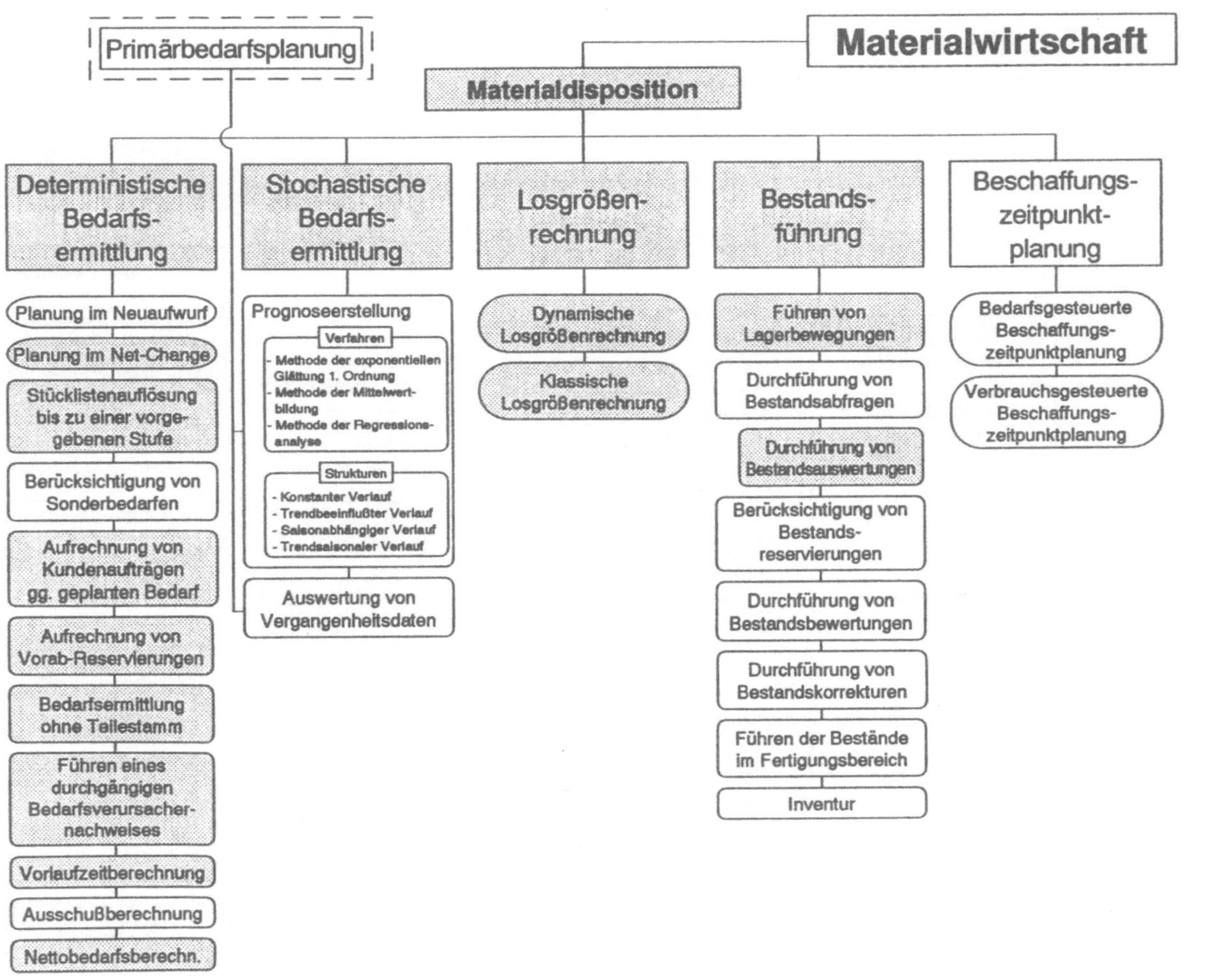

Abb. B.2.22:   Bereichsmodell Materialwirtschaft I (Materialdisposition)

Abb. B.2.23:   Bereichsmodell Materialwirtschaft II (Bestellwesen)

<u>Materialdisposition</u>

Die Materialdisposition umfaßt alle Tätigkeiten, die erforderlich sind, um den Materialbedarf eines Unternehmens nach Art, Menge und Zeit zu decken. Hinsichtlich der Bedarfsart wird prinzipiell zwischen Primärbedarf und Sekundärbedarf unterschieden. Den Primärbedarf bildet das nach Zeit und Menge festgelegte Produktionsprogramm. Sekundärbedarfe bezeichnen den Bedarf an untergeordneten Teilen, die zur Erstellung des Produktionsprogramms erforderlich sind.

Eine wesentliche Aufgabe der Materialdisposition ist die Berechnung der (Sekundär-) Materialbedarfe an Baugruppen, Einzelteilen und Rohstoffen in der benötigten Menge und zum gewünschten Termin. Hierzu wurden unterschiedliche Vorgehensweisen entwickelt, von denen im folgenden die deterministische und die stochastische Bedarfsermittlung behandelt werden [143].

<u>Deterministische Bedarfsermittlung</u>

Wesentliches Kennzeichen der deterministischen Bedarfsermittlung ist die Berechnung der erforderlichen Sekundärbedarfswerte aus den vorliegenden Primärbedarfswerten unter Verwendung der gespeicherten Stücklisten. Das Verfahren ist besonders rechenintensiv und erfordert einen hohen Vorbereitungsaufwand. Dem gegenüber steht jedoch der Vorteil einer hohen Planungsgenauigkeit.

Die Anwendung der deterministischen Bedarfsermittlung wird einerseits vom Merkmal Wert der zu disponierenden Teile und Materialien bestimmt. So entspricht es beispielsweise nicht den Grundsätzen einer wirtschaftlichen Planung, den Bedarf eines geringwertigen Teils mittels Stücklistenauflösung zu ermitteln, da der hierfür erforderliche Aufwand den erzielbaren Nutzen übersteigt. Im Gegensatz hierzu ist bei hochwertigen Teilen der mittels deterministischer Planung erzielbare wirtschaftliche Nutzen größer als der erforderliche Aufwand [144]. Um bei den Maßnahmen der Bedarfsermittlung ein

---

[143] Ein umfassender Überblick über die existierenden Methoden der Bedarfsermittlung ist dargestellt in: Hartmann, H.: Materialwirtschaft, 4. Auflage, Gernsbach 1988, S. 187.

[144] Folgendes Beispiel soll dies näher verdeutlichen: Ist die Differenz zwischen dem errechneten und dem tatsächlichen Bedarf positiv, führt dies zu erhöhten Lagerbeständen mit der Folge, daß auf Grund des hohen Teile-Wertes die Kapitalbindungskosten stark ansteigen. Ist die Differenz negativ, kann infolge der Fehlmengen die Leistungserstellung der Unternehmung in erheblichem Maße gefährdet sein.

angemessenes Kosten-Nutzen-Verhältnis zu gewährleisten, wurde die ABC-Analyse entwickelt [145].

Andererseits ist diese Form der Bedarfsermittlung auch abhängig vom Merkmal Erzeugnisspektrum. Da einteilige Erzeugnisse keine Stückliste besitzen, ist in diesen Fällen eine Stücklistenauflösung nicht durchführbar [146].

Planung im Net-Change

Kennzeichen des Net-Change-Prinzips [147] ist, daß Datenänderungen, die die aktuelle Planungssituation beeinflussen, unverzüglich in den Planungsprozeß eingespielt werden. Von den bereits eingeplanten Größen werden nur diejenigen neu bestimmt, die von den Datenänderungen berührt werden. Der Vorteil dieses Verfahrens liegt in der hohen Aktualität, der Nachteil in der Suboptimalität der Planung.

Die Notwendigkeit der Net-Change-Planung wird durch die Ausprägung Produktion auf Bestellung des Merkmals Art der Auftragserteilung determiniert. Kennzeichen von Unternehmen dieser Merkmalsausprägung ist die kundenindividuelle Produktion. Der Absatzmarkt hat somit kurzfristig Einfluß auf das Produktionsprogramm des Unternehmens. Auf Grund des hohen Kundeneinflusses ist die Wahrscheinlichkeit sehr groß, daß Ereignisse auftreten, wie beispielsweise die Stornierung eines Kundenauftrages oder die Annahme von Eilaufträgen, die zu einer Änderung der aktuellen Planungssituation führen. Da Kundenaufträge in der Regel einen zeitlich fixierten Liefertermin besitzen, müssen die aufgetretenen Änderungen aus Aktualitätsgründen sofort in den Planungsprozeß eingespielt werden. Infolgedessen jedoch, daß derartige Ereignisse häufiger auftreten, ist es nicht zweckmäßig, bei jeder Änderung eine vollständige Neuplanung, d. h. eine Planung, bei der alle Planungsdaten neu eingeplant werden, durchzuführen. Der hierfür erforderliche Zeitaufwand wäre immens. Vielmehr ist es sinnvoll, nur diejenige Planvariablen zu aktualisieren, die von dem betreffenden Ereignis auch berührt werden. Auf diese Weise kann der Planungslauf in relativ kurzen Zeitabständen wiederholt werden, und der Disponent arbeitet ständig mit aktuellen Daten.

---

[145] Zur ABC-Analyse vgl. z. B. Scheer, A.-W.: Wirtschaftsinformatik - Informationssysteme im Industriebetrieb, 3. Auflage, Berlin et al. 1990, S. 113 ff.; Oeldorf, G., Olfert, K.: Materialwirtschaft, 5. Auflage, Ludwigshafen 1987, S. 63 ff.

[146] Da es sich bei der deterministischen Bedarfsermittlung um eine übergeordnete Funktion handelt, gelten die dort beschriebenen Abhängigkeiten auch für sämtliche untergeordneten Komponenten. Um jedoch Überschneidungen zu vermeiden, werden bei den untergeordneten Funktionen nur diejenigen Abhängigkeiten aufgezeigt, die zusätzlich auftreten. Dieser Grundsatz gilt auch für die noch folgenden Bereichsmodelle.

[147] Zu den möglichen Planungsprinzipien vgl. z. B. Scheer, A.-W.: EDV-orientierte Betriebswirtschaftslehre, 4. Auflage, Berlin et al. 1990, S. 58 ff.

Stücklistenauflösung bis zu einer vorgegebenen Stufe
Auf die Tatsache, daß die analytische Bedarfsermittlung über eine Zerlegung der Stücklisten in ihre Komponenten erfolgt, wurde bereits hingewiesen. Die Auflösung erfolgt hierbei dispositionsstufenweise, da eine fertigungsstufenorientierte Vorgehensweise zu Schwierigkeiten führt, wenn Wiederholteile auftreten [148]. Hinsichtlich der Tiefe der Stücklistenauflösung kann danach unterschieden werden, ob die Auflösung grundsätzlich über alle Dispositionsstufen erfolgt oder ob der Disponent die Stufe, bis zu der die Stückliste aufzulösen ist, individuell festlegt. Die Notwendigkeit der Auflösung bis zu einer vorgegebenen Stufe wird durch das Merkmal Erzeugnisstruktur bestimmt.

Kennzeichen komplexer Erzeugnisstrukturen ist ein vielstufiger Stücklistenaufbau. Die Erzeugnisse sind aus einer Vielzahl untergeordneter Baugruppen und Einzelteilen zusammengesetzt. Der Rechen- und somit auch der Zeitaufwand für eine vollständige Auflösung der Stückliste kann hier sehr hoch sein. In dieser Situation ist es aus Flexibilitätsgründen sinnvoll, neben einer vollständigen Stücklistenauflösung auch eine Auflösung bis zu einer vom Disponenten individuell festzulegenden Stufe durchführen zu können.

Aufrechnung von Kundenaufträgen gegen geplanten Bedarf
Die Aufrechnung von Kundenaufträgen gegen bereits vorab geplante Bedarfe ist merkmalsabhängig und bei Vorliegen der Merkmalsausprägung Einzel- bzw. Kleinserienfertigung des Merkmals Fertigungsart notwendig. Unternehmen, die durch die genannten Merkmalsausprägungen charakterisiert werden können, stehen häufig vor dem Problem, den für die Erfüllung eines Kundenauftrages erforderlichen Materialbedarf zu ermitteln, ohne daß die hierfür erforderliche Stückliste zum Planungszeitpunkt vollständig vorliegt. Deshalb sind die Unternehmen gezwungen, den Bedarf der noch fehlenden Stücklistenkomponenten auf der Grundlage von Erfahrungswerten zu schätzen. Ist die Stückliste vollständig erarbeitet, können die konkreten Bedarfswerte ermittelt werden. Um zu verhindern, daß Bedarfe mehrfach bearbeitet werden, müssen die vorab geplanten gegen die nun konkret vorliegenden Bedarfe aufgerechnet werden.

Aufrechnung von Vorab-Reservierungen
Die Berücksichtigung von bereits zum Zeitpunkt der Angebotserstellung bzw. Auftragsbearbeitung getätigten Reservierungen innerhalb der analytischen

---

[148] Zur Problematik der Bedarfsauflösung nach Fertigungsstufen vgl. z. B. Scheer, A.-W.: Wirtschaftsinformatik - Informationssysteme im Industriebetrieb, 3. Auflage, Berlin et al. 1990, S. 116 f.

Bedarfsermittlung ist als merkmalsabhängig zu kennzeichnen. Sie dürfte ausschließlich in Unternehmen sinnvoll sein, die durch die Merkmalsausprägung Produktion auf Bestellung des Merkmals Art der Auftragserteilung gekennzeichnet werden können. In derartigen Unternehmen wird, wie bereits innerhalb des Vertriebs erläutert, versucht, die Verfügbarkeit der zur Erfüllung eines Auftrages notwendigen Materialien durch eine frühzeitig durchgeführte Reservierung sicherzustellen. Bereits reservierte Komponenten dürfen innerhalb der Bedarfsermittlung nicht mehr aufgelöst werden. Aus diesem Grunde müssen die vorab reservierten Komponenten verursachergerecht berücksichtigt werden.

Bedarfsermittlung ohne Teilestamm

Um eine Stücklistenauflösung durchführen zu können, ist es in der Regel erforderlich, daß für jede aufzulösende Stücklistenposition ein Teilestammsatz existiert. Dies ist deshalb der Fall, weil zum einen im Teilestammsatz die für eine deterministische Bedarfsauflösung notwendigen Parameter, wie beispielsweise Dispositionsstufe, Vorlaufzeit, Durchlaufzeit und ABC-Kennung, enthalten sind, zum anderen der Aufbau einer Stückliste durch eine Verknüpfung der Teilestammsätze erfolgt. Dies gilt jedoch nur für eigengefertigte Teile. Für fremdbezogene Teile ist dieser Aspekt deshalb nicht von Bedeutung, weil diese nicht aufgelöst werden. Da es jedoch durchaus vorkommen kann, daß für bestimmte Stücklistenpositionen zum Zeitpunkt der Auflösung keine Teilestämmsätze existieren, wurden hierfür alternative Lösungsansätze entwickelt. Zu nennen sind hierbei das Anlegen sogenannter Rumpfteilesätze sowie das Führen von Teileinformationen innerhalb der Stückliste.

Die Möglichkeit, eine Stücklistenauflösung auch ohne die Existenz aller erforderlichen Teilestammsätze durchführen zu können, empfiehlt sich insbesondere für Unternehmen, auf die die Merkmalsausprägung Einzel- bzw. Kleinserienfertigung des Merkmals Fertigungsart zutrifft. Derartige Unternehmen sehen sich häufig der Situation gegenüber, Teile zu fertigen, die lediglich für die Durchführung eines einziges Kundenauftrages relevant sind. Für diese auftragsspezifischen Teile würde das Anlegen eines Teilestammsatzes zu einer unnötigen Aufblähung des Datenvolumens führen. Aus diesem Grunde ist es hier notwendig, auf eine der zuvor beschriebenen Alternativlösungen ausweichen zu können.

Führen eines durchgängigen Bedarfsverursachernachweises

Im Rahmen der Materialdisposition gehen sowohl bei der Losbildung als auch bei der Übertragung von Sekundärbedarfen in nachfolgende Planperioden die Informationsbeziehungen zwischen Bedarf und Bedarfsverursacher verloren. Auch bei der Planung des Primärbedarfs wird durch die Zusammenfassung von mehreren Kundenaufträgen, die der gleichen Bedarfsperiode zugeordnet sind, der Bezug zwischen Kundenaufträgen und periodenbezogenen Sekundärbedarfen zerstört. Damit ist nicht mehr zu erkennen, aus welchen übergeordneten Kundenaufträgen oder Planprimärbedarfen die ermittelten Sekundärbedarfe resultieren. Das Führen des Bedarfsverursachernachweises bis auf die unterste Dispositionsstufe ist bei Unternehmen mit kundenindividueller Fertigung, welche sich aus der Merkmalsausprägung Produktion auf Bestellung des Merkmals Art der Auftragserteilung ableitet, unerläßlich. Hierfür sind die folgenden Gründe aufzuführen [149]:

1.	Bei derartigen Unternehmen stellt sich oftmals die Frage, welche Liefertermine letztendlich gefährdet sind, wenn eine Bestellung oder ein Fertigungsauftrag nicht rechtzeitig in der erforderlichen Menge bzw. Qualität geliefert bzw. gefertigt werden kann.
2.	Das Unternehmen muß jederzeit in der Lage sein, über den aktuellen Bearbeitungsstand eines Kundenauftrages Auskunft zu geben.
3.	Zur Prioritätsziffernberechnung im Rahmen der Feinterminierung werden ebenfalls Angaben über die entsprechenden Kundenaufträge benötigt.

Nettobedarfsberechnung

Um den tatsächlichen Bedarf einer Periode zu ermitteln, ist eine Nettobedarfsrechnung durchzuführen. Der Nettobedarf ist derjenige Bedarf, der durch noch zu veranlassende Fertigungs- bzw. Beschaffungsaufträge gedeckt werden muß. Die Ermittlung des Periodennettobedarfs erfolgt, indem vom jeweiligen Bruttobedarf frei verfügbare Lager- und Werkstattbestände sowie freigebene bzw. geplante Aufträge und offene Bestellungen subtrahiert werden. Eventuell vorgenommene Bestandsreservierungen sind dem Bruttobedarf hinzuzuaddieren. Da erst die Nettobedarfsrechnung die für die Fertigungs- bzw. Beschaffungsplanung relevanten Bedarfswerte liefert, ist diese im Rahmen der Bedarfsermittlung von elementarer Wichtigkeit.

Im Hinblick auf die Notwendigkeit der Nettobedarfsrechnung ist festzustellen, daß diese nur dann durchzuführen ist, wenn Teile existieren, die mehrfach verwendet werden. Mehrfachverwendungsteile treten schwerpunktmäßig in Unternehmen auf, deren Kennzeichen die Merkmalsausprägungen Standarderzeugnisse, Standarderzeugnisse mit Varianten bzw. teilstandardisierte Erzeugnisse sind. Bei nichtstandardisierten Erzeugnissen sind Mehrfachverwendungsteile auf Grund des Neuigkeitsgrades der Produkte in der Regel

---

[149] Vgl. hierzu ausführlich Scheer, A.-W.: Wirtschaftsinformatik - Informationssysteme im Industriebetrieb, 3. Auflage, Berlin et al. 1990, S. 138 ff.

nicht anzutreffen. Infolgedessen jedoch, daß hier keine eindeutige Zuordnung möglich ist, wird die Nettobedarfsrechnung als indirekte Kernfunktion eingestuft.

Stochastische Bedarfsermittlung

Im Rahmen der Ausführungen über die deterministische Bedarfsauflösung wurde festgestellt, daß diese nicht immer ein zweckmäßiges Instrument der Bedarfsermittlung darstellt. Insbesondere in den Fällen, wo eine genaue Planung den hierfür erforderlichen Aufwand nicht rechtfertigt, sind stochastische Verfahren einzusetzen.

Kennzeichen der stochastischen Bedarfsermittlung ist eine verbrauchsgesteuerte Berechnung der Sekundärbedarfsmengen. Die Bedarfszahlen werden also nicht wie bei der deterministischen Vorgehensweise direkt aus den vorliegenden Primärbedarfszahlen über eine Stücklistenauflösung abgeleitet, sondern mittels mathematisch-statistischer Vorhersageverfahren. Mit Hilfe der Methoden der Wahrscheinlichkeitsrechnung werden auf Basis der in der Vergangenheit beobachteten Verbrauchsverläufe die zukünftigen Bedarfszahlen extrapoliert.

Im Hinblick auf die Frage, inwieweit die Durchführung der stochastischen Bedarfsermittlung von betriebsstypologischen Merkmalen abhängig ist, gilt, daß die Anwendung des Verfahrens zum einen vom Wert bzw. der Art der zu disponierenden Teile und Materialien, zum anderen von der Stabilität des Verbrauchsverlaufes beeinflußt wird. Das Verfahren der stochastischen Bedarfsermittlung ist immer dann sinnvoll einzusetzen, wenn einerseits die deterministische Methode auf Grund der geringen Wertigkeit der Teile nicht wirtschaftlich - oder infolge der Teileart (Ersatzteile) nicht anwendbar - ist, andererseits ein regelmäßiger Bedarfsverlauf vorliegt. Die Notwendigkeit, den zukünftigen Bedarf mittels stochastischer Methoden zu ermitteln, wird somit von den Merkmalsausprägungen geringwertige Teile und Materialien und konstanter Verbrauchsverlauf bestimmt.

Bezüglich der einzusetzenden Prognoseverfahren kann auf die Ausführungen innerhalb der Primärbedarfsermittlung verwiesen werden.

<u>Losgrößenrechnung</u>

Als Ergebnis liefert die Bedarfsermittlung die zeit- und mengenmäßigen Bedarfszahlen eines Teils. Diese Bedarfszahlen stimmen jedoch aus Wirtschaftlichkeitsgründen häufig nicht mit den tatsächlichen Bestellmengen überein [150]. Ziel der Ermittlung wirtschaftlicher Lösgrößen ist es, das Optimum zwischen losgrößenabhängigen und -unabhängigen Kosten zu ermitteln. Hierbei kann grundsätzlich zwischen der klassischen und der dynamischen Bestellmengenrechnung unterschieden werden [151]. Zu den dynamischen Verfahren gehören die gleitende wirtschaftliche Losgröße, das Kostenausgleichsverfahren sowie der Stückperiodenausgleich. Zu den klassischen Verfahren zählen die auf der Andler-Formel beruhenden Berechnungsmethoden.

Die Losgrößenermittlung ist, sofern diese sinnvoll angewendet werden kann, als ein wesentlicher Bestandteil der Materialdisposition anzusehen. Bezüglich der Einsatzvoraussetzungen ist anzumerken, daß die Losgrößenrechnung nur dann zweckmäßig ist, wenn sich der Nettobedarf eines Teils auf mehrere Perioden verteilt. In Anbetracht dessen, daß bei ausgeprägter Einzelfertigung der Bedarf eines Teils auf Grund des spezifischen Charakters in der Regel nur einmalig auftritt, bestehen hier keine nennenswerten Möglichkeiten zu einer periodenübergreifenden Bedarfszusammenfassung. Da jedoch auch bei Einzelfertigung durchaus Mehrfachverwendungsteile auftreten können, ist die Losgrößenrechnung als indirekte Kernfunktion einzustufen. Weitere Abhängigkeiten ergeben sich hinsichtlich der Frage, ob eine dynamische oder klassische Losgrößenrechnung erforderlich ist. So führen die auf der Andler-Formel beruhenden klassischen Verfahren nur im Falle konstanter Bedarfsverläufe (Ausprägung konstanter Verlauf des Merkmals Bedarfsverlauf) zu hinreichend genauen Ergebnissen. Treten Schwankungen im Bedarfsverlauf auf, müssen dynamische Verfahren eingesetzt werden.

Obwohl weder die klassischen noch die dynamischen Verfahren in der Lage sind, sämtliche in der Praxis vorkommenden Prämissen zu berücksichtigen, werden durch ihre

---

[150] Handelt es sich um eigengefertigte Teile, wird die Bestellmenge häufig auch als Losgrößenmenge bezeichnet. Da jedoch sowohl für Eigenfertigungs- als auch für Fremdbezugsteile die gleichen Verfahren eingesetzt werden können, werden die Begriffe Bestell- und Losgrößenmenge im folgenden synonym verwendet.

[151] Mit dem Problem der Berechnung wirtschaftlicher Losgrößen beschäftigen sich Praktiker und Theoretiker bereits seit langer Zeit. Entsprechend umfassend ist die Literatur zu dieser Fragestellung, weshalb an dieser Stelle auf eine ausführliche Behandlung verzichtet wird. Eine verständliche und gleichzeitig auch umfassende Darstellung der Losgrößenproblematik findet sich z. B. in: Arnolds, H., Heege, F., Tussing, W.: Materialwirtschaft und Einkauf, 7. Auflage, Wiesbaden 1990, S. 55 ff.

Anwendung dennoch die grundsätzlichen Zusammenhänge erfaßt und somit ein kostenbewußtes Vorgehen erreicht.

Bestandsführung

Die Bestandsführung dient der Ermittlung der Lagerbestände sowie der Führung von Lagerzu- und -abgängen. Sie stellt infolgedessen, daß Menge und Zeitpunkt der Materialbeschaffung wesentlich durch die frei verfügbaren Bestände beeinflußt werden, ein wichtiges Instrument der Materialdisposition dar. Jeder Industriebetrieb ist aus Wirtschaftlichkeitsgründen gezwungen, eine Bestandsführung durchzuführen. Auf Grund ihrer elementaren Bedeutung ist die Bestandsführung als indirekte Kernfunktion zu kennzeichnen. Da sich auch bei den der Bestandsführung untergeordneten Elementarfunktionen keine weiteren Abhängigkeiten ergeben, beschränken sich die folgenden Ausführungen auf eine kurze inhaltliche Beschreibung.

Führen von Lagerbewegungen
Voraussetzung für die Ermittlung aktueller Lagerbestände und Verbrauchsmengen ist das Führen von Lagerzu- und -abgängen. Hierbei ist es erforderlich, nicht nur Bestandsänderungen zu führen, die aus Fertigungsaufträgen oder Warenein- und -ausgängen resultieren, sondern auch Bewegungsarten, wie z. B. Ausschuß, Umlagerungen und Umbuchungen, sind zu berücksichtigen.

Durchführung von Bestandsauswertungen
Neben der mengenmäßigen Erfassung der Bestände obliegt der Bestandsführung auch die wertmäßige Bestandsrechnung. Die Bestandsbewertung ist zum einen aus handels- und steuerrechtlichen Bestimmungen heraus durchzuführen, zum anderen werden wertmäßige Bestandsdaten auch zur Überprüfung der Kapitalbindung sowie für betriebsinterne Aufgaben (z. B. Kalkulation) benötigt. Bezüglich der im Rahmen der Bestandsbewertung herangezogenen Wertansätze besteht in der Praxis keine Einheitlichkeit. In Abhängigkeit der spezifischen unternehmenspolitischen Zielsetzungen werden unterschiedliche Wertansätze verwendet.

Bestellwesen

Während in den vorherigen Ausführungen die Materialdisposition behandelt wurde, befassen sich die nun folgende Erläuterungen mit der Weiterverarbeitung der innerhalb der

Disposition erzeugten Bedarfswerte für fremdbezogene Teile. Zu den Aufgaben des Bestellwesens, das auch häufig als Beschaffungsvorgang bezeichnet wird, gehören alle mit der Beschaffungsdurchführung zusammenhängenden Aktivitäten.

Hinsichtlich der Frage, inwieweit die Bedeutung des Bestellwesens als ein im Rahmen der Leistungserstellung auszuführender Arbeitsablauf von betriebstypologischen Merkmalen beeinflußt wird, ist folgendes festzustellen. Das Bestellwesen behandelt nur solche Teile und Materialien, die nicht in dem Unternehmen selbst hergestellt, sondern extern beschafft werden. Insofern ist dieser Teilbereich der Materialwirtschaft nur für solche Unternehmen von Bedeutung, die entweder einen nicht unerheblichen Teil ihrer Materialien fremdbeziehen oder aber bei denen der Wert der einzelnen Bestellungen relativ hoch ist. Ist der mengenmäßige Anteil an Fremdbezugsteilen dagegen so gering, daß dieser als unbedeutend bezeichnet werden kann, empfiehlt es sich, die Aufgaben des Bestellwesens manuell durchzuführen. Gleiches gilt in den Fällen, in denen der Bestellwert als gering eingestuft werden kann. Der Teilbereich Bestellwesen ist somit von den Ausprägungen der Merkmale Fremdbezugumfang und Fremdbezugwert abhängig.

Bestellabwicklung

Hauptaufgabengebiet der Bestellabwicklung ist die Anfragetätigkeit, deren Zweck es ist, den optimalen Lieferanten auszuwählen.

Lieferantenbewertung

Um von den eingegangenen Lieferantenangeboten das günstigste auszuwählen, bedarf es einer systematischen Überprüfung der einzelnen Angebote. Obwohl hierbei der Preisvergleich von erheblicher Bedeutung ist, darf dieser nicht allein über die Lieferantenauswahl entscheiden. Eine optimale Angebotsprüfung muß formelle und materielle Kriterien berücksichtigen. Zu den formellen Kriterien zählen beispielsweise Lieferzeit und Lieferbedingungen. Die materielle Prüfung der Angebote erfolgt unter Berücksichtigung von Kriterien wie Preis, Qualität und Lieferfrist. Die Lieferantenbewertung stellt eine indirekte Kernfunktion dar.

Bestellentscheidung

Im Rahmen der Bestellentscheidung erfolgt die Wahl des mit dem Auftrag zu betrauenden Lieferanten. Die Lieferantenbewertung gibt darüber Auskunft, welches der eingegangenen Angebote vor dem Hintergrund der relevanten Beurteilungskriterien als "optimal" bezeichnet werden kann. Jedoch nicht immer ist es so, daß die Auftragsvergabe sich ausschließlich nach den Ergebnissen der Lieferantenbewertung richtet. Häufig spielen in diesem Zusammenhang auch beschaffungspolitische Rahmenbedingungen (z. B. die Pflege von Stammlieferanten) eine gewichtige Rolle [152]. Auch die Risiken, die mit der Auftragsvergabe an einen noch unbekannten Lieferanten verbunden sind, sind in diesem Kontext zu beachten. Für die Bestellentscheidung gilt ebenfalls der Status der indirekten Kernfunktion.

Führen von Bestellabrufen (im Rahmen der fertigungssynchronen Beschaffung)

Bei der fertigungssynchronen Beschaffung handelt es sich um ein Beschaffungsprinzip, bei dem die Bestellungen zeitlich so erfolgen, daß die angelieferten Waren ohne Zwischenlagerung (Just-in-Time) im Produktionsprozeß verarbeitet werden können. Hierzu werden zwischen den Vertragsparteien sog. Rahmenverträge (Kontrakte) abgeschlossen, die für den Lieferanten Verträge mit einer Vorausschau von in der Regel mehreren Monaten darstellen. Kontrakte beinhalten noch keine terminlich fixierte Aufforderung zur Lieferung. Bekannt ist lediglich die zu liefernde Gesamtmenge oder der Gesamtwert. Erst im Laufe der Zeit werden in Abhängigkeit der jeweiligen Bedarfssituation die benötigten Mengen über sog. Bestellabrufe angefordert. Hierbei werden die Abrufe so terminiert, daß die angeforderte Ware unter Berücksichtigung der im Rahmenvertrag vereinbarten Lieferzeit ohne vorherige Zwischenlagerung in den Produktionsprozeß einfließen kann. Der Lieferant verpflichtet sich im Rahmenvertrag dazu, die eingehenden Bestellabrufe zeit-, art-, mengen- und qualitätsgerecht zu befriedigen. Eine nicht vertragsgerechte Lieferung hat in der Regel hohe Konventionalstrafen zur Folge.

Das Führen von Bestellabrufen erweist sich nur dann als notwendig, wenn das Merkmal Fertigungsart in der Ausprägung Serien-, Großserien- oder Massenfertigung und das Merkmal Fremdbezugumfang in der Ausprägung hoher Fremdbezugumfang vorliegt. Dies wird dadurch begründet, daß lediglich in diesen Fällen die Anzahl und Häufigkeit, mit der bestimmte Teile benötigt werden, so hoch ist, daß der Abschluß langfristiger Rahmenverträge in Betracht gezogen werden kann.

---

[152] Zur Problematik der Lieferantenwahl vgl. Hartmann, H.: Materialwirtschaft, 4. Auflage, Gernsbach 1988, S. 394 f.

B.2.2.1.2.4. Fertigungssteuerung

Unter dem Begriff Fertigungssteuerung werden im folgenden alle diejenigen Aufgaben zusammengefaßt, die sich mit der kurzfristigen Disposition und Durchsetzung der Fertigungsaufträge beschäftigen [153]. Das Bereichsmodell der Fertigungssteuerung ist in Abbildung B.2.24 abgebildet.

Die Notwendigkeit kurzfristiger Dispositionsfunktionen ergibt sich auf Grund der Tatsache, daß im Zeitintervall zwischen der mittelfristigen Planung und der tatsächlichen Realisierung häufig nicht vorhersehbare Ereignisse auftreten, die dazu führen, daß sich die Gegebenheiten in der Fertigung gegenüber dem Zeitpunkt der Planerstellung maßgeblich verändern [154]. Dies hat zur Folge, daß die Ergebnisse der mittelfristigen Planung nicht mehr den Erfordernissen der aktuellen Fertigungssituation entsprechen und somit eine Anpassung erfolgen muß. Voraussetzung hierfür ist die zeitnahe Rückmeldung der zur vollständigen Abbildung des gegenwärtigen Ist-Zustandes notwendigen Informationen. Durch diese Informationsrückkopplung ergibt sich ein geschlossener Regelkreis [155]. Ein weiterer Grund für die Durchführung prozeßnaher Dispositionsaufgaben ist, daß in der mittelfristigen Planung der Fertigungsauftrag als Planungseinheit dient, auf Grund vielfältiger Zielsetzungen, wie beispielsweise Rüstzeit- oder Verschnittoptimierungen, jedoch bei der Feinplanung häufig weitere Bezugseinheiten erforderlich sind [156] [157].

---

[153] Vgl. Jost, W.: Konzeption eines DV-Tools zur Ermittlung unternehmensspezifischer CIM-Rahmenkonzepte mit Beispielen aus dem Bereich Fertigungssteuerung, in: Scheer, A.-W. (Hrsg.): Fertigungssteuerung - Expertenwissen für die Praxis, München Wien 1991, S. 221-243, insbesondere S. 232.

[154] Derartige Ereignisse können aus anlagen-, personal- und/oder materialbedingten Störungen resultieren. Vgl. hierzu Jebsen H.: Funktionale Betriebsorganisation, in: Meins, W. (Hrsg.): Handbuch Fertigungs- und Betriebstechnik, Braunschweig Wiesbaden 1989, S. 581-601, insbesondere S. 601.

[155] Zum Regelkreis der Fertigungssteuerung vgl. ausführlich Zäpfel, G.: Produktionswirtschaft - Operatives Produktions-Management, Berlin New York 1982, S. 240 ff.

[156] Vgl. Scheer, A.-W.: Wirtschaftsinformatik - Informationssysteme im Industriebetrieb, 3. Auflage, Berlin et al. 1990, S. 217 f.

[157] Die besonderen Probleme der Fertigungssteuerung haben dazu geführt, daß speziell für dieses Aufgabengebiet eigene EDV-Systeme (Leitstände genannt) entwickelt wurden. Eine Beschreibung der Leistungsfähigkeit derartiger Systeme findet sich z. B. bei Hars, A., Scheer, A.-W.: Entwicklungsstand von Leitständen, in: VDI-Z 132(1990)3, S. 20-26.

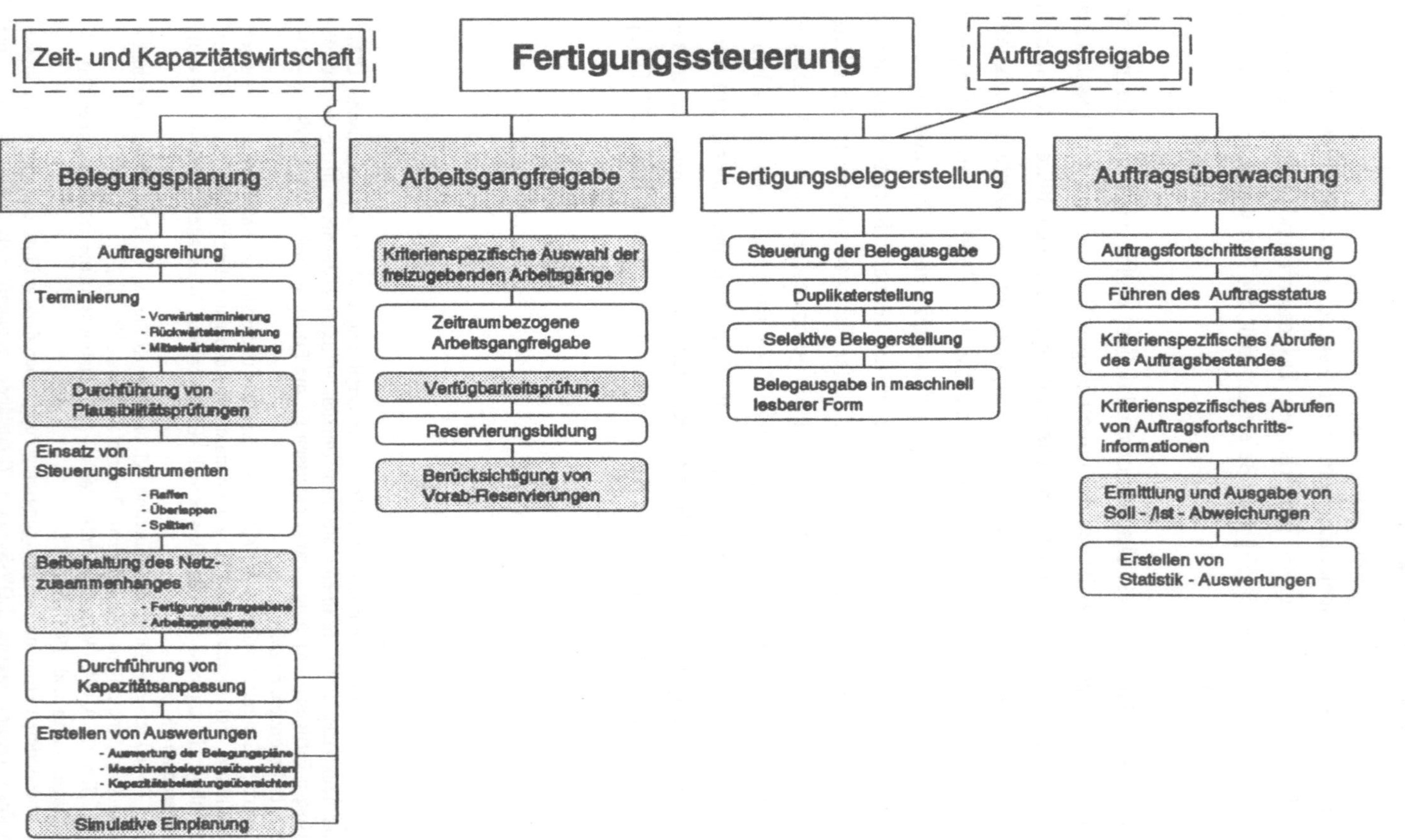

Abb. B.2.24:   Bereichsmodell Fertigungssteuerung

<u>Belegungsplanung</u>

Bei der Belegungsplanung handelt es sich um die eigentliche Hauptaufgabe der Fertigungssteuerung. Ziel ist es, die in der Kapazitätswirtschaft in der Regel nur recht grob, d. h. tage- oder wochengenau eingeplanten Fertigungsaufträge exakt, d. h. minutengenau zu terminieren. Neben dieser zeitlichen Verfeinerung erfolgt auch eine kapazitätsmäßige Detaillierung der Steuerungsinformationen. Dies bedeutet, daß die auf der Basis von Maschinengruppen erfolgte Einplanung der Kapazitätswirtschaft in der Fertigungssteuerung auf die Ebene von Einzelmaschinen heruntergebrochen wird. Ergebnis der Terminierung ist ein Maschinenbelegungsplan, der für die einzelnen Maschinen die zeitliche Festlegung der zu bearbeitenden Arbeitsgänge enthält. Des weiteren werden für die zur Durchführung der einzelnen Arbeitsgänge erforderlichen Ressourcen (Personal, Werkzeuge, Vorrichtungen usw.) detaillierte Einsatzpläne aufgestellt.

Die kurzfristigen Dispositionsfunktionen der Belegungsplanung erscheinen in erster Linie nur dann sinnvoll, wenn das Merkmal Fertigungsorganisation in der Ausprägung Werkstattfertigung [158] bzw. Fertigungsinseln [159] vorliegt. Begründet wird dies durch den hohen Feinplanungsaufwand in derartigen Unternehmen, welcher sich aus den häufig stattfindenden Wechsel der Bearbeitungsfolgen ergibt [160]. Im Falle der Linienfertigung, bei der der Fertigungsablauf nur innerhalb festgelegter Grenzen variiert, ist der sich ergebende Planungsaufwand in der Regel eher gering. Der Schwerpunkt der Belegungsplanung liegt hier in der Festlegung der Reihenfolge, in der die Aufträge die Fertigungslinie(n) durchlaufen. Bei der Ausprägung Fließfertigung ist in Anbetracht dessen, daß die Übergangsbeziehungen zwischen den einzelnen Bearbeitungsstationen eindeutig festgelegt sind, eine Belegungsplanung in der hier beschriebenen Form

---

[158] Zum Problem der Maschinenbelegung bei Werkstattfertigung vgl. Hansmann, K.-W.: Engpaßorientierte Produktionssteuerung bei Werkstattfertigung, in: Hansmann, K.-W., Scheer, A.-W. (Hrsg.): Praxis und Theorie der Unternehmung, Wiesbaden 1992, S. 103-122, insbesondere S. 113 f.

[159] Allgemeine Einführungen zu Fertigungsinseln finden sich in: Tüchelmann, Y.: Anwendungssoftware zur Planung, Organisation, Steuerung und Überwachung von Fertigungsinseln mit hohem Automatisierungsgrad, in: AWF (Hrsg.): Fertigungsinseln - Fertigungsstruktur mit Zukunft, Tagungsband zur AWF-Fachtagung 1987, Bad Soden 1987, S. 13.1-13.16; Lentes, H.-P.: Fertigungsinseln - Ein Weg zur Verbesserung der Industriearbeit - Steigerung der Produktivität - Verbesserung der Arbeitsbedingungen - Erweiterung der Dispositionsspielräume, in: AWF (Hrsg.): Fertigungsinseln, Tagungsband zur AWF-Fachtagung 1988, Bad Soden/Ts. 1988, S. 9-68.

[160] Zur besonderen Problematik der Fertigungssteuerung bei Fertigungsinsel-Organisation vgl. ausführlich: Ruffing, T.: Fertigungssteuerung bei Fertigungsinseln, Köln 1991.

grundsätzlich nicht erforderlich. Die gesamte Fließstraße wird in der Regel wie ein Arbeitsgang behandelt.

Durchführung von Plausibilitätsprüfungen

Plausibilitätsprüfungen sind insbesondere dann erforderlich, wenn interaktiv in die Planung eingegriffen wird. Da der Disponent im Rahmen seiner manuellen Planungsaktivitäten nicht alle möglichen technischen und terminlichen Randbedingungen berücksichtigen kann, muß dies durch das System sichergestellt werden. Hierbei ist beispielsweise zu überprüfen, ob der vom Benutzer gewählte Arbeitsplatz zur Durchführung des eingeplanten Arbeitsganges geeignet ist. Des weiteren müssen unzulässige Vorgänger-/Nachfolgerbeziehungen sowie unzulässige Ecktermine erkannt und entsprechend angezeigt werden. Infolge der elementaren Bedeutung dieser Elementarfunktion für eine konsistente Belegungsplanung ist diese als indirekte Kernfunktion zu kennzeichnen.

Beibehaltung des Netzzusammenhangs

Die Problematik des Netzzusammenhangs ist sowohl auf Arbeitsgang- als auch auf Fertigungsauftragsebene von Bedeutung.

Zur Durchführung eines Fertigungsauftrages sind in der Regel mehrere Arbeitsgänge erforderlich, die wiederum auf unterschiedlichen Betriebsmitteln bearbeitet werden. Die Reihenfolge, in der die zu einem Auftrag gehörenden Arbeitsgänge zu bearbeiten sind, ist in der Regel technologisch bedingt. Um zu gewährleisten, daß im Rahmen der Planung die zeitlichen Abhängigkeiten zwischen den Arbeitsgängen nicht außer acht gelassen werden - beispielsweise der dritte Arbeitsgang vor dem zweiten oder zeitgleich mit diesem eingeplant wird - müssen bei der Einlastung der Arbeitsgänge sowie bei späteren Umdispositionen die jeweiligen Vorgänger- und Nachfolgerbeziehungen berücksichtigt werden. Die Beibehaltung des Netzzusammenhanges auf Arbeitsgangebene ist insbesondere bei Werkstattfertigung, Fertigungsinseln und zum Teil auch bei Linienfertigung eine generelle Forderung innerhalb der Belegungsplanung und infolgedessen als indirekte Kernfunktion einzustufen.

Die zwischen den Fertigungsaufträgen eines Kundenauftrages bestehenden zeitlichen Abhängigkeiten (Stücklistenbeziehungen) sind dagegen nur dann von Bedeutung, wenn das Merkmal Erzeugnisstruktur in den Ausprägungen Erzeugnisse mit einfacher Struktur bzw. Erzeugnisse mit komplexer Struktur und das Merkmal Art der Auftragserteilung in der Ausprägung Produktion auf Bestellung vorliegt. Unternehmen, die durch diese Merkmalskombination gekennzeichnet sind, müssen darauf achten, daß bei der Ein- und

Umplanung von Fertigungsaufträgen die zwischen diesen bestehenden Stücklistenbeziehungen berücksichtigt werden. Eine solche Auftragsverkettung (Auftragsnetz) ist bei kundenanonymer Fertigung weniger bedeutsam, da derartige Unternehmen in der Regel Zwischenlagerbestände aufbauen.

Simulative Einplanung

Mit Hilfe der simulativen Einplanung ist der Disponent in der Lage, alternative Planungssituationen durchzuspielen [161]. Simulativ bedeutet, daß die einzelnen Belegungspläne nicht direkt wirksam, sondern als Zwischenlösung gespeichert werden. Die Einlastung der Aufträge kann dabei unterschiedlichen Planungsstrategien folgen. Mögliche Zielkriterien, auf Basis derer verschiedene Einlastungssituationen erzeugt werden können, sind beispielsweise Rüstzeiten, Auslastungsgrade, Auftragsdurchlaufzeiten und Endtermine. Die sich infolge der verschiedenen Planungsstrategien ergebenden Planungsergebnisse werden gespeichert und deren Auswirkungen auf die aktuelle Planungssituation angezeigt. Durch die Gegenüberstellung der über die verschiedenen Einlastungssituationen erzeugten Planungsbilder bzw. der daraus resultierenden Kennzahlen ist es dem Disponenten möglich, in Abhängigkeit seiner Präferenzen die optimale Planungsstrategie auszuwählen und die entsprechenden Simulationsdaten in das aktuelle Planungsbild zu übernehmen.

Bezüglich der Notwendigkeit der simulativen Einplanung ist festzustellen, daß diese insbesondere bei komplexen Planungssituationen vorteilhaft ist. Unter Komplexität wird in diesem Zusammenhang der Grad der Übersichtlichkeit des Zusammenhangs zwischen den einzelnen Parametereinstellungen verstanden. Mit anderen Worten, der Disponent ist bei einer hohen Komplexität der Planungssituation nicht in der Lage, die Unterschiede zwischen den alternativen Simulationsergebnissen zu erkennen und entsprechend seinen Zielvorstellungen zu bewerten. Da diese Situation primär bei Werkstattfertigung und Fertigungsinseln auftritt, ist die simulative Einplanung als indirekte Kernfunktion einzustufen.

Arbeitsgangfreigabe

Nach Abschluß der Belegungsplanung, die als Ergebnis eine minutengenaue Maschinenbelegung liefert, findet im Rahmen der kurzfristigen Steuerung erneut eine

---

[161] Zum Einsatz der Simulation innerhalb der Fertigungssteuerung vgl. Scheer, A.-W., Zell, M.: Benutzergerechte Fertigungssteuerung durch Integration von Simulations- und Prozeßvisualisierungstechniken, in: CIM Management 5(1989)6, S. 72-78.

Freigabe statt. Der Unterschied zu der Auftragsfreigabe innerhalb der mittelfristigen Planung ist darin zu sehen, daß, wie der Name schon ausdrückt, hier eine Freigabe auf der Basis von Arbeitsgängen erfolgt. Es werden also nicht ganze Fertigungsaufträge freigegeben, sondern lediglich einzelne Arbeitsgänge. Der Arbeitsgangfreigabe können die gleichen Merkmalsabhängigkeiten zugeordnet werden, wie der Belegungsplanung.

Kriterienspezifische Auswahl der freizugebenden Arbeitsgänge

Durch die Möglichkeit, gezielt, d. h. in Abhängigkeit bestimmter Zielkriterien, einzelne Arbeitsgänge auszuwählen und freizugeben, steht dem Disponenten ein weiteres Instrument zur prozeßnahen Steuerung der Aufträge zur Verfügung. So kann beispielsweise die Freigabe lediglich für solche Arbeitsgänge durchgeführt werden, die auf bestimmten Maschinen bearbeitet werden. Als weiteres Freigabekriterium kann die Terminsituation genannt werden. Hierbei werden diejenigen Arbeitsgänge zuerst freigegeben, deren Endtermin als kritisch einzustufen ist. Die zielorientierte Freigabe von Arbeitsgängen ist infolge der damit verbundenen höheren Steuerungsflexibilität als indirekte Kernfunktion zu kennzeichnen.

Verfügbarkeitsprüfung

Obwohl bereits im Rahmen der mittelfristigen Auftragsfreigabe eine Verfügbarkeitsprüfung durchgeführt wird, und somit sämtliche Ressourcen bereitstehen müßten, wird kurz vor der Auslösung bindender Aktionen die Ressourcenverfügbarkeit nochmals überprüft. Die Notwendigkeit hierzu ergibt sich auf Grund der Tatsache, daß die von der mittelfristigen Planung freigegebenen Aufträge in der kurzfristigen Steuerung häufig umdisponiert werden, wodurch sich die aktuelle Planungssituation verändert. Des weiteren ist festzustellen, daß die Planungsphilosophie vieler Unternehmen die Verfügbarkeitsprüfung grundsätzlich erst innerhalb der Fertigungssteuerung vorsieht. Hierbei besteht jedoch die Gefahr, daß längerfristig zu beschaffende Komponenten nicht rechtzeitig zur Verfügung stehen und somit eine zeitgerechte Bearbeitung nicht möglich ist. Deshalb wird häufig dergestalt vorgegangen, daß lediglich die Verfügbarkeitsprüfung von Komponenten mit längeren Beschaffungszeiten mittelfristig, die der übrigen Komponenten dagegen kurzfristig erfolgt.

Da die Relevanz einer prozeßnahen Überprüfung der Ressourcenverfügbarkeit im wesentlichen von der Existenz kurzfristiger Umdispositionen beeinflußt wird, ist die beschriebene Funktion in die Gruppe der indirekten Kernfunktionen einzuordnen.

Berücksichtigung von Vorab-Reservierungen

Obwohl, wie bereits erläutert, das zu realisierende Planungsbild häufig von dem der mittelfristigen Planung abweicht, ist es hier dennoch erforderlich, bereits sehr frühzeitig vorgenommene Reservierungen (z. B. aus der Auftragsbearbeitung) zu berücksichtigen. Hierfür sind im wesentlichen zwei Gründe verantwortlich. Erstens besteht die Gefahr, daß bestehende Reservierungen auf Grund von Terminverschiebungen aufzulösen sind. Zweitens dürfen Komponenten, deren Reservierungen weiterhin gültig sind, nicht nochmals reserviert werden (Doppelreservierung). Auf Grund der Tatsache, daß sich Vorab-Reservierungen in der Regel auf einen konkreten Kundenauftrag beziehen und infolgedessen nur bei kundenindividueller Produktion durchgeführt werden, erweist sich deren Berücksichtigung in der kurzfristigen Steuerung lediglich bei Vorliegen der Merkmalsausprägung Produktion auf Bestellung des Merkmals Art der Auftragserteilung als notwendig.

Auftragsüberwachung

Aufgabe der Auftragsüberwachung ist die Erfassung, Verwaltung und Auswertung planungsspezifischer Betriebs-, Maschinen- und Personaldaten [162]. Im Gegensatz zu den bisher beschriebenen ´Funktionen´ der Fertigungssteuerung ist die Auftragsüberwachung als merkmalsunabhängig einzuordnen. Der Status der Merkmalsunabhängigkeit läßt sich daraus ableiten, daß neben den kurzfristigen Steuerungsfunktionen auch die Funktionen der mittelfristigen Planung nur durch eine zeitnahe Auftragsüberwachung, die die Kontrolle der in der Fertigung befindlichen Aufträge beinhaltet, sinnvoll einsetzbar sind. Infolgedessen, daß die der Auftragsüberwachung untergeordneten Funktionen erst in ihrem Zusammenwirken eine effiziente Auftragsüberwachung ermöglichen, sind auch diese als merkmalsunabhängig einzustufen.

Ermittlung und Ausgabe von Soll-/Ist-Abweichungen

Durch die Gegenüberstellung der Plandaten (Soll-Daten) mit den aktuell aus dem Fertigungsprozeß zurückgemeldeten Ist-Daten übernimmt die Fertigungssteuerung auch eine Kontrollfunktion. Die Aktualität, Richtigkeit und Vollständigkeit der zurückgemel-

---

[162] Die Kernaufgabe der Auftragsüberwachung bildet die Betriebsdatenerfassung (BDE). Obwohl die Betriebsdatenerfassung somit kein Funktionsbereich im hier verstandenen Sinne ist, wird diese im Y-CIM-Modell wegen ihrer besonderen Bedeutung dennoch gesondert aufgeführt. Da dieser Y-Bereich jedoch gemäß Abbildung A.3.2 nicht zum Untersuchungsgegenstand dieser Arbeit gehört, wird auf die Problematik der Betriebsdatenerfassung nachfolgend nicht weiter eingegangen.

deten Daten hat hierbei wesentlichen Einfluß auf die Effizienz der Kontrollfunktion. Mit Hilfe von Soll-/Ist-Vergleichen werden nicht nur Abweichungen hinsichtlich Qualität, Menge und Zeit ermittelt, sondern auch Ursachen und Konsequenzen analysiert [163]. Die Ergebnisse aus diesen Analysen dienen als Grundlage für die Einleitung entsprechender Korrekturmaßnahmen. Darüber hinaus können auf Basis der Vorgabe- und Ist-Werte Berichte, wie beispielsweise Auftragsrückstandslisten und Maschinenbelegungsübersichten, erstellt werden [164].

B.2.2.1.2.5. Produktentwurf/Konstruktion

Aufgabe des Bereiches Produktentwurf/Konstruktion [165] (im folgenden vereinfachend als Konstruktion bezeichnet) ist der technische Entwurf von Produkten. Gemäß VDI-Richtlinie 2222 [166] gliedert sich der Konstruktionsprozeß in die vier Hauptphasen Planen, Konzipieren, Entwerfen und Ausarbeiten.

Die genannten Arbeitsschritte sind hierbei eng miteinander verbunden und können wiederholt durchlaufen werden. Des weiteren ist darauf hinzuweisen, daß die Anzahl der auszuführenden Konstruktionsschritte von der Konstruktionsart [167] determiniert wird. So sind beispielsweise bei einer Neukonstruktion sämtliche Konstruktionstätigkeiten auszuführen, wogegen im Falle einer Prinzipkonstruktion häufig nur noch Abmessungen von Einzelteilen verändert werden. Das Bereichsmodell der Konstruktion ist in Abbildung B.2.25 dargestellt.

---

[163] Vgl. Hahn, D.: Produktionsprozeßplanung, -steuerung und -kontrolle - Grundkonzept und Besonderheiten bei spezifischen Produktionstypen, in: Hahn, D., Laßmann, G. (Hrsg.): Produktionswirtschaft - Controlling industrieller Produktion, Band 2, Heidelberg 1989, S. 7-237, insbesondere S. 20.

[164] Zu den unterschiedlichen Berichtsarten vgl. Scheer, A.-W.: Wirtschaftsinformatik - Informationssysteme im Industriebetrieb, 3. Auflage, Berlin et al. 1990, S. 241.

[165] Da die Übergänge zwischen den Bereichen Produktentwurf und Konstruktion fließend sind, werden diese hier zu einem Bereich zusammengefaßt.

[166] Vgl. VDI (Hrsg.): VDI-Richtlinie 2222, Blatt 1, Konzipieren technischer Produkte, Düsseldorf 1977, S. 3 f. In der Literatur existieren unterschiedliche Vorschläge für die Untergliederung des Konstruktionsprozesses. Unter all diesen kann die hier erwähnte Aufteilung des VDI als eine Art Quasi-Standard bezeichnet werden, in die sich die übrigen Vorschläge problemlos einordnen lassen.

[167] Zu den einzelnen Konstruktionsarten vgl. z. B. Pahl, G., Beitz, W.: Konstruktionslehre, 2. Auflage, Berlin et al. 1986, S. 5.

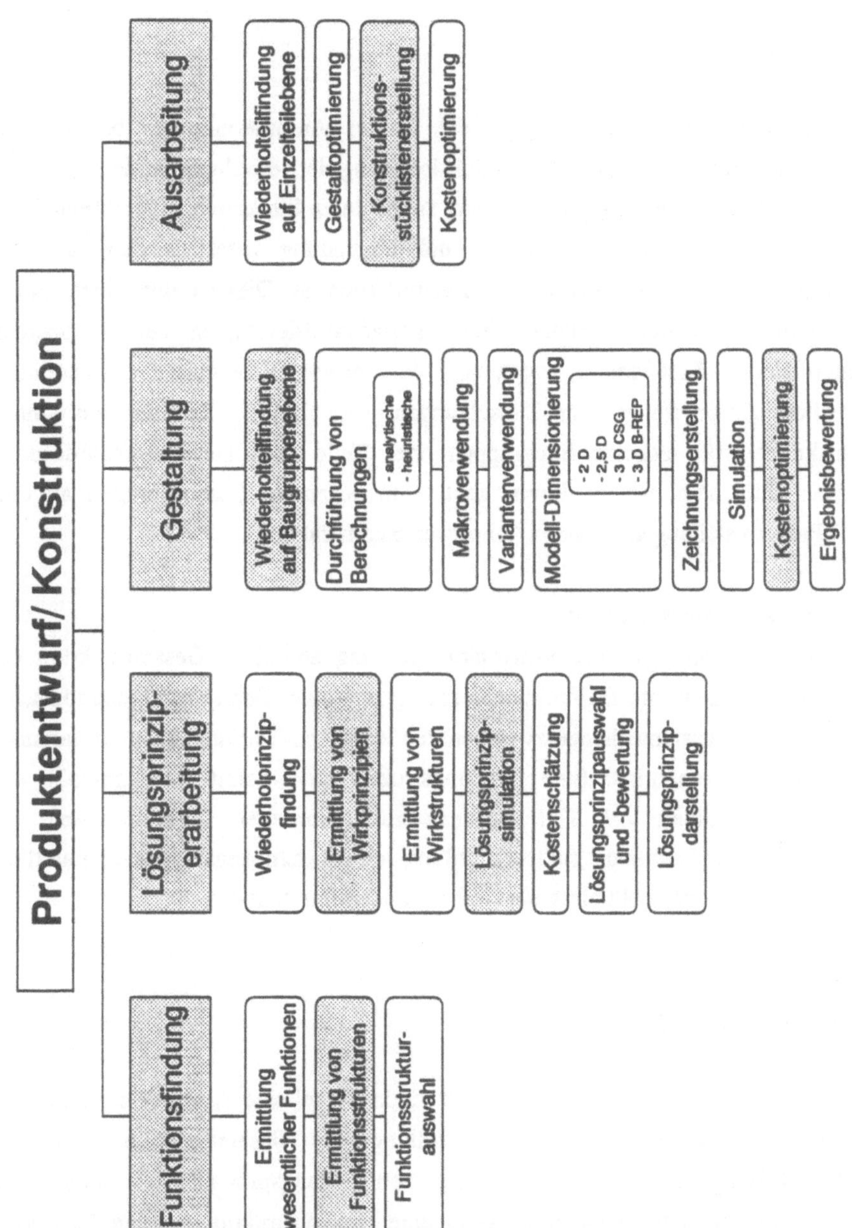

Abb. B.2.25:   Bereichsmodell Produktentwurf/Konstruktion [168]

---

[168] Betrachtet man den Bereich der Konstruktion, so ist festzustellen, daß einige der dort aufgeführten Funktionen, insbesondere die Funktionsfindung und Lösungsprinziperarbeitung, derzeit noch nicht oder nur in sehr geringem Umfang DV-technisch unterstützt werden. Neuere Entwicklungen, wie zum Beispiel der Einsatz von Expertensystemen, werden jedoch in naher Zukunft zu einer durchgängigen Rechnerunterstützung des Konstruktionsbereiches führen.

Funktionsfindung

Die Funktionsfindung hat die Aufgabe, die in der Anforderungsliste beschriebene Gesamtfunktion eines Produktes unter Berücksichtigung der jeweiligen Forderungen und Wünsche in Teilfunktionen [169] aufzugliedern sowie deren Strukturen zu ermitteln [170]. Hinsichtlich der Merkmalsabhängigkeit der Funktionsfindung ist festzustellen, daß diese nur bei ausgesprochenen Neukonstruktionen erforderlich ist. Dies ist zum einen immer dann der Fall, wenn das Merkmal Erzeugnisstandardisierung in der Ausprägung nichtstandardisierte Erzeugnisse vorliegt, da diese Erzeugnisse vollkommen unterschiedliche Anforderungen und Zielsetzungen erfüllen [171]. Zum anderen können Neukonstruktionen für einzelne Baugruppen oder Teile auch bei teilstandardisierten Erzeugnissen nötig sein, wo es darum geht, eine bekanntes Lösungsprinzip an eine veränderte Problemstellung anzupassen (Anpassungskonstruktion).

Ermittlung von Funktionsstrukturen

Die aus dem Entwicklungs- und Konstruktionsauftrag ableitbare Gesamtfunktion des Produktes wird in sogenannte Teilfunktionen zerlegt und unter Berücksichtigung logischer und physikalischer Zusammenhänge zwischen den einzelnen Teilfunktionen zu varianten Funktionstrukturen kombiniert. Eine Funktionstruktur stellt damit eine sinnvolle und verträgliche Verknüpfung von Teilfunktionen zur geforderten Gesamtfunktion dar. Infolgedessen, daß die Funktionsstrukturermittlung den gleichen Abhängigkeiten unterliegt wie die Funktionsfindung, stellt diese eine indirekte Kernfunktion dar.

Lösungsprinziperarbeitung

Das Ergebnis der Lösungsprinziperarbeitung ist in der Regel eine Prinzipskizze bzw. eine grobmaßstäbliche Handskizze der zur Erfüllung der Gesamtfunktion geeigneten prinzipiellen Lösung [172]. Die Erarbeitung von Lösungsprinzipien ist analog zur Funktionsfindung nur dann notwendig, wenn eine Neukonstruktion durchgeführt wird.

---

[169] Eine Funktion im Sinne der Konstruktionslehre beschreibt vereinfacht ausgedrückt den zu erfüllenden Zweck eines Produktes bzw. Produktteils.

[170] Vgl. Pahl, G., Beitz, W.: Konstruktionslehre, 2. Auflage, Berlin et al. 1986, S. 84 f.

[171] In diesem Zusammenhang ist darauf hinzuweisen, daß auch die aus internen Entwicklungsaufträgen resultierenden Produkte als nichtstandardisierte Erzeugnisse anzusehen sind.

[172] Vgl. Pahl, G., Beitz, W.: Konstruktionslehre, 2. Auflage, Berlin et al. 1986, S. 102.

Aus diesem Grund besteht auch hier die Abhängigkeit von den Merkmalsausprägungen nichtstandardisierte bzw. teilstandardisierte Erzeugnisse.

Ermittlung von Wirkprinzipien

Für die innerhalb der Funktionsfindung ermittelten Teilfunktionen müssen im Stadium der Lösungsprinziperarbeitung sog. Wirkprinzipien gefunden werden. Als Wirkprinzip werden der zur Erfüllung einer (Teil-) Funktion einzusetzende physikalische Effekt sowie die geometrischen und stofflichen Merkmale bezeichnet [173]. Für die Suche nach Wirkprinzipien können eine Vielzahl unterschiedlicher Methoden, wie beispielsweise die Analyse bekannter technischer Systeme oder die mehr intuitive Galeriemethode, eingesetzt werden [174]. Die Ermittlung von Wirkprinzipien ist als indirekte Kernfunktion einzustufen.

Lösungsprinzipsimulation

Der Einsatz der Simulation im Rahmen der Lösungsprinziperarbeitung dient der Überprüfung des dynamischen (zeitlichen) Verhaltens der erarbeiteten Lösungsvariante. So ist es z. B. sinnvoll, vor der praktischen Realisierung einer Lösungsvariante deren Bewegungsabläufe mit Hilfe von Simulationsprogrammen räumlich darzustellen, um die Kollisionsfreiheit des Lösungsprinzips zu überprüfen. Die Bereitstellung von Simulationsmöglichkeiten ist erforderlich, wenn neben den Merkmalsausprägungen nichtstandardisierte bzw. teilstandardisierte Erzeugnisse auch die Merkmalsausprägung Erzeugnisse mit komplexer Struktur des Merkmals Erzeugnisstruktur vorliegt. Erzeugnisse mit komplexer Struktur besitzen einen komplizierten Aufbau und daraus resultierend eine Vielzahl unterschiedlicher Wirkzusammenhänge. Das zeitliche Verhalten sowie das Zusammenspiel der einzelnen Komponenten im praktischen Einsatz ist für den Konstrukteur ohne Simulationsunterstützung nicht mehr vorhersehbar.

<u>Gestaltung</u>

Innerhalb dieser Konstruktionsphase erfolgt die gestalterische Festlegung des erarbeiteten Lösungsprinzips. Der Begriff Gestaltung beinhaltet hierbei z. B. die Auswahl der Werkstoffe und Fertigungsverfahren sowie die Bestimmung von Geometriedaten wie Hauptabmessungen, Toleranzen und Flächenangaben. Waren die zuvor erläuterten Phasen der Funktionsfindung und Lösungsprinziperarbeitung durch ein hohes Maß an Kreativität

---

[173] Vgl. Pahl, G., Beitz, W.: Konstruktionslehre, 2. Auflage, Berlin et al. 1986, S. 102.

[174] Eine ausführliche Beschreibung möglicher Suchmethoden findet sich in: Pahl, G., Beitz, W.: Konstruktionslehre, 2. Auflage, Berlin et al. 1986, S. 102 ff.

gekennzeichnet, so umfaßt die Gestaltung viel mehr Verbesserungs- bzw. Regelungsmaßnahmen. Im Hinblick auf die Abhängigkeit von betriebstypologischen Merkmalen kann festgestellt werden, daß die Gestaltung bei nichtstandardisierten und teilstandardisierten Erzeugnissen auszuführen ist.

Wiederholteilfindung auf Baugruppenebene

Um einerseits zu günstigen Einkaufsbedingungen zu gelangen und andererseits eine kosten- und termingünstige Fertigung zu gewährleisten, ist der Konstrukteur bestrebt, Baugruppen zu verwenden, die entweder eigengefertigte Wiederholteile oder aber fremdbezogene Zukaufteile darstellen. Aus diesem Grunde ist es sinnvoll, daß der Konstrukteur im Rahmen der Gestaltung mit Hilfe eines Klassifizierungssystems auf bereits vorhandene Baugruppen zurückgreifen kann. Obwohl die Wahrscheinlichkeit, geeignete Wiederholteile zu finden, bei teilstandardisierten Erzeugnissen sehr viel größer ist als bei nichtstandardisierten Erzeugnissen, ist eine eindeutige Abgrenzung dennoch nicht möglich. Die Wiederholteilfindung auf Baugruppenebene stellt daher eine indirekte Kernfunktion dar.

Kostenoptimierung

Im Zusammenhang mit dem Versuch, die Kosten der Konstruktion durch eine rechnerunterstützte Ausführung der Konstruktionstätigkeiten zu senken, wurde in mehreren Untersuchungen festgestellt, daß die Konstruktion lediglich 6 % der Selbskosten verursacht, jedoch 70 % der Material- und Fertigungskosten eines Produktes festlegt [175]. Als von der Konstruktion beeinflußbare Kostenparameter können z. B. Materialart, Losgröße, Fertigungszeit und Fertigungsart genannt werden. Das hohe Kostensenkungspotential der Konstruktion hat in der Vergangenheit dazu geführt, daß die frühzeitige Kostenabschätzung und -optimierung als eine wesentliche Aufgabe der Konstruktion angesehen wird [176]. Eine Kostenoptimierung sollte hierbei so früh, wie es vom Erkenntnisstand her möglich ist, beginnen. Da die Kostensenkung unabhängig von den spezifischen Charakteristika eines Industriebetriebes zu dessen grundsätzlichen Zielen gehört, ist die Kostenoptimierung als indirekte Kernfunktion einzustufen.

---

[175] Vgl. VDI (Hrsg.): VDI-Richtlinie 2235, Wirtschaftliche Entscheidungen beim Konstruieren, Düsseldorf 1987, S. 3.

[176] Zur Problematik der Kostenerkennung und -optimierung im Rahmen des Konstruktionsprozesses vgl. Ehrlenspiel, K.: Kostengünstig Konstruieren, Berlin et al. 1985; Scheer, A.-W.: Konstruktionsbegleitende Kalkulation in CIM-Systemen, in: Scheer, A.-W. (Hrsg.): Veröffentlichungen des Instituts für Wirtschaftsinformatik, Heft 50, Saarbrücken 1985.

<u>Ausarbeitung</u>

Die Ausarbeitung, als letzte Phase im Konstruktionsprozeß, hat die Aufgabe, die zur Herstellung eines Produktes notwendigen konstruktionstechnischen Fertigungsunterlagen in detaillierter Form zu erstellen. Im Mittelpunkt steht hierbei die Erarbeitung von Einzelteil-, Baugruppen- und Gesamtzeichnungen. Unternehmen, die ausschließlich Standarderzeugnisse mit Varianten herstellen und selbst keine Eigenentwicklungen durchführen, können sich im Rahmen ihrer Konstruktionstätigkeit auf die Ausarbeitung beschränken. Dies ist deshalb der Fall, weil sich Variantenerzeugnisse lediglich in der Größe und/oder Kombination vorhandener Einzelteile und Baugruppen unterscheiden. Die Ausarbeitung wird daher neben den Merkmalsausprägungen nichtstandardisierte und teilstandardisierte Erzeugnisse zusätzlich von der Ausprägung Standarderzeugnisse mit Varianten determiniert.

Konstruktionsstücklistenerstellung

Die Stückliste stellt neben dem Zeichnungssatz ein weiteres wesentliches Ergebnis des Konstruktionsprozesses dar. Sie beinhaltet die Mengen aller Komponenten, die zur Herstellung einer Einheit eines Erzeugnisses erforderlich sind. Der Unterschied zwischen der Konstruktionsstückliste und der innerhalb der Produktionsplanung- und -steuerung verwalteten Fertigungsstückliste liegt darin, daß erstere in der Regel nach Funktions- und letztere nach Fertigungsgesichtspunkten aufgebaut ist. Die zur Stücklistenerstellung erforderlichen Angaben sind in den Schriftfeldern des Zeichnungskopfes enthalten. Die Erforderlichkeit der Stücklistenerstellung kann nur dann als gegeben betrachtet werden, wenn das Merkmal Erzeugnisstruktur die Ausprägung Erzeugnisse mit einfacher Struktur bzw. Erzeugnisse mit komplexer Struktur aufzeigt. Ursache hierfür ist, daß Stücklisten nur bei mehrteiligen Erzeugnissen existieren.

B.2.2.1.2.6. Arbeitsplanung

Wie im vorangegangenen Kapitel dargestellt, ist das Ergebnis des Bereiches Produktentwurf und Konstruktion die Dokumentation eines Erzeugnisses in der Gestalt von Zeichnungen und Stücklisten. Die sich daran anschließende Planung und Festlegung des Fertigungsablaufs ist Aufgabe des Funktionsbereiches Arbeitsplanung [177]. Die Arbeitsplanung übt somit gewissermaßen eine Art Transformationsfunktion zwischen

---

[177] Der Bereich Arbeitsplanung umfaßt hier ausschließlich die Erarbeitung konventioneller Arbeits- bzw. Montagepläne. Das Erstellen von Programmen zur numerischen Steuerung automatisierter Produktionseinrichtungen ist dem Bereich NC-Programmierung zugeordnet.

Konstruktion und Fertigung aus. Das Bereichsmodell der Arbeitsplanung ist in Abbildung B.2.26 dargestellt.

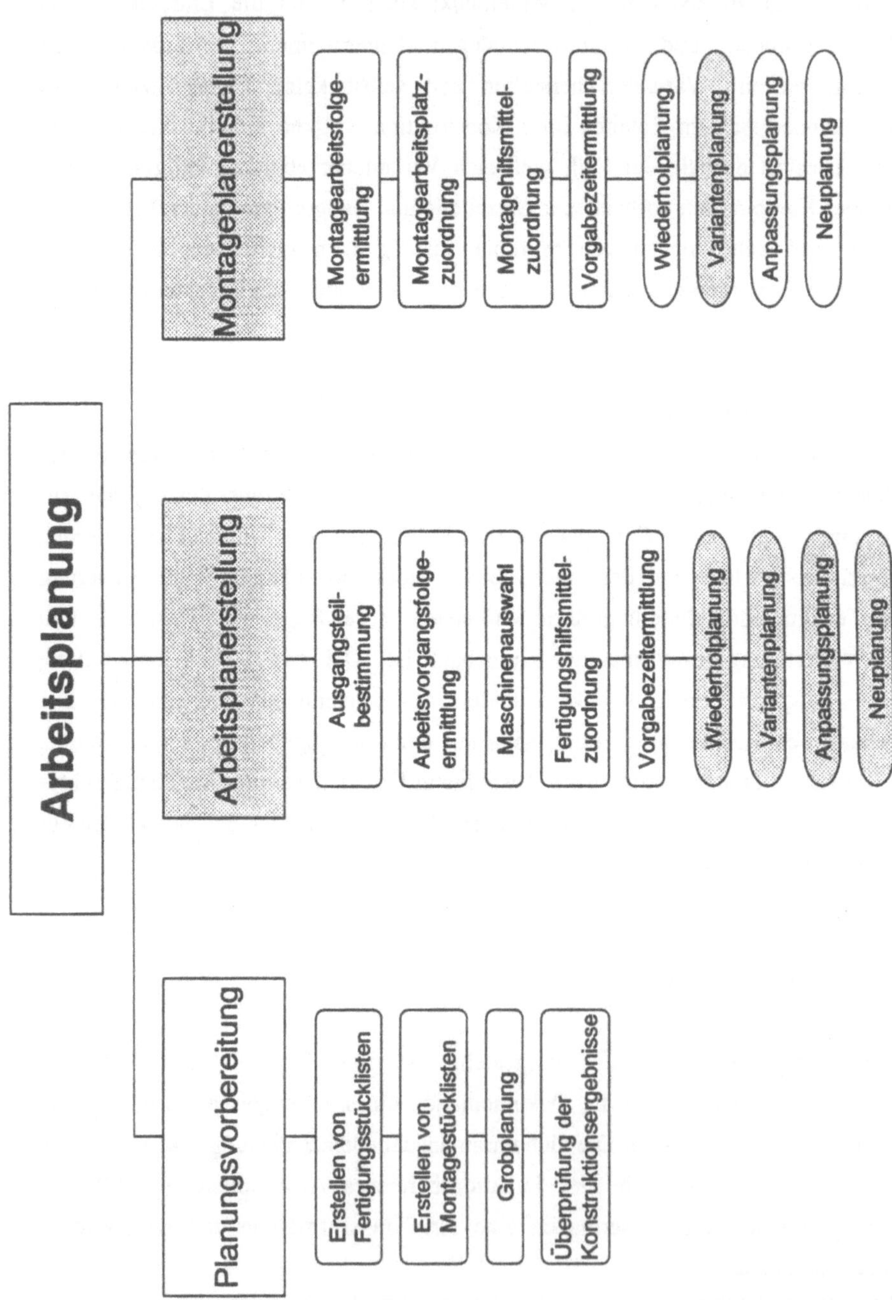

Abb. B.2.26: Bereichsmodell Arbeitsplanung

Die Aufnahme der Methoden ins Funktionsmodell erfolgt aus den bereits innerhalb der Materialwirtschaft aufgeführten Gründen. Der Unterschied zwischen den verschiedenen Methoden [178] liegt hauptsächlich im erforderlichen Planungsaufwand, wobei die Übergänge fließend sind.

<u>Arbeitsplanerstellung [179]</u>

Der Arbeitsplan beschreibt die Umwandlung eines Werkstückes vom Ausgangszustand in seinen Endzustand. Neben Zeichnung und Stückliste gehört der Arbeitsplan zu den wichtigsten Planungsunterlagen eines Industrieberiebes. Die Arbeitsplanerstellung ist immer dann auszuführen, wenn die Produktion durch fertigungstechnologische Prozesse gekennzeichnet ist. Diese Situation kommt in der Merkmalsausprägung Fertigungsprozesse des Merkmals Art der Produktionsprozesse zum Ausdruck. An dieser Stelle ist jedoch darauf hinzuweisen, daß die entwickelte Konzeption primär auf Fertigungsbetriebe ausgerichtet ist, so daß die Arbeitsplanerstellung den Charakter einer Kernfunktion besitzt.

Wiederholplanung

Das Planungsprinzip der Wiederholplanung ist dadurch gekennzeichnet, daß im Rahmen der Planung eine Generierung von Planungsdaten nicht erfolgt. Die bereits existierenden Planungsergebnisse erfahren eine vollständige Wiederverwendung. Die auftragsneutralen Arbeitspläne werden lediglich um Auftragsdaten wie Termin, Auftragsnummer und Stückzahl ergänzt. Von den aufgeführten Elementarfunktionen sind daher keine auszuführen. Die Wiederholplanung verursacht von allen Methoden den geringsten Aufwand.

Die Durchführung der Wiederholplanung wird durch das Merkmal Werkstückstandardisierung determiniert. Da es Kennzeichen der Wiederholplanung ist, bestehende Planungsergebnisse vollständig wiederzuverwenden, kann diese Planungsmethode nur dann angewendet werden, wenn das aktuell zu planende Werkstück identisch einem bereits geplanten ist. Diese Situation kennzeichnet die Merkmalsausprägung Standardwerkstücke.

---

[178] Zu den einzelnen Methoden vgl. Spur, G., Krause, F.-L.: CAD-Technik, München Wien 1984, S. 448.

[179] Eine ausführliche Beschreibung der in Abbildung B.2.26 aufgeführten Elementarfunktionen zur Arbeitsplanerstellung findet sich in: Eversheim, W.: Organisation in der Produktionstechnik, Band 3: Arbeitsvorbereitung, 2. Auflage, Düsseldorf 1989, S. 30 ff.

Variantenplanung

Voraussetzung für die Anwendung des Variantenplanungsprinzips ist eine zuvor erfolgte Bildung von Teilefamilien. Teilefamilien sind Gruppen ähnlicher Werkstücke, denen ein standardisierter Arbeitsplan zugrunde gelegt werden kann. Dies bedeutet, daß jede Teilefamilie durch einen Standardarbeitsplan erfaßt wird. Die Anpassung des Standardarbeitsplans an aktuelle Werkstückanforderungen erfolgt ausschließlich durch die Angabe der werkstückspezifischen Parameterwerte. Eine Änderung von Arbeitsplankomponenten ist nicht erforderlich. Auch hier kann somit auf die Ausführung der Arbeitsplanerstellungsfunktionen verzichtet werden.

Die Variantenplanung wird von der Merkmalsausprägung hohe Werkstückähnlichkeit des Merkmals Werkstückspektrum determiniert. Begründet wird dies dadurch, daß die Ähnlichkeit der Werkstücke in bezug auf die fertigungsorientierten Formmerkmale es erlaubt, Arbeitspläne ohne Hinzufügen von Bearbeitungselementen durch ausschließliche Änderung von Parameterwerten innerhalb vordefinierter Grenzen zu erstellen.

Anpassungsplanung

Auch die Anpassungsplanung setzt Standard- bzw. Rumpfarbeitspläne voraus. Die bereits vorhandenen Arbeitspläne werden jedoch im Gegensatz zur Variantenplanung interaktiv den spezifischen Anforderungen der Planungssituation angepaßt. Änderungen können sowohl in dem Hinzufügen oder Löschen vollständiger Arbeitsvorgänge, als auch im Austausch einzelner Arbeitsanweisungen und Betriebsmittel liegen. Auch können erneut einfache Berechnungen durchgeführt werden. Die für eine effiziente Anwendung dieser Methode erforderliche Ähnlichkeitssuche kann anhand eines Klassifizierungssystems erfolgen. Infolgedessen sind zur Durchführung der Anpassungsplanung sämtliche Elementarfunktionen der Arbeitsplanerstellung zur Verfügung zu stellen. Welche Elementarfunktionen dabei im konkreten Einzelfall tatsächlich benötigt werden, ist von der individuellen Planungsaufgabe abhängig.

Wie bereits erläutert, ist Voraussetzung für die Anwendung der Anpassungsplanung das Vorhandensein teilweise ähnlicher Unterlagen. Das heißt, zwischen den Anforderungen der aktuellen Planungsaufgabe und den vorliegenden Lösungen existieren zwar Unterschiede, aber auch Gemeinsamkeiten. In Anbetracht dieser Tatsache ist das Planungsprinzip der Anpassungsplanung immer dann zweckmäßig, wenn das Merkmal Werkstückstandardisierung in der Ausprägung teilstandardisierte Werkstücke vorliegt.

Neuplanung

Den größten Planungsaufwand bei der Arbeitsplanerstellung weist die Neuplanung auf. Kennzeichen der Neuplanung ist die Erstellung vollständig neuer Arbeitspläne, d. h., alle Einzelheiten müssen neu erstellt werden. Deshalb wird diese Methode auch häufig als generative Arbeitsplanung bezeichnet. Die Arbeitsplanerstellung nach dem Prinzip der Neuplanung erfordert grundsätzlich die Ausführung aller aufgeführten Elementarfunktionen, von der Ausgangsteilbestimmung bis zur Vorgabezeitermittlung. Durchzuführen ist diese Methode generell bei nichtstandardisierten Werkstücken. Bei diesem Werkstücktyp sind die notwendigen fertigungstechnischen Umwandlungsprozesse einzigartig mit der Folge, daß eine Nutzung bereits vorhandener Arbeitspläne nicht sinnvoll erscheint.

Montageplanerstellung [180]

Im Gegensatz zu den im Rahmen der Teilefertigung stattfindenden Formveränderungsprozessen an Werkstücken sind die Arbeitsinhalte der Montage dadurch gekennzeichnet, daß Einzelteile und Baugruppen zu komplexeren Einheiten zusammengefügt werden. Die hierzu erforderlichen Fügeprozesse werden im Montageplan beschrieben. Die Notwendigkeit der Montageplanerstellung wird von der Ausprägung Montageprozesse des Merkmals Art der Produktionsprozesse bestimmt.

Die Planungsmethoden der Montageplanerstellung stimmen mit denen der Arbeitsplanerstellung überein. Auch die bei der Arbeitsplanerstellung formulierten Merkmalsabhängigkeiten können, mit Ausnahme der Variantenplanung, auf die Montageplanerstellung übertragen werden. Hierbei ist allerdings das Merkmal Werkstückstandardisierung durch das Merkmal Erzeugnisstandardisierung zu ersetzen.

Variantenplanung

Wie bereits angedeutet, unterscheidet sich die Variantenplanung der Montageplanerstellung von derjenigen der Arbeitsplanerstellung. Im Rahmen der Arbeitsplanerstellung werden Maßvarianten von Werkstücken betrachtet. Dies bedeutet, daß die verschiedenen Werkstückvarianten lediglich in ihren Maßangaben variieren. Bei der Montageplanerstellung dagegen handelt es sich in der Regel um Strukturvarianten. Diese zeichnen sich

---

[180] Die Elementarfunktionen zur Montageplanerstellung sind dargestellt in: Spur, G., Krause, F.-L.: CAD-Technik, München Wien 1984, S. 548.

dadurch aus, daß die Erzeugnisse bzw. Baugruppen in ihren wesentlichen Bestandteilen übereinstimmen und sich nur geringfügig unterscheiden. Da auch diejenigen Komponenten bereits vorgeplant sind, die nicht grundsätzlich Bestandteil einer Variante sind, ist zur Planungsdurchführung keine der aufgeführten Elementarfunktionen auszuführen. Die beschriebene Situation kommt in der Merkmalsausprägung Standarderzeugnisse mit Varianten zum Ausdruck.

B.2.2.2.   Informationsflußmodell

Im Rahmen der Entwicklung des Informationsflußmodells wird die Frage beantwortet, zwischen welchen Funktionalbereichen eines Unternehmens welche Informationsübertragungen stattfinden sollten. Die ermittelten Informationsbeziehungen bzw. deren EDV-technische Umsetzung stellen die grundsätzlichen datenbezogenen Integrationspotentiale eines Unternehmens dar. Bezüglich der Verwendung eines derartigen Informationsflußmodells besteht neben der in dieser Arbeit beschriebenen des weiteren die Möglichkeit, dieses als Basis für den Aufbau verteilter Datenbanken [181] zu verwenden. Darüber hinaus kann das Modell als konzeptionelle Grundlage für die Integration bereichsspezifischer Anwendungssysteme dienen. Die Einordnung des Gliederungspunktes zeigt Abbildung B.2.27.

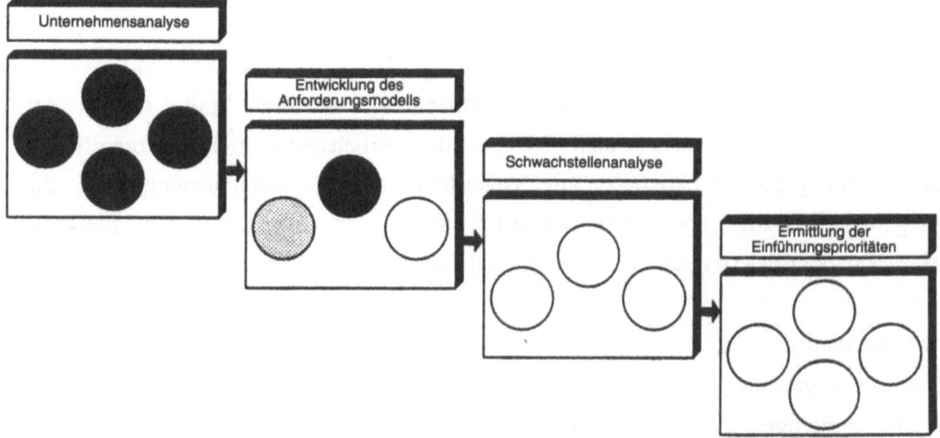

Abb. B.2.27: Einordnung "Informationsflußmodell" in das Vorgehensmodell

---

[181]   Zur Thematik verteilter Datenbanken vgl. z. B. Ceri, St., Pelegatti, G.: Distributed Databases
- Principles and Systems, New York et al. 1985.

B.2.2.2.1.   Methodisches Vorgehen

Grundlage für die Modellentwicklung ist das innerhalb der Informationsflußanalyse beschriebene Referenzinformationsflußmodell, wobei die Unterteilung des Gesamtmodells in Partialmodelle beibehalten wird. Analog zur Ermittlung des Funktionsmodells dienen auch hier die in Abbildung B.2.4 aufgeführten betriebstypologischen Merkmalsausprägungen dazu, die zwischen den einzelnen Bereichen eines Unternehmens zu übertragenden Informationen zu bestimmen. Die Wirkungszusammenhänge zwischen den betriebstypologischen Merkmalsausprägungen und den Informationsbeziehungen bzw. den in diesen enthaltenen Informationen werden auch in diesem Kontext durch Regeln festgelegt. Diese bestehen aus einem Bedingungsteil (Prämisse), der eine oder mehrere konjunktiv bzw. disjunktiv verknüpfte Merkmalsausprägungen beinhaltet, und einem Aktionsteil (Konklusion), der die zutreffende Informationsbeziehung sowie die relevanten Informationen umfaßt. Es ergibt sich somit folgende Regelstruktur:

> *"Wenn das Merkmal A in der Ausprägung A1 und/oder das Merkmal B in der Ausprägung B2 vorliegt, dann ist die Informationsbeziehung X mit den Informationen I1, I2 und I3 des Referenzmodells in das spezifische Informationsflußmodell des betreffenden Unternehmens zu übernehmen."*

Entsprechend den Ausführungen innerhalb der Funktionsmodellentwicklung treten auch hier hinsichtlich der Merkmalsabhängigkeit unterschiedliche Informationsarten auf. Im einzelnen sind dies:

- Kerninformationen und
- merkmalsabhängige Informationen.

Bevor die einzelnen Informationsarten nachfolgend näher erläutert werden, soll zunächst noch einmal auf die begriffliche Unterscheidung in (globale) Informationsbeziehungen und Informationen (Daten) eingegangen werden. Eine Informationsbeziehung deutet darauf hin, daß zwischen zwei Funktionsbereichen ein Informationsaustausch stattfinden sollte. Informationen dagegen sind Bestandteil einer Informationsbeziehung. Auf Grund der Tatsache, daß eine Informationsbeziehung ohne Inhalte (Informationen) nicht existieren kann, bestehen zwischen beiden Komponenten existentielle Abhängigkeiten.

Kerninformation

Informationen, die grundsätzlich Bestandteil des spezifischen Informationsflußmodells sind, werden als Kerninformationen bzw. merkmalsunabhängige Informationen bezeichnet.

Merkmalsabhängige Information

Informationen werden als merkmalsabhängig gekennzeichnet, wenn ihre Aufnahme in das spezifische Informationsflußmodell des betrachteten Unternehmens von dem Vorliegen bestimmter Merkmalsausprägungen abhängig ist.

Die in Kapitel B.2.2.1.1. beschriebene Vorgehensweise zur Entwicklung des funktionalen Anforderungsmodells gilt gleichermaßen auch für die Bestimmung des Informationsflußmodells. Auch hier liegt der erste Schritt darin, die aktuellen oder zukünftig angestrebten Merkmalsausprägungen des jeweiligen Unternehmens zu erfassen. Im zweiten Schritt werden mittels den in den Regeln enthaltenen Wirkungsbeziehungen die relevanten und in der Regel DV-technisch zu unterstützenden Informationsbeziehungen bzw. die in diesen enthaltenen Informationen ermittelt. Hierdurch wird das Referenzinformationsflußmodell in ein die spezifischen Anforderungen des betrachteten Unternehmens erfüllendes Informationsflußmodell (IFM), das in der Regel lediglich einen Ausschnitt des Referenzmodells darstellt, überführt (vgl. Abbildung B.2.28). Die grafische Aufbereitung des individuellen Informationsflußmodells entspricht der innerhalb der Informationsflußanalyse beschriebenen Darstellungsweise.

Im Anschluß an die nachfolgende Diskussion bereits bestehender Referenzinformationsflußmodelle werden die Zusammenhänge zwischen den betriebstypologischen Merkmalsausprägungen und den Komponenten der Partialmodelle beschrieben. Auf Grund der Tatsache, daß einerseits das hier verwendete Referenzmodell, wie nachfolgend näher erläutert, auf der Grundlage des CIM-Integrationsmodells von Becker [182] entwickelt wurde, andererseits eine vollständige Beschreibung der Merkmalsabhängigkeiten den Rahmen der Arbeit bei weitem sprengen würde, beschränken sich die Ausführungen auf die Bereiche Vertrieb und Fertigungssteuerung. Die jeweils beispielhaft erläuterten Dateninhalte sind in den Abbildungen durch Fettschrift hervorgehoben [183].

---

[182] Vgl. Becker, J.: CIM-Integrationsmodell - Die EDV-gestützte Verbindung betrieblicher Bereiche, Berlin et al. 1991.

[183] Die Auswahl der genannten Funktionsbereiche wird dadurch begründet, daß diese, unter Zugrundelegung der im Referenzfunktionsmodell festgelegten Zuordnung von Funktionen zu Funktionsbereichen, eine Vielzahl von Informationsbeziehungen mit anderen Funktionsbereichen eingehen.

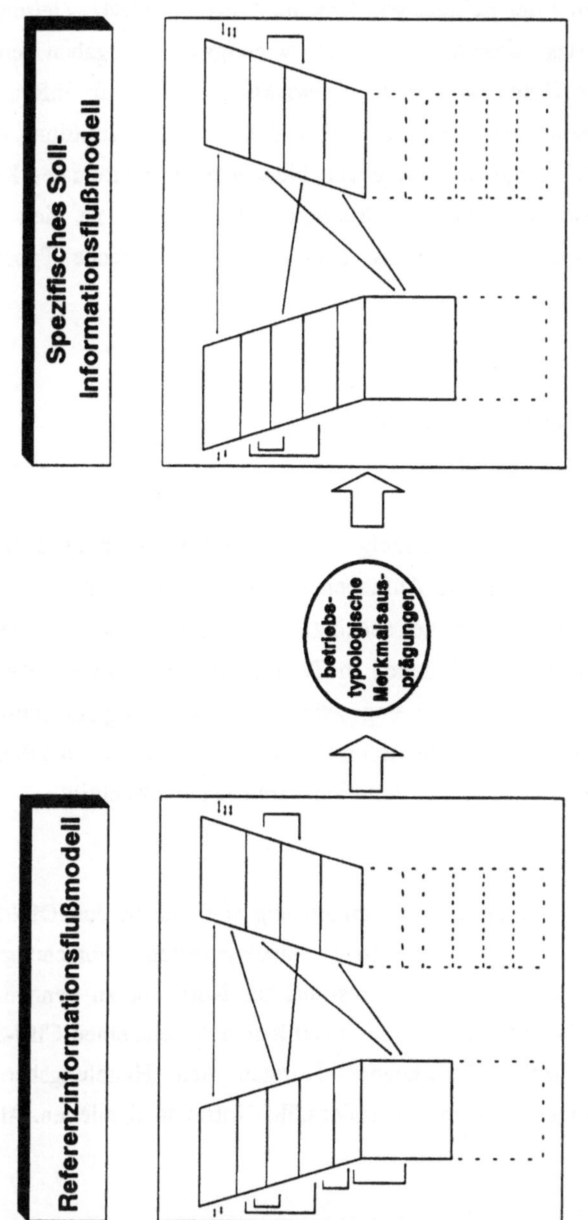

Abb. B.2.28:   Vorgehensweise zur Entwicklung des Informationsflußmodells

Exkurs: Darstellung bestehender Referenzinformationsflußmodelle

Kölner Integrationsmodell

Das Kölner Integrationsmodell (KIM) wurde Anfang der siebziger Jahre am
Betriebswirtschaftlichen Institut für Organisation und Automation an der Universität zu

Köln (BIFOA) unter der Leitung von Grochla entworfen [184]. Zielsetzung des KIM ist es, ein integriertes Gesamtmodell der wichtigsten Aufgaben eines industriellen Unternehmens als Grundlage für die Entwicklung integrierter Informationssysteme zu schaffen. Als Besonderheit ist festzustellen, daß sich die Ermittlung der innerhalb des Modells zu berücksichtigenden Aufgabengebiete nicht an funktionalen Kriterien orientiert, wie beispielsweise Vertrieb, Konstruktion etc., sondern an den unterschiedlichen Aufgabentypen eines Unternehmens. Hierbei werden folgende Typen von Aufgaben unterschieden:

- kurzfristige Steuerungsaufgaben,
- Dokumentationsaufgaben und
- Verdichtungsaufgaben.

Das Modell umfaßt ca. 332 Einzelaufgaben, die über Informationskanäle verbunden sind. Die einzelnen Aufgaben sind in Aufgabenbeschreibungslisten und die Informationskanäle in Kanalbeschreibungslisten näher spezifiziert. Zur Darstellung des Gesamtmodells, das aus darstellungstechnischen Gründen in Teilmodelle unterteilt ist, werden vordringlich grafische Beschreibungstechniken eingesetzt. Das Kölner Integrationsmodell unterscheidet sich von dem hier entwickelten Modell im wesentlichen dadurch. daß dieses nur einen Teil der hier behandelten betrieblichen Funktionsbereiche berücksichtigt.

CIM-Schnittstellen

Als weiterer Ansatz in diesem Zusammenhang sind die in den DIN-Fachberichten 15 [185], 20 [186] und 21 [187] niedergelegten Forschungsergebnisse der Normungsaktivitäten des Deutschen Instituts für Normung zu nennen. Zielsetzung der Aktivitäten des DIN ist es, durch eine Spezifikation der einzelnen CIM-Schnittstellen und der Einordnung bereits bestehender Normen den Handlungsbedarf für weitere Entwicklungsaufgaben auf dem Gebiet der CIM-Normung abzuleiten. Als Grundlage wird

[184] Vgl. Grochla, E., u. a.: Integrierte Gesamtmodelle der Datenverarbeitung - Entwicklung und Anwendung des Kölner Integrationsmodells (KIM), München Wien 1974.
[185] Vgl. DIN Deutsches Institut für Normung e. V. (Hrsg.): Normung von Schnittstellen für die rechnerintegrierte Produktion (CIM) - Standortbestimmung und Handlungsbedarf, DIN-Fachbericht 15, Berlin Köln 1987.
[186] Vgl. DIN Deutsches Institut für Normung e. V. (Hrsg.): Schnittstellen der rechnerintegrierten Produktion (CIM) - CAD und NC-Verfahrenskette, DIN Fachbericht 20, Berlin Köln 1989.
[187] Vgl. DIN Deutsches Institut für Normung e. V. (Hrsg.): Schnittstellen der rechnerintegrierten Produktion (CIM) - Fertigungssteuerung und Auftragsabwicklung, DIN Fachbericht 21, Berlin Köln 1989.

ein allgemeines funktionales Unternehmensmodell entwickelt, das folgende Aufgabengebiete umfaßt [188]:

- Unternehmensplanung,
- Marketing und Vertrieb,
- Entwicklung und Konstruktion,
- Betriebsmittelplanung,
- Arbeitsplanung,
- Produktionsplanung und -steuerung,
- Produktionsausführung und
- Qualitätssicherung und Service.

Zur Herausarbeitung des CIM-Normungsbedarfs werden die innerhalb und zwischen den zuvor genannten Unternehmensfunktionen bestehenden Informationsbeziehungen sowie die unternehmensexternen Schnittstellen betrachtet. Hierzu werden die Unternehmensfunktionen in weitere Teilfunktionen untergliedert. Zur Darstellung der funktionsspezifischen Informations-Schnittstellen werden sowohl Tabellen als auch grafische Beschreibungstechniken eingesetzt. Differenzen zwischen dem Modell des DIN und dem hier dargestellten Informationsflußmodell ergeben sich hauptsächlich aus der Tatsache, daß sich die in den DIN-Fachberichten dargelegten Ausarbeitungen auf einem höheren Abstraktionsniveau bewegen und weniger stark systematisiert sind. Des weiteren finden in den Betrachtungen des DIN die klassischen betriebswirtschaftlichen Unternehmensfunktionen, wie beispielsweise der Einkauf, keine Berücksichtigung.

CIM-Integrationsmodell

Als bisher umfassendster Ansatz bezüglich der Entwicklung eines unternehmensweiten Informationsflußmodells kann das CIM-Integrationsmodell von Becker [189] aufgeführt werden. Ziel der Überlegungen von Becker ist die Entwicklung eines zusammenhängenden Integrationsmodells für ein gesamtes CIM-System, in dem die fachlich-inhaltliche Komponente (konzeptionelles Modell) im Mittelpunkt steht. Auch beim CIM-Integrationsmodell bildet das von Scheer entwickelte Y-CIM-Modell die Ausgangsbasis, wobei dieses um die Bereiche Rechnungswesen (Finanzbuchhaltung und Kostenrechnung) und Personalwirtschaft erweitert wurde. Des weiteren entspricht auch der

---

[188] Vgl. DIN Deutsches Institut für Normung e. V. (Hrsg.): Normung von Schnittstellen für die rechnerintegrierte Produktion (CIM) - Standortbestimmung und Handlungsbedarf, DIN-Fachbericht 15, Berlin Köln 1987, S. 44.

[189] Vgl. Becker, J.: CIM-Integrationsmodell - Die EDV-gestützte Verbindung betrieblicher Bereiche, Berlin et al. 1991.

Detaillierungsgrad der dort aufgezeigten Informationsflüsse tendenziell den hier gestellten Anforderungen. Neben den reinen Dateninhalten werden im CIM-Integrationsmodell zusätzlich Integrationsbeziehungen hinsichtlich Datenstrukturen, Funktionen und (Programm-) Moduln abgebildet. Die Dokumentation der Integrationsbeziehungen erfolgt neben ausführlichen verbalen Erläuterungen auch in grafischer Form.

Die Ergebnisse der Ausarbeitungen von Becker bilden die Grundlage für das hier entwickelte Referenzinformationsflußmodell. Unterschiede ergeben sich jedoch insofern, als daß den Überlegungen von Becker - wie bereits angedeutet - das "original" Y-CIM-Modell und somit eine andere Bereichsgliederung zugrundeliegt. Des weiteren wurden die Informationsflüsse teilweise inhaltlich erweitert. Dies ist hauptsächlich darauf zurückzuführen, daß die den einzelnen Bereichen zugeordneten Funktionen einen tieferen Detaillierungsgrad besitzen, als dies im CIM-Integrationsmodell der Fall ist.

B.2.2.2.2. Die Partialmodelle und ihre betriebstypologische Merkmalsabhängigkeiten

B.2.2.2.2.1. Vertrieb

Das Partialmodell des Vertriebs ist auszugsweise in Abbildung B.2.29 dargestellt.

<u>Primärbedarfsplanung</u>

Zu den Hauptaufgaben der Primärbedarfsplanung gehört die Ermittlung des zukünftigen Absatz- und Produktionsprogramms. Welche Daten aus dem Vertrieb hierfür benötigt werden, wird durch die Ausprägungen des Merkmals Art der Auftragserteilung bestimmt. Liegt die Ausprägung Produktion auf Bestellung vor, so sind lediglich Informationen über die bereits eingangenen Aufträge (Auftragsnummer, -menge, -liefertermin, -priorität, Artikelnummer, -bezeichnung usw.) notwendig, da die Primärbedarfsmenge hier der kumulierten Auftragsmenge pro Periode entspricht [190]. Im Falle der Merkmalsausprägung Produktion auf Lager dagegen sind neben den bereits vorliegenden Kunden- bzw. Lageraufträgen auch Informationen über die Absatzmengen der vergangenen Jahre sowie die Absatzentwicklung erforderlich. Dieser Sachverhalt resultiert

---

[190] Vgl. Becker, J.: CIM-Integrationsmodell - Die EDV-gestützte Verbindung betrieblicher Bereiche, Berlin et al. 1991, S. 27.

daraus, daß bei dieser Merkmalsausprägung die Primärbedarfe unter anderem über Schätzungen oder Prognosen ermittelt werden.

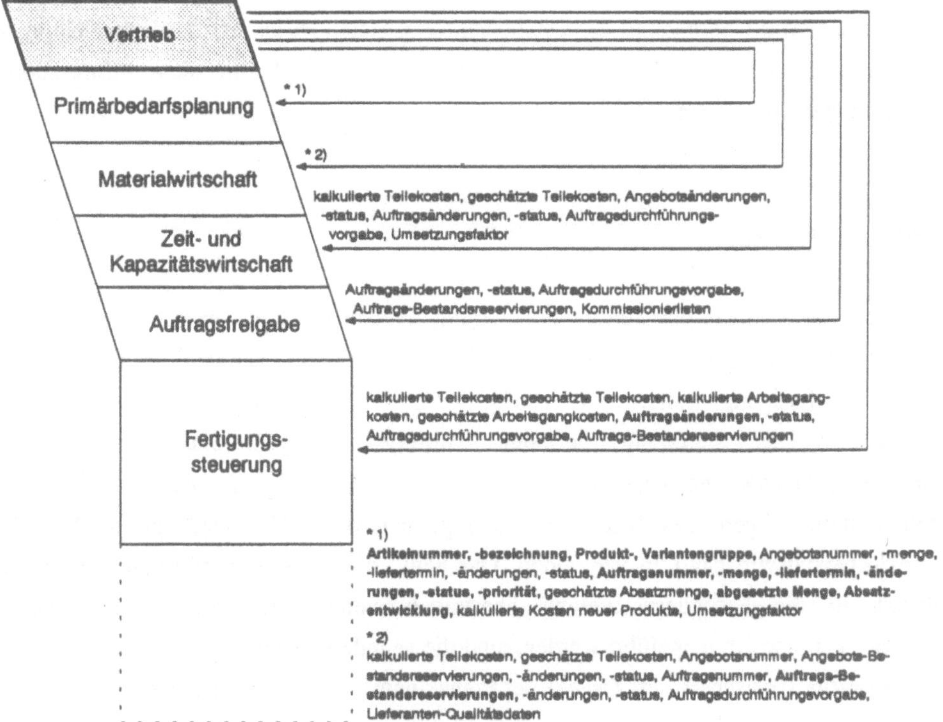

Abb. B.2.29: Partialmodell Vertrieb (Bereiche der PPS)

Materialwirtschaft

Innerhalb der Materialdisposition als ein Teilbereich der Materialwirtschaft wird aus dem Bruttoprimärbedarf der periodenbezogene Nettobedarf errechnet. Der Unterschied zwischen beiden Bedarfswerten liegt u. a. darin, daß dem Bruttobedarf die bereits vorgenommenen Bestandsreservierungen des Vertriebs (Auftragsbearbeitung) hinzuaddiert werden. Um bei der Nettobedarfsrechnung die im Vertrieb getätigten Reservierungen berücksichtigen zu können, müssen die entsprechenden Informationen an die Materialwirtschaft (deterministische Bedarfsermittlung) weitergeleitet werden. Die Übermittlung der Reservierungsinformationen wird durch die Merkmalsausprägung Produktion auf Bestellung des Merkmals Art der Auftragserteilung determiniert, da lediglich in diesem Falle eine kundenauftragsbezogene Vorab-Reservierung untergeordneter Baugruppen und Einzelteile erfolgt.

Dem Bestellwesen obliegt u. a. die Lieferantenauswahl. Ein wesentliches Kriterium für die Wahl des Lieferanten ist die zu liefernde Qualität. Da die Qualitätsanforderungen erstmalig im Vertrieb erfaßt werden, sind für Teile, die nicht eigenproduziert sondern fremdbezogen werden, die entsprechenden Qualitätsanforderungen an das Bestellwesen zu übermitteln. Die Übertragung der Qualitätsinformationen ist als merkmalsunabhängig zu kennzeichnen, da dieser Status auch für die Funktionen gilt, die diese Informationen erzeugen bzw. benötigen.

Fertigungssteuerung

Die zentrale Aufgabe der Fertigungssteuerung liegt in der Neu- bzw. Umplanung von Auftragsarbeitsgängen. In Unternehmen, die die Merkmalsausprägungen Einzel- bzw. Kleinserienfertigung besitzen, tritt häufig der Fall auf, daß, obwohl sich der Auftrag bereits in der Fertigung befindet, Auftragsänderungen eingehen, die eine Belegungsplanänderung einzelner Arbeitsgänge erforderlich machen. Um in dieser Situation ein zeitgerechtes Reagieren zu ermöglichen, ist der "Umweg" über die Material- und Kapazitätswirtschaft zu vermeiden. Das heißt, die Änderungsinformationen müssen direkt an die Fertigungssteuerung übertragen werden. Können die notwendigen Änderungen noch durchgeführt werden, sind die geänderten Belegungsdaten anschließend der Kapazitätswirtschaft zum Zwecke der Planaktualisierung bereitzustellen.

Produktentwurf/Konstruktion

Hauptzweck der Anfragenbearbeitung in Unternehmen mit Produktion auf Bestellung ist die detaillierte Erfassung der Kundenwünsche hinsichtlich des herzustellenden Produktes (Anforderungen der Anfrage). Da die Produktanforderungen der Anfrage die Grundlage für die im späteren Angebot enthaltene grobe Kostenabschätzung darstellen, sind diese der Konstruktion frühzeitig zur Verfügung zu stellen.

Folgt der Anfrage ein Auftrag, so sind auch wiederum die Anforderungen des Auftrags an die Konstruktion weiterzugeben. Dies ist deshalb der Fall, weil die Spezifikationen des Auftrags zum einen die Basis für den technischen Entwurf des Produktes bilden, zum anderen diese sich durchaus von den Anforderungen der Anfrage unterscheiden können.

Zu den Aufgaben des Vertriebs gehört die Erstellung eines Auftragsdurchführungsplans, in dem die verschiedenen Auftragszustände vorgeplant und in Form von Meilensteinen festgeschrieben sind. Da hierbei auch die Zeitpunkte, zu denen die Ergebnisse der Konstruktion vorliegen müssen, festgelegt werden, sind die diesbezüglichen Informationen an die Konstruktion zu übertragen. Die Informationsübertragung ist hierbei als merkmalsunabhängig zu kennzeichen, da ein Auftragsdurchführungsplan nicht nur für Kundenaufträge, sondern auch für interne Entwicklungsaufträge erstellt werden kann.

B.2.2.2.2.2. Fertigungssteuerung

Das Partialmodell der Fertigungssteuerung zeigt auszugsweise Abbildung B.2.30.

<u>Vertrieb</u>

Aufgabe der Kundenauftragsüberwachung innerhalb des Vertriebs ist es, zu gewährleisten, daß der aktuelle Status eines Kundenauftrages bzw. der Auftragsfortschritt dem Kunden jederzeit mitgeteilt werden kann. Voraussetzung hierfür ist, daß Belegungsplanänderungen, die eine Verschiebung des Auftragsendtermins zur Folge haben, unverzüglich dem Vertrieb mitgeteilt werden. Gleiches gilt auch für den Fall, daß die vom Kunden gewünschten Qualitäten nicht eingehalten werden können. Die Übertragung der genannten Informationen ist lediglich für Unternehmen mit der Merkmalsausprägung Produktion auf Bestellung von Bedeutung. Begründet wird dies dadurch, daß bei der Merkmalsausprägung Produktion auf Lager die Kundenauftragsüberwachung in der Regel nicht erforderlich ist, da hier keine eindeutige "Kunden-Auftrags-Beziehung" existiert.

<u>Materialwirtschaft</u>

Kurz vor der Freigabe der Auftragsarbeitsgänge in der Fertigungssteuerung wird nochmals überprüft, ob die zur Arbeitsgangbearbeitung notwendigen Komponenten (Maschinen, Fertigungshilfsmittel, Teile usw.) zur Verfügung stehen. Notwendig ist diese Überprüfung deshalb, weil im Rahmen der kurzfristigen Steuerung häufig Aufträge umdispositioniert werden. Hierdurch können Bestandsreservierungen, die in der Auftragsfreigabe bzw. im Vertrieb durchgeführt und der Materialwirtschaft übermittelt wurden, nachträglich wieder freigegeben bzw. auf spätere Perioden verschoben werden. Diese Änderungsmaßnahmen sind an die Materialwirtschaft weiterzuleiten, um bei der Nettobedarfsrechnung die aktuellen Reservierungen berücksichtigen zu können. Die Notwendigkeit der Informationsübertragung ist hierbei von den Ausprägungen des Merkmals

Fertigungsorganisation abhängig, da in der Regel lediglich bei Vorliegen der Ausprägungen Werkstattfertigung und Fertigungsinseln/Gruppenfertigung kurzfristige Umdispositionen erforderlich sind.

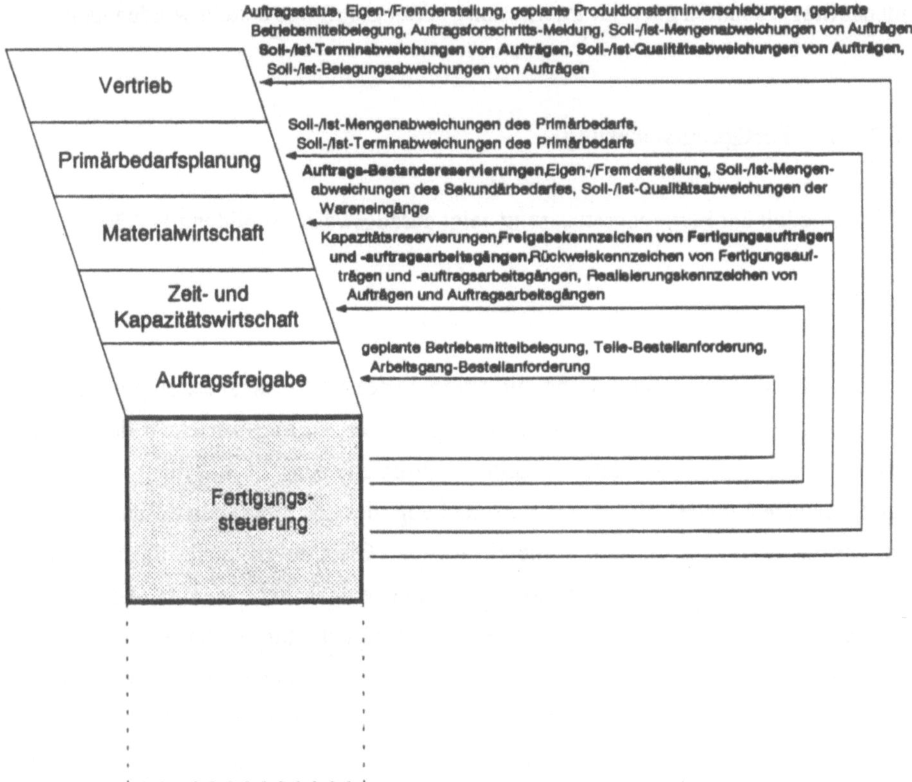

Abb. B.2.30:   Partialmodell Fertigungssteuerung (Bereiche der PPS)

Zeit- und Kapazitätswirtschaft

Von der mittelfristigen Auftragsfreigabe werden die Aufträge nach einer Verfügbarkeitsprüfung an die Fertigungssteuerung übergeben. Dies bedeutet jedoch nicht, daß diese Aufträge für die Disposition nicht mehr zur Verfügung stehen. Erst nachdem die einzelnen Arbeitsgänge der Aufträge von der Fertigungssteuerung freigegeben sind, ist eine Umdisposition in der Regel nicht mehr möglich. Damit in der Zeit- und Kapazitätswirtschaft bekannt ist, welche Aufträge bzw. Arbeitsgänge bereits endgültig freigegeben sind, sind die entsprechenden Freigabekennzeichen zurückzumelden. Dabei gilt auch hier die bereits zuvor beschriebene Abhängigkeit von den Merkmalsausprägungen Werkstattfertigung und Fertigungsinseln/Gruppenfertigung.

<u>Arbeitsplanung</u>

Eine der zentralen Aufgaben der Arbeitsplanung ist die Arbeitsplanerstellung. Die Arbeitspläne dienen einerseits als Grundlage für die Terminierung, andererseits als Fertigungsvorschrift für die Herstellung von Teilen. Treten im Rahmen der Teilebearbeitung systematische Abweichungen vom teilebezogenen Arbeitsplan auf (z. B. bezüglich der Vorgabe- oder Rüstzeiten), so sind diese Abweichungen der Arbeitsplanung zum Zwecke der Plananpassung bereitzustellen [191]. In gleicher Weise ist der Arbeitsplanung mitzuteilen, wenn bei der Bearbeitung der Teile fertigungstechnisch bedingte Fehlerursachen auftreten. Auch in diesen Fällen sollte eine entsprechende Änderung im Arbeitsplan erfolgen.

Die zuvor erläuterten Informationsübertragungen sind infolgedessen, daß die Arbeitspläne zu den zentralen Planungsunterlagen eines jeden Industriebetriebes gehören, unabhängig von dem Vorliegen bestimmter Merkmalsausprägungen von Bedeutung.

B.2.2.3. Prozeßmodell

Aufgabe des Teilschrittes "Entwicklung des Prozeßmodells" ist es, ein Modell zu erstellen, das eine effiziente Form für die Gestaltung der Ablauforganisation darstellt. Scheel [192] weist in diesem Zusammenhang darauf hin, daß die optimierende Gestaltung der Ablauforganisation und die damit verbundene Veränderung gewachsener Strukturen als ein wesentliches Kriterium für die Zukunft der Fabrik anzusehen ist. Die Einordnung des Gliederungspunktes zeigt Abbildung B.2.31.

[191] Vgl. Becker, J.: CIM-Integrationsmodell - Die EDV-gestützte Verbindung betrieblicher Bereiche, Berlin et al. 1991, S. 99.
[192] Vgl. Scheel, J.: Erfolgsfaktor Ablauforganisation, Köln 1990, S. 32.

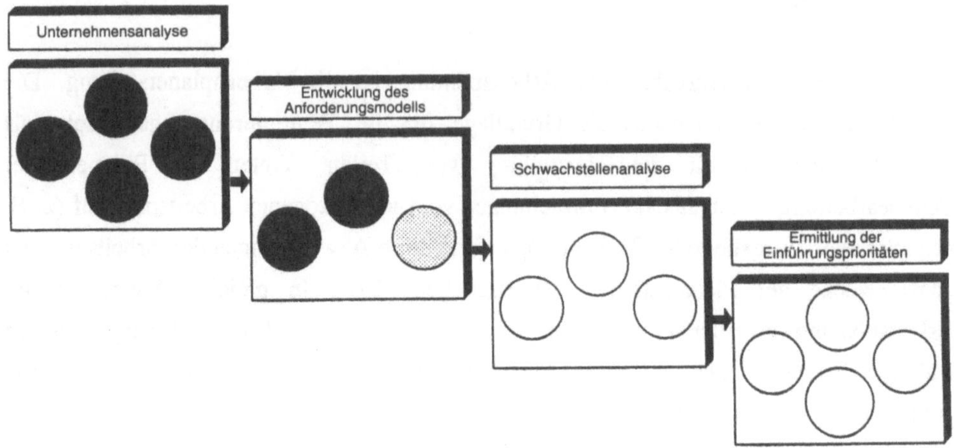

Abb. B.2.31: Einordnung "Prozeßmodell" in das Vorgehensmodell

B.2.2.3.1.   Methodisches Vorgehen

Entsprechend der Vorgehensweise innerhalb der Prozeßanalyse wird auch hier eine Untergliederung der Prozeßkette der Leistungserstellung in einzelne (Teil-) Prozesse vorgenommen. Als wesentliche Bestimmungsfaktoren für die Entwicklung des Prozeßmodells dienen die bereits mehrfach erwähnten betriebstypologischen Merkmalsausprägungen. Auf die besondere Bedeutung der Merkmale Fertigungsart und Fertigungsorganisation in diesem Kontext wurde bereits hingewiesen.

Bezüglich der spezifischen Referenzprozesse erfolgt die Entwicklung des Prozeßmodells in drei Schritten: Der erste Schritt umfaßt die Ermittlung der aktuellen oder zukünftigen betriebstypologischen Merkmalsausprägungen. Im zweiten Schritt werden diejenigen spezifischen Referenzprozesse ausgewählt, die auf Grund der Ausprägungen der Merkmale Fertigungsart und Fertigungsorganisation relevant sind. Voraussetzung hierfür ist jedoch, daß das Unternehmen bezüglich der Merkmalsausprägungen bzw. Ausprägungsgruppen eindeutig zugeordnet werden kann. Ist dies auf Grund des heterogenen Produktspektrums nicht möglich, bestehen prinzipiell zwei Möglichkeiten. Zum einen kann eine Zuordnung zu derjenigen Merkmalsausprägung (bzw. Ausprägungsgruppe) erfolgen, die hauptsächlich den wirtschaftlichen Erfolg des Unternehmens determiniert. Zum anderen besteht, wie bereits im Rahmen der Unternehmensanalyse angedeutet, die Möglichkeit, produktgruppenorientiert vorzugehen.

Da spezifische Referenzprozesse immer noch einen gewissen Grad an Allgemeingültigkeit besitzen, werden diese im dritten Schritt in unternehmensindividuelle Prozesse überführt. Dies erfolgt dergestalt, daß aus den spezifischen Referenzprozessen diejenigen Funktionen entfernt werden, die für das betrachtete Unternehmen auf Grund der betriebstypologischen Merkmalsausprägungen nicht relevant sind. Im Anschluß daran werden für die auszuführenden Prozeßfunktionen deren spezifische Input- und Outputdaten ermittelt. Auch dies erfolgt vor dem Hintergrund der Betriebstypologie.

In denjenigen Fällen, in denen es sich um "klassische" Referenzprozesse handelt, ist der zweite Schritt nicht erforderlich. Ansonsten entspricht die Vorgehensweise den vorherigen Darstellungen. Die unterschiedliche Vorgehensweise bei spezifischen und "klassischen" Referenzprozessen zeigt Abbildung B.2.32.

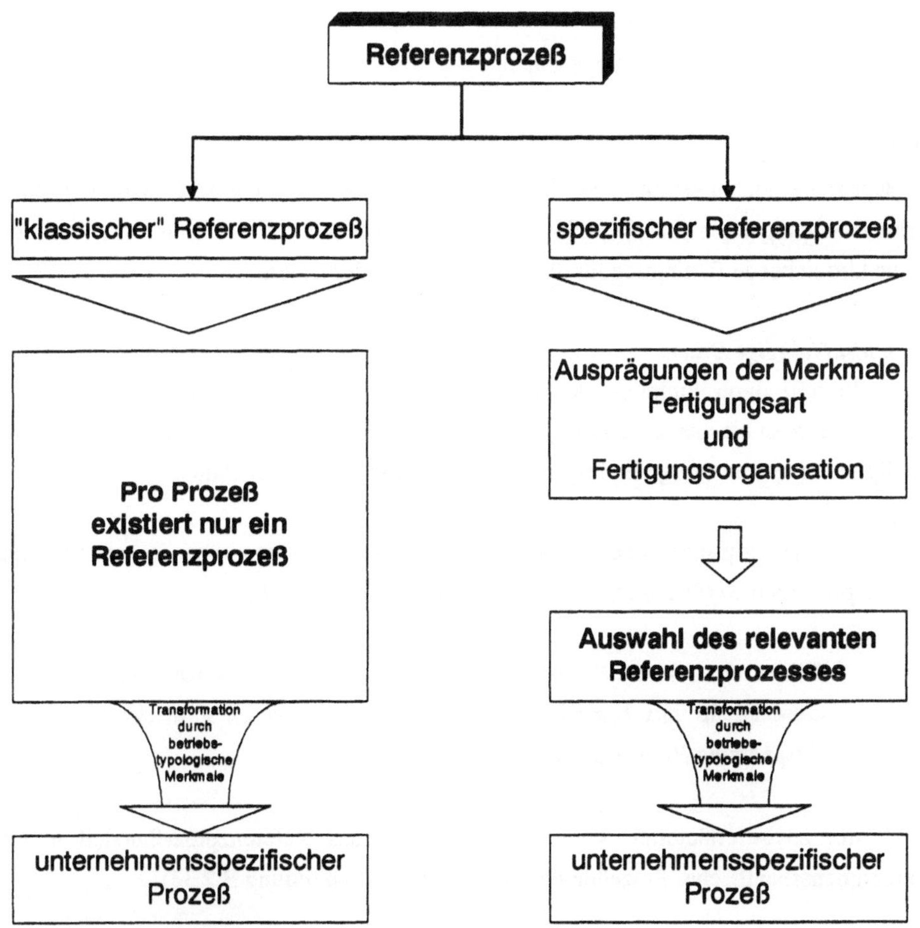

Abb. B.2.32: Unterschiede zwischen den Referenzprozeßarten

126

Die Wirkungszusammenhänge zwischen den Daten und den betriebstypologischen Merkmalsausprägungen werden in Form von Regeln abgebildet, die folgende Struktur besitzen:

> *"Wenn das Merkmal A in der Ausprägung A1 und/oder das Merkmal B in der Ausprägung B1 vorliegt und gleichzeitig die Funktion F1 relevant ist, dann sind die X- und Y-Daten für die Funktion F1 in das spezifische Prozeßmodell des betreffenden Unternehmens zu übernehmen."*

Im Hinblick auf die Abhängigkeit der Daten von den Merkmalsausprägungen können zwei Arten unterschieden werden. Diese lauten:

- Kerndaten und
- merkmalsabhängige Daten.

Kerndaten

Der Begriff Kerndaten kennzeichnet Daten, die unabhängig von den betriebstypologischen Merkmalsausprägungen funktionsrelevant sind. Dies bedeutet, die Relevanz der Funktion ist eine hinreichende Bedingung für die Notwendigkeit der Daten.

Merkmalsabhängige Daten

Daten, die nur dann funktionsrelevant sind, wenn bestimmte Merkmalsausprägungen vorliegen, werden als merkmalsabhängig bezeichnet. Das heißt, die Relevanz der Funktion ist lediglich eine notwendige Bedingung für die Notwendigkeit der Daten.

Die Beziehungen zwischen den relevanten Merkmalsausprägungen und den spezifischen Referenzprozessen werden durch Regeln folgender Art dokumentiert:

> *"Wenn das Merkmal A in der Ausprägung A3 oder A4 vorliegt, dann ist für das betreffende Unternehmen der Prozeß P in der Ausprägung P1 relevant".*

Mittels der zuvor erläuterten Vorgehensweise wird das Referenzprozeßmodell in ein unternehmensspezifisches Prozeßmodell überführt (vgl. Abbildung B.2.33).

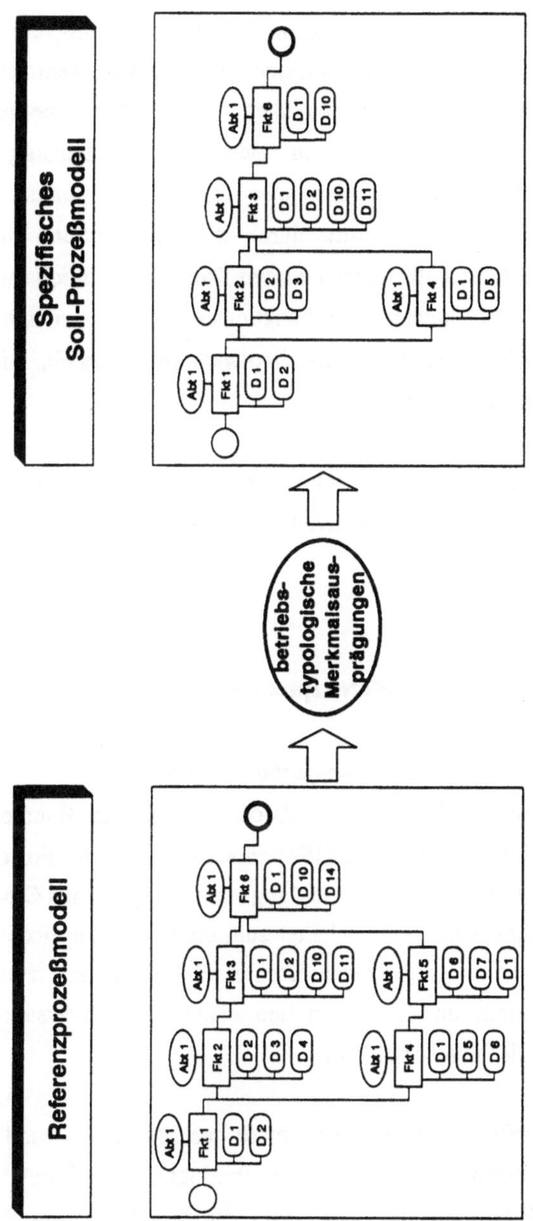

Abb. B.2.33: Vorgehensweise zur Entwicklung des Prozeßmodells

Die nachfolgenden Kapitel beschäftigen sich mit der Beschreibung der einzelnen Referenzprozesse [193]. Sofern es sich um spezifische Referenzprozesse handelt, umfaßt

[193] Die innerhalb der Prozeßbeschreibung aufgeführten Organisatorischen Einheiten besitzen in der Regel die gleichen Namen wie die Funktionsbereiche und Teilbereiche des Referenzfunktionsmodells. Dieser Umstand resultiert aus der Tatsache, daß die in den Referenzprozessen genannten Organisationseinheiten primär das Aufgabengebiet

die Prozeßbeschreibung auch die jeweiligen Merkmalsabhängigkeiten. Als weiterer wichtiger Bestandteil der Prozeßbeschreibung sind die Wirkungszusammenhänge zwischen den funktionsspezifischen Input-/Outputdaten und den betriebstypologischen Merkmalsausprägungen zu nennen. Da in diesem Zusammenhang die Kerndaten überwiegen, wird folgende Vorgehensweise gewählt: Handelt es sich um merkmalsabhängige Daten, so wird dies durch die Beschreibung der Abhängigkeit verdeutlicht. Ist dies nicht der Fall, werden zu den Daten hinsichtlich ihrer Abhängigkeit keine Angaben gemacht. Da es sich bei den Funktionsbeschreibungen und -abhängigkeiten um zentrale Elemente der Funktionsmodellentwicklung handelt, sind diese nicht Gegenstand der folgenden Betrachtungen.

Bevor die Prozesse nachfolgend im einzelnen erläutert werden, sollen zunächst bereits vorhandene Ansätze hinsichtlich der Entwicklung unternehmensweiter Referenzprozeß- modelle kurz beschrieben werden.

Exkurs: Darstellung bestehender Referenzprozeßmodelle

Design Rules for Computer Integrated Manufacturing Systems
Das nachfolgend vorgestellte Referenzprozeßmodell wurde im Rahmen des ESPRIT- Projektes Design Rules For CIM-Systems [194] entwickelt. Ziel des Forschungsvorhabens war die Schaffung einer Basis für die Entwicklung einer europäischen CIM-Referenzstruk- tur. Die entwickelte Rahmenstruktur beinhaltet zum einen die Zergliederung eines CIM- Gesamtmodells in diskrete und beschreibbare Sub-Systeme, zum anderen die Beschreibung der innerhalb und zwischen den einzelnen Sub-Systemen bestehenden zeitlichen und informatorischen Beziehungen.

Das Modell ist ausschließlich auf die Bedürfnisse des Maschinen- und Werkzeugsbaus ausgerichtet. Als Funktionen werden neben der Produktion die Bereiche Konstruktion, Arbeitsplanung sowie Produktionsplanung und -steuerung betrachtet. Für jeden dieser Bereiche werden in einem ersten Schritt sog. FLOWCHARTS entwickelt, in denen die bereichsspezifischen Aufgaben und Verfahren mit ihren zeitlichen und informatorischen Abhängigkeiten in grafischer Form beschrieben sind. Anschließend werden die auf diese

---

kennzeichnen, denen die Funktionen zugeordnet sind. Diese Aufgabengebiete können, müssen aber nicht mit den Abteilungsnamen eines spezifischen Unternehmens übereinstimmen.

[194] Vgl. o. V.: Research Report: Design Rules for Computer Integrated Manufacturing Systems, ESPRIT sub-section 5.1 Project 34, Version 1.2, Dublin 1984; Yeomans, R. W., Choudry, A., Ten Hagen, P. J. W. (Hrsg.): Design Rules For A CIM-System, Amsterdam et al. 1985.

Weise ermittelten Aufgaben zu Sub-Systemen, die konkreten Anwendungsmoduln entsprechen, zusammengefaßt. Der dritte und letzte Schritt beinhaltet die Ermittlung der zwischen den einzelnen Sub-Systemen bestehenden informatorischen Interdependenzen. Neben grafischen Darstellungen (FLOWCHARTS) existieren auch Beschreibungen in verbaler Form.

Die wesentlichen Unterschiede zu dem nachfolgend entwickelten Referenzprozeßmodell liegen in den betrachteten Funktionsbereichen sowie den dargestellten Fachinhalten. Hinsichtlich der Funktionsbereiche ist festzustellen, daß innerhalb des ESPRIT-Modells die Bereiche Vertrieb und Beschaffung nicht berücksichtigt werden. Auch wird der Bereich Qualitäts- und Prüfplanung nicht explizit genannt. In bezug auf die fachlichen Inhalte gilt, daß das ESPRIT-Modell keinerlei Aussagen über organisatorische Zusammenhänge macht.

Das Prozeßmodell des CIM-TTZ Saarbrücken

Zielsetzung des am CIM-TTZ (CIM-Technologie-Transfer-Zentrum) Saarbrücken entwickelten Prozeßmodells [195] ist die Schaffung eines konzeptionellen Unternehmensmodells als Grundlage für die Integration heterogener CIM-Komponenten. Das Modell umfaßt die folgenden Funktionsbereiche:

- Produktionsplanung und -steuerung,
- Lagerung und Transport,
- Fertigung,
- Montage und
- Endkontrolle.

Die Entwicklung des Prozeßmodells gliedert sich in zwei Stufen. Der erste Schritt beinhaltet die Erstellung eines Grobmodells, das im zweiten Schritt in insgesamt 10 Teilprozesse untergliedert wird. Als Prozeßelemente werden im Modell des CIM-TTZ Saarbrücken Funktionen und Ereignisse dargestellt. Bei den Ereignissen handelt es sich sowohl um Auslöse- als auch um Ergebnisereignisse. Das heißt, Ereignisse lösen Funktionen aus und sind gleichzeitig Ergebnis von Funktionen. Die Beschreibung des

---

[195] Vgl. Hoffmann, W., u. a.: Das Integrationskonzept am CIM-TTZ Saarbrücken - Teil 1: Produktionsplanung, in: Scheer, A.-W. (Hrsg.): Veröffentlichungen des Instituts für Wirtschaftsinformatik, Heft 85, Saarbrücken 1991; Hoffmann, W., u. a.: Das Integrationskonzept am CIM-TTZ Saarbrücken - Teil 2: Produktionssteuerung, in: Scheer, A.-W. (Hrsg.): Veröffentlichungen des Instituts für Wirtschaftsinformatik, Heft 88, Saarbrücken 1992.

Prozeßmodells erfolgt neben verbalen Erläuterungen auch in grafischer Form. Für die räumliche Anordnung der Prozeßelemente werden netzartige Strukturen verwendet.

Die hauptsächlichen Differenzen zwischen dem Modell des CIM-TTZ und dem in dieser Arbeit erstellten Prozeßmodell liegen in den dargestellten Prozeßelementen. So beinhaltet das Modell des CIM-TTZ Saarbrücken lediglich Funktionen und Ereignisse, wogegen die Organisationseinheiten und funktionsspezifischen Input-/Outputdaten nicht berücksichtigt werden.

### B.2.2.3.2.	Die Prozesse und ihre betriebstypologische Merkmalsabhängigkeiten

### B.2.2.3.2.1.	Angebotsbearbeitung

Die wesentlichen Aufgaben des in Abbildung B.2.34 dargestellten Angebotsbearbeitungsprozesses liegen darin, die Anfragen der Kunden (Kundenwünsche) auf deren technologische, zeitliche und kostenmäßige Realisierbarkeit zu überprüfen und das Ergebnis dieser Überprüfung dem Kunden in Form eines Angebotes mitzuteilen.

Bei der Angebotsbearbeitung handelt es sich um einen "klassischen" Referenzprozeß. Wie bereits zuvor angedeutet, wird dieser durch eine Kundenanfrage, in der die Anforderungen des Kunden hinsichtlich der vom ihm gewünschten Leistungen spezifiziert sind, angestoßen. Nach dem Eingang der Kundenanfrage ist zunächst die Anfragenbearbeitung auszuführen. Auf Grund der hohen Kundennähe ist diese dem technischen Vertrieb zuzuordnen. Um bei der Angebotsbearbeitung eine hohe Durchgängigkeit zu gewährleisten, werden auch alle nachfolgend genannten Prozeßfunktionen dem technischen Vertrieb zugeordnet. Die innerhalb der Anfragenbearbeitung relevanten Daten sind zum einen Kundenanfragedaten (im folgenden vereinfachend Anfragedaten genannt) zwecks Angebotserfassung, zum anderen Kundendaten, um die Information über den Kunden auch für den Fall zu besitzen, daß dem Angebot kein Auftrag folgt. Letzteres ist jedoch nur dann der Fall, wenn das Merkmal Art der Auftragserteilung in der Ausprägung Produktion auf Bestellung vorliegt. In Anbetracht dessen, daß die Anfragedaten als zentralen Bestandteil die Produktspezifikation beinhalten, sind diese für alle Prozeßfunktionen bereitzustellen.

Der Bearbeitung der Kundenanfrage folgt die Überprüfung der technologischen Machbarkeit (Technische Prüfung). Um diese Überprüfung durchführen zu können, werden Informationen über die vorhandenen Maschinen (z. B. max. Werkstücklänge oder

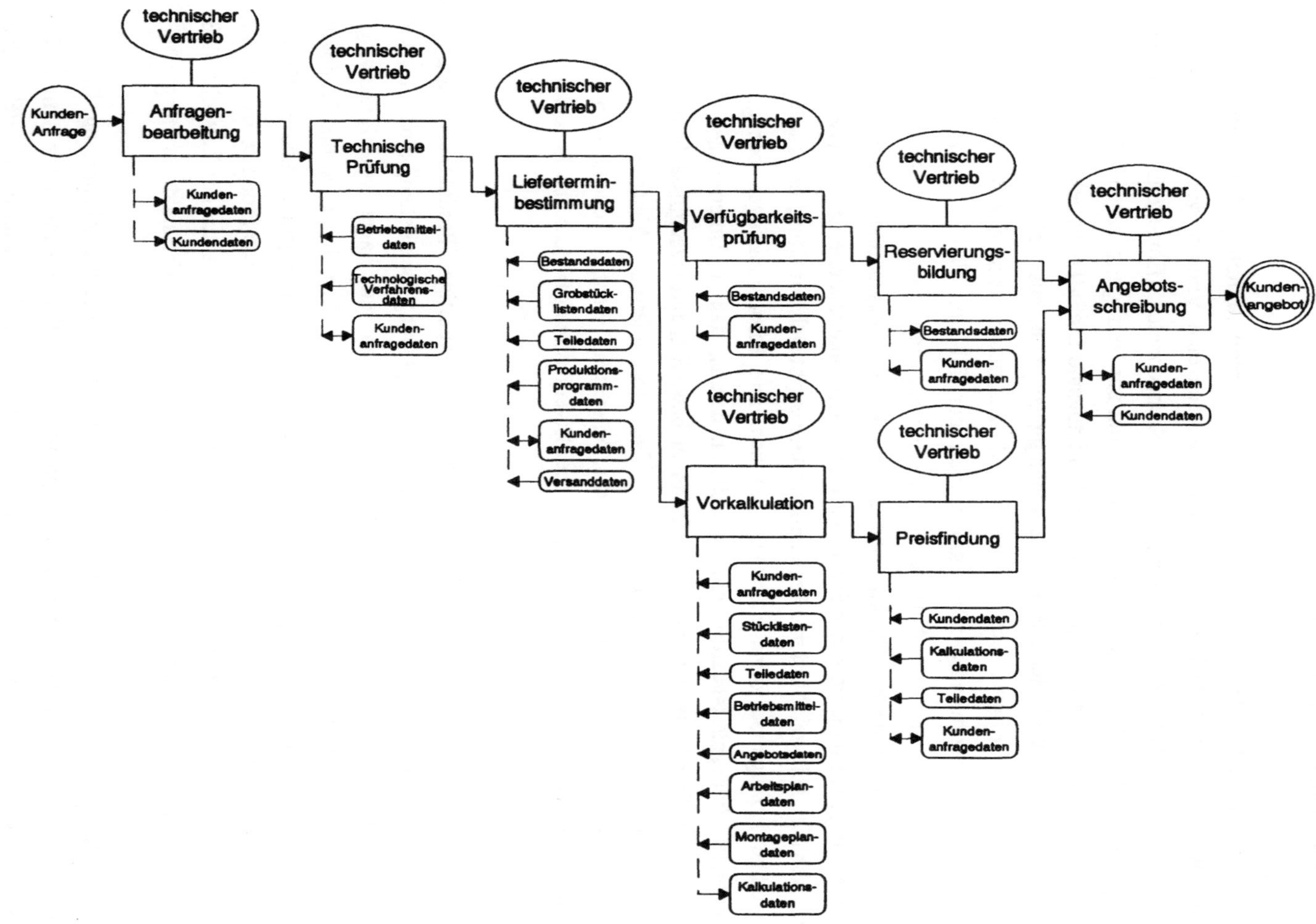

Abb. B.2.34: Prozeß der Angebotsbearbeitung

Genauigkeitsgrad), Werkzeuge (z. B. Werkstoffkennung) und Vorrichtungen (z. B. Durchmesser) sowie über die innerhalb des Unternehmens ausführbaren technologischen Verfahren benötigt. Maschinen-, Werkzeug- und Vorrichtungsdaten werden zu Betriebsmitteldaten zusammengefaßt.

Der technischen Prüfung nachgelagert ist die Lieferterminbestimmung. Zur Ermittlung der zeitlichen Bearbeitungsdauer eines Auftrages werden eine Vielzahl von Informationen benötigt. Um feststellen zu können, welche Komponenten (Einzelteile, Baugruppen, Endprodukte) bereits zum gegenwärtigen Zeitpunkt zur Verfügung stehen, ist der Zugriff auf Bestandsdaten erforderlich. Da der zu bestimmende Liefertermin sehr stark von der Struktur des herzustellenden Produktes abhängig ist (d. h. aus welchen und wievielen Einzelteilen und Gruppen setzt sich ein Produkt zusammen), sind des weiteren (Grob-) Stücklistendaten notwendig. Dies gilt jedoch nur für den Fall, daß das Merkmal Erzeugnisstruktur in der Ausprägung Erzeugnisse mit komplexer Struktur oder Erzeugnisse mit einfacher Struktur und das Merkmal Erzeugnisstandardisierung in der Ausprägung nichtstandardisierte Erzeugnisse bzw. teilstandardisierte Erzeugnisse vorliegt. Die Abhängigkeit vom Merkmal Erzeugnisstruktur ergibt sich auf Grund der Tatsache, daß einteilige Erzeugnisse keine Stückliste besitzen. Die Einschränkungen bezüglich des Merkmals Erzeugnisstandardisierung resultieren daraus, daß in Unternehmen, die die Ausprägung Standarderzeugnisse mit Varianten bzw. Standarderzeugnisse besitzen, die Produktionsdauer bereits bekannt ist. Die formulierten Abhängigkeiten der Stücklistendaten gelten gleichermaßen für die Teiledaten. Wichtige Teiledaten in diesem Zusammenhang sind z. B. Durchlaufzeiten (bei Eigenfertigungsteilen) und Beschaffungszeiten (bei Fremdteilen).

Produktionsprogrammdaten, in denen sich das zukünftige Produktionsprogramm widerspiegelt, sowie Versanddaten, die die Tourenplanung beinhalten, sind nur für Unternehmen mit der Merkmalsausprägung Produktion auf Lager von Bedeutung. Produktionsprogrammdaten werden benötigt, um in den Fällen, in denen die Produkte zwar auf Lager gefertigt werden, zum gewünschten Bedarfstermin jedoch nicht verfügbar sind, Informationen darüber zu erhalten, zu welchem Zeitpunkt diese Produkte wieder zur Verfügung stehen. Die Notwendigkeit von Versanddaten resultiert aus der Tatsache, daß im Falle einer Lagerverfügbarkeit die Lieferzeit in der Regel der Versanddauer entspricht.

Im Anschluß an die Lieferterminbestimmung erfolgt die Verfügbarkeitsprüfung. Da sich die Verfügbarkeitsprüfung in der Angebotsphase vornehmlich auf im Lager befindliche sowie extern zu beschaffende Teile und Materialien konzentriert, sind hierfür neben den Anfrage- auch Bestandsdaten erforderlich. Die im Anschluß an die Verfügbarkeitsprüfung durchzuführende Reservierungsbildung benötigt ebenfalls Bestands- und Anfragedaten, da hier bei positiv verlaufender Verfügbarkeitsprüfung die eigentliche Vormerkung erfolgt.

Parallel zu den Funktionen Verfügbarkeitsprüfung und Reservierungsbildung können die Funktionen Vorkalkulation und Preisfindung ausgeführt werden, wobei die Vorkalkulation der Preisfindung aus sachlogischen Gründen vorgelagert ist. Grundlage für die Vorkalkulation sind neben den Anfragedaten Stücklistendaten (Zusammensetzung des Produktes), Teiledaten (z. B. Preise für bereits bekannte Teile und Materialien), Betriebsmitteldaten (Kostensätze), Arbeitsplandaten (z. B. Vorgabezeiten) und Montagearbeitsplandaten. Für die Stücklisten- und Montagearbeitsplandaten gilt auch hier die Abhängigkeit vom Merkmal Erzeugnisstruktur. Um bei ähnlichen oder gleichen Leistungen auf bereits vorhandene Ausarbeitungen zurückgreifen zu können, sind des weiteren Daten früherer Angebote (Angebotsdaten) bereitzustellen. Die Ergebnisse der Vorkalkulation werden in den Kalkulationsdaten festgehalten.

Wichtig für die Preisfindung sind, sofern es sich nicht um einen neuen Kunden handelt, Informationen über eventuelle Kundenkonditionen. Des weiteren werden die Ergebnisse der Kalkulation (Herstellkosten) sowie Teiledaten (Preisinformationen) benötigt. Hierbei gilt für die Kalkulationsdaten die Abhängigkeit von der Ausprägung Einzel- bzw. Kleinserienfertigung. Begründet wird dies dadurch, daß die Vorkalkulation nur bei Vorliegen der genannten Merkmalsausprägungen durchzuführen ist. Im Gegensatz hierzu sind Preisinformationen lediglich in den Fällen bedeutsam, in denen es sich um Unternehmen der Serien-, Großserien- oder Massenfertigung handelt. Letzteres ergibt sich daraus, daß bei Einzel- und Kleinserienfertigung die Preisinformationen bereits in den Kalkulationsdaten enthalten sind. Da jedoch neben den Preisen weitere Teiledaten (z. B. Teilenummer und -bezeichnung) benötigt werden, sind diese als merkmalsunabhängig einzustufen.

Den Abschluß der Angebotsbearbeitung bildet die Angebotsschreibung. Da sich im Angebot die Positionen der Anfrage wiederfinden, sind hierzu die Daten der Anfrage bereitzustellen. Darüber hinaus enthält das zu erstellende Angebot Preise, Liefertermine und Lieferbedingungen. Preise und Lierfertermine werden - wie zuvor erläutert - im Rahmen des Angebotsbearbeitungsprozesses ermittelt und den ursprünglichen Anfragedaten hinzugefügt. Gleiches gilt für die Lieferbedingungen, so daß für die Angebotsschreibung neben den (ergänzten) Anfragedaten lediglich noch die Kundenanschrift (Kundendaten) notwendig ist. Das Datum, an dem das Angebot erstellt und abgegeben wurde, wird in den Anfragedaten vermerkt.

B.2.2.3.2.2. Anfragenbearbeitung

Zu den Zielsetzungen des Anfragenbearbeitungsprozesses gehören im wesentlichen die Erstellung einer Lieferantenanfrage sowie die Auswahl eines für die Anfrage geeigneten Lieferanten. In einer Lieferantenanfrage (im folgenden vereinfachend Anfrage genannt) wird der durch Fremdbezug zu deckende Bedarf eines Unternehmens hinsichtlich Bedarfsgegenstand, -menge, -termin etc. eindeutig spezifiziert. Die Anfrage stellt eine Aufforderung an den Lieferanten dar, ein (Lieferanten-) Angebot abzugeben.

Der Prozeß der Anfragenbearbeitung, der in Abbildung B.2.35 abgebildet ist, ist als "klassischer" Referenzprozeß einzustufen. Er wird in der Regel durch einen konkreten Bedarfsfall ausgelöst, der durch eine Bedarfsanforderung bzw. einen Bestellauftrag belegt wird. Es ist jedoch ausdrücklich darauf hinzuweisen, daß durchaus auch andere Ereignisse (z. B. ein Informationsbedarf) zu einer Anfragenerstellung führen können. Da jedoch überwiegend die Bedarfsanforderung (Bestellauftrag) als auslösendes Ereignis auftritt, soll hier von diesem (Standard-) Fall ausgegangen werden.

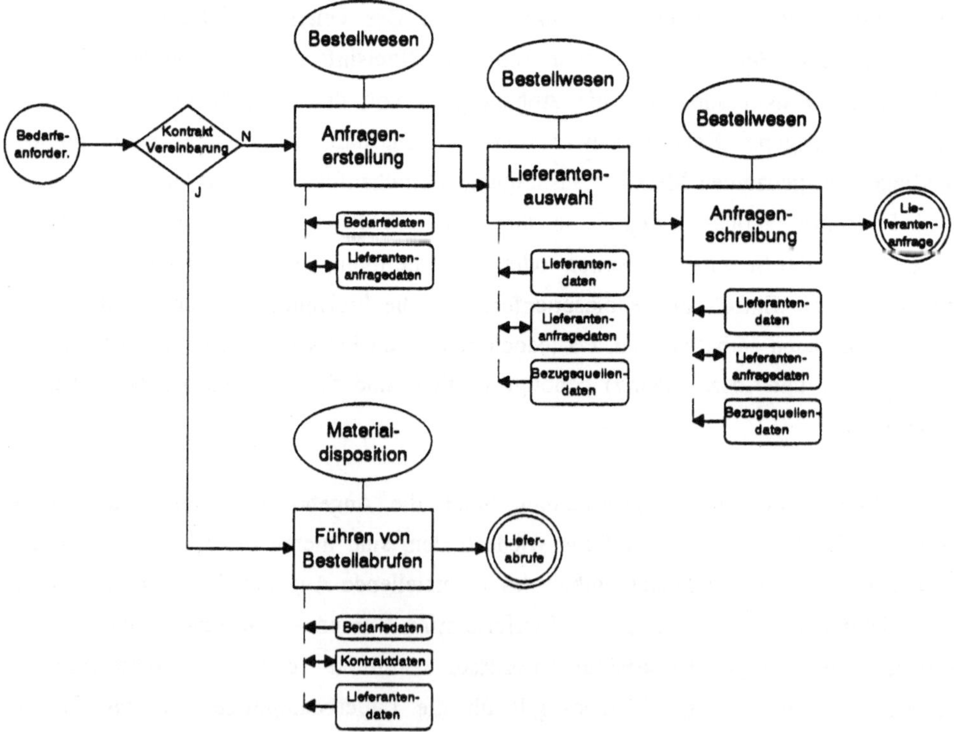

Abb. B.2.35: Prozeß der Anfragenbearbeitung

Ist der Bedarfsfall eingetreten, so ist zunächst zu überprüfen, ob für den betreffenden Bedarfsgegenstand ein Rahmenvertrag, und zwar speziell ein Kontrakt, existiert. Ein Kontrakt kann als eine Sonderform eines (Bestell-) Auftrages angesehen werden, in dem ein Unternehmen die Absicht erklärt, innerhalb eines bestimmten Zeitraumes eine festgelegte Menge an Erzeugnissen (Mengenkontrakt) oder aber einen festgelegten Warenwert (Wertkontrakt) abzunehmen. Der Kontrakt beinhaltet noch keine terminlich fixierte Aufforderung zur Lieferung. Somit werden durch einen Kontraktabschluß sowohl die Aufgaben des Anfragenbearbeitungsprozesses als auch die des nachfolgend beschriebenen Bestellabwicklungsprozesses für eine festgelegte Bedarfsmenge (bzw. Bedarfswert) bereits im Vorfeld des Bedarfsanfalls einmalig durchgeführt. Hieraus ergibt sich für den Zeitraum der Kontraktgültigkeit eine erhebliche Vereinfachung des Anfragenbearbeitungs- und Bestellabwicklungsprozesses.

Tritt ein Bedarf auf, so ist zur Bestellung lediglich noch ein Abruf aus dem Kontrakt (Lieferabruf) notwendig. Diese Aufgabe spiegelt sich in der Funktion Führen von Bestellabrufen wider. Zur Durchführung dieser Funktion sind zum einen Bedarfsdaten, zum anderen aber auch Kontrakt- und Lieferantendaten notwendig. Die Bedarfsdaten (Teilenummer, -bezeichnung) dienen dazu, den zugehörigen Kontraktvertrag auszuwählen. Kontrakt- (bisherige Abnahmemengen, Abrufdatum) und Bedarfsdaten (Bedarfsmenge und -zeitpunkt) werden zur Fortschreibung der Lieferabrufe benötigt. Erfolgt der Lieferabruf mittels Schriftverkehr, so sind zusätzlich Lieferantendaten (Lieferantenanschrift) heranzuziehen. Auf Grund der Tatsache, daß im Falle der Kontraktvereinbarung die der eigentlichen Bestellung vorgelagerten Funktionen zum Zeitpunkt des Bedarfsanfalls bereits abgeschlossen sind, kann die Abruferteilung bereits innerhalb der Materialdisposition erfolgen. Im Gegensatz hierzu sind alle nachfolgend beschriebenen Prozeßfunktionen innerhalb des Bestellwesens auszuführen.

Handelt es sich bei der Bedarfsanforderung um Teile bzw. Materialien, für die zum aktuellen Zeitpunkt keine Kontraktvereinbarung besteht, so beginnt der Anfragenbearbeitungsprozeß mit der Anfragenerstellung. Hierzu werden zunächst genauere Informationen über den anstehenden Bedarf hinsichtlich Bedarfsgegenstand, -menge, -zeitpunkt etc. benötigt. Um zu überprüfen, ob - und falls ja bei welchem Lieferanten - der betreffende Bedarfsgegenstand früher schon einmal angefragt wurde, sind Informationen über bisherige Anfragetätigkeiten (Anfragedaten) bereitzustellen. Ist dies nicht der Fall, d. h. der Bedarfsgegenstand wurde bisher noch nicht angefragt, ist eine neue Anfrage zu erstellen, welche in den Anfragedaten hinterlegt wird. Da in der Anfrage sämtliche Informationen über den Bedarfsgegenstand enthalten sind, werden die Anfragedaten, die im späteren Prozeßverlauf in die Bestelldaten übergehen, bei allen Funktionen benötigt.

Der Anfragenerstellung nachgelagert ist die Auswahl der für den betreffenden Bedarfsgegenstand geeigneten Lieferanten (Lieferantenauswahl). Hierzu sind zunächst die bereits vorhandenen Lieferanten (Lieferantendaten) dahingehend zu analysieren, inwieweit diese für den konkreten Bedarfsfall (Anfragedaten) geeignet sind. Findet sich in der Liste der bisherigen Lieferanten kein geeigneter Kandidat, so sind im nächsten Schritt diejenigen Firmen bezüglich ihrer Eignung zu überprüfen, die bei vergangenen Anfrageaktionen zwar in günstiger Position lagen, letztendlich aber nicht den Zuschlag erhielten (Anfragedaten). Verläuft auch diese Überprüfung ergebnislos, so sind Bezugsquellendaten heranzuziehen. Bezugsquellendaten geben darüber Auskunft, welche Firmen grundsätzlich für bestimmte Bedarfe in Frage kommen, bisher aber noch nicht "genutzt" worden sind. Das Resultat der Lieferantenauswahl wird bei der jeweiligen Anfrage festgehalten.

Den Abschluß der Anfragenbearbeitung bildet die Anfragenschreibung. Hierfür sind zum einen Informationen über den (die) anzufragenden Bedarfsgegenstand (-stände), welche sich in den Anfragedaten widerspiegeln, erforderlich. Zum anderen benötigt die Anfragenschreibung die Anschrift des Lieferanten (Lieferantendaten). Wurde eine Firma erstmalig ausgewählt, muß die Anschrift aus den Bezugsquellendaten entnommen werden. Die Informationen darüber, welche Lieferanten im konkreten Bedarfsfall zu welchem Zeitpunkt angefragt werden, sind in den Anfragedaten zu hinterlegen. Das Ergebnis der Anfragenbearbeitung bildet die an den Lieferanten zu übersendende Anfrage.

B.2.2.3.2.3. Bestellabwicklung

Wie bereits in den vorherigen Ausführungen angedeutet, wird der in Abbildung B.2.36 aufgeführte Prozeß der Bestellabwicklung nur unter der Voraussetzung durchgeführt, daß zum aktuellen Zeitpunkt für den betreffenden Bedarfsfall keine Kontraktvereinbarungen bestehen. Aufgabe des Bestellabwicklungsprozesses ist es, die von den angefragten Firmen erstellten Angebote zu erfassen und zu bewerten, die Bestellung durchzuführen sowie den termingerechten Eingang der bestellten Waren sicherzustellen. Im Hinblick auf die Aufgabengebietzuordnung der im folgenden erläuterten Prozeßfunktionen ist festzustellen, daß diese dem Bestellwesen zuzuordnen sind.

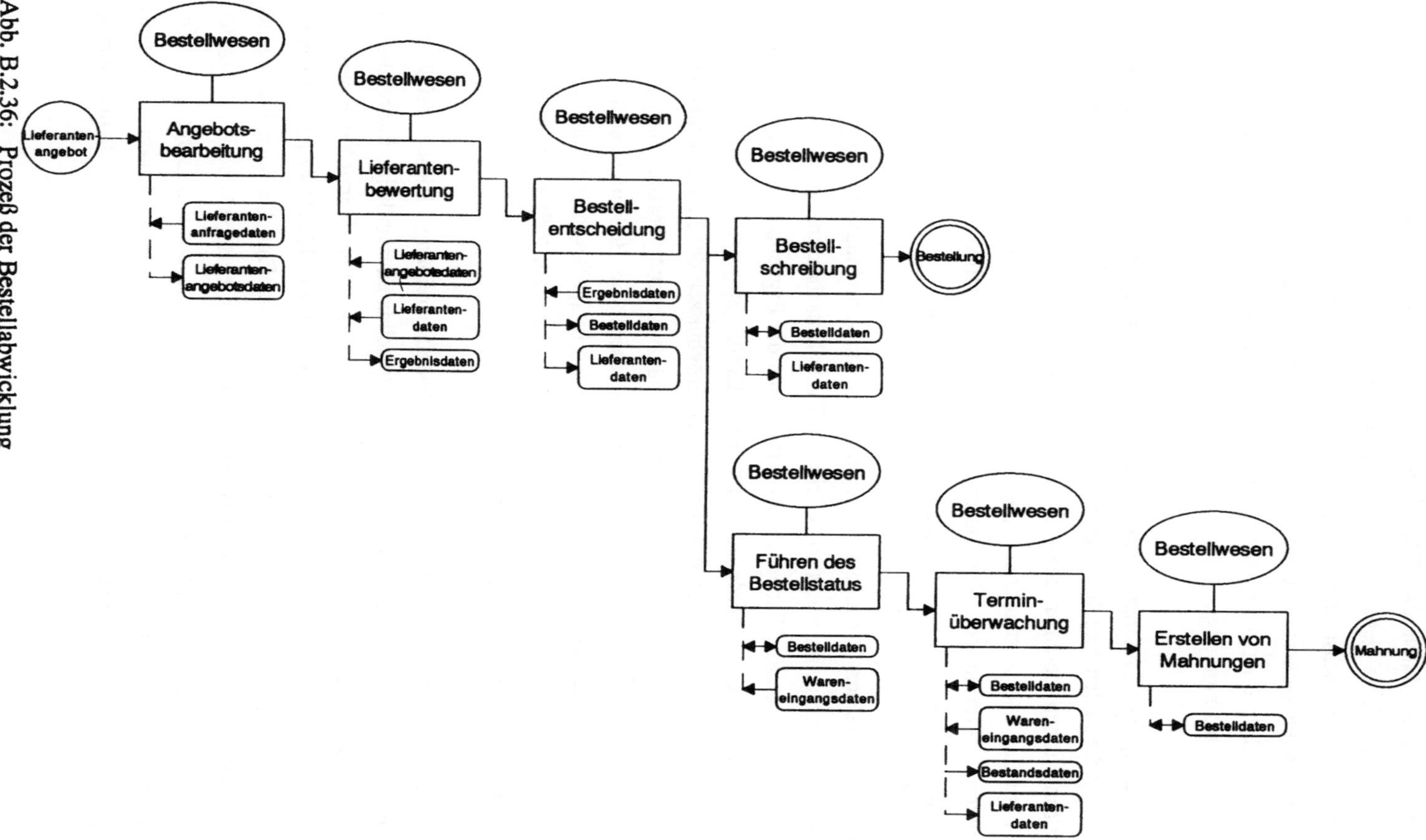

Abb. B.2.36: Prozeß der Bestellabwicklung

Der Prozeß der Bestellabwicklung, der in die Gruppe der "klassischen" Referenzprozesse einzuordnen ist, wird durch das Eintreffen von Lieferantenangeboten (im folgenden vereinfachend Angebot genannt) angestoßen. Hierbei wird zum Zwecke der Angebotserfassung zunächst die Funktion Angebotsbearbeitung ausgeführt. Da ein Großteil der Angebotsdaten mit den Lieferantenanfragedaten übereinstimmt, ist es sinnvoll, letztere für die Angebotsbearbeitung zu übernehmen. Das erfaßte Angebot wird in den Angebotsdaten hinterlegt.

Zur Durchführung der Lieferantenbewertung, welche sich an die Anfragenbearbeitung anschließt, sind die in den Angeboten enthaltenen Daten, wie Preise, Liefertermin, Qualität und Lieferkonditionen, heranzuziehen. Darüber hinaus sind, sofern es sich bei der Firma um einen aktuellen Lieferanten handelt, Informationen über dessen bisherige Leistungen (Verläßlichkeit, Termintreue, Qualitätserfüllung) bereitzustellen. Das Ergebnis der Lieferantenbewertung wird in den Ergebnisdaten festgehalten.

Nachdem die einzelnen Angebote bezüglich der entscheidungsrelevanten Kriterien bewertet wurden, erfolgt im nächsten Schritt die Bestellentscheidung, d. h. die Auswahl des "optimalen" Angebotes. Hierzu sind in erster Linie die Ergebnisse der Lieferantenbewertung (Ergebnisdaten) erforderlich. Es sei darauf hingewiesen, daß sich die Auftragsvergabe nicht immer ausschließlich an den Ergebnissen der Lieferantenbewertung orientiert, sondern in diesem Zusammenhang häufig auch beschaffungspolitische Rahmenbedingungen (z. B. Pflege von Stammlieferanten) von Bedeutung sein können. Wurde ein Angebot ausgewählt, so werden dessen Daten in die Bestelldaten übernommen. Gleichzeitig wird in den Fällen, in denen es sich um einen zur Zeit noch unbekannten Lieferanten handelt, dieser neu angelegt (Lieferantendaten).

Der Bestellentscheidung nachgelagert ist die Bestellschreibung. Diese umfaßt die schriftliche Erstellung des Angebotes. Da in den Bestelldaten sämtliche Informationen enthalten sind, die für die Bestellschreibung benötigt werden, sind hierzu keine weiteren Informationen notwendig. Zum Zwecke der eindeutigen Identifikation einzelner Bestellungen wird den Bestelldaten das Bestelldatum hinzugefügt. Der sich infolge der Bestellung ergebende Umsatz (Lieferantenumsatz) wird dem entsprechenden Lieferanten (Lieferantendaten) zugeordnet. Mit der Bestellschreibung und der daraus resultierenden Bestellung ist die erste Phase des Bestellabwicklungsprozesses abgeschlossen. Die zweite Phase, die die Bestellüberwachung beinhaltet, kann bereits mit der Bestellschreibung beginnen.

Zentrale Aufgabe der Bestellüberwachung ist es, dafür zu sorgen, daß die bestellten Waren termingerecht geliefert werden. Die Sicherstellung der termingerechten Warenlieferung ist deshalb von hoher Bedeutung, weil einerseits eine zu späte Lieferung zu Störungen im Produktionsablauf führt, andererseits eine vorzeitige Warenlieferung zusätzliche Lagerkosten verursacht.

Die erste Tätigkeit der Bestellüberwachung lautet Bestellstatusführung. Der Status einer Bestellung (z. B. Bestellentscheidung getroffen, Bestellung erteilt, Bestellbestätigung erhalten, Teillieferung eingegangen etc.) bildet die Grundlage für die darauf folgende Überwachung der Liefertermine (Terminüberwachung). Benötigt werden hierzu Bestell- (Datum der Bestellung, Liefertermin etc.) und Wareneingangsdaten (Datum des Wareneingangs, Warenmenge etc.).

Wie bereits angedeutet, folgt der Bestellstatusführung die eigentliche Terminüberwachung. Die Aufgabe der Terminüberwachung besteht grundsätzlich darin, die in der Bestellung festgeschriebenen Liefertermine (Bestelldaten) mit den Wareneingangsterminen (Wareneingangsdaten) zu vergleichen. Hierbei werden ausschließlich solche Bestellungen betrachtet, die noch nicht zu einem Wareneingang geführt haben (offene Bestellungen). Wird der Verzug einer Lieferung festgestellt, so ist dies nicht nur in den Bestelldaten, sondern darüber hinaus auch in den Bestandsdaten festzuhalten, da die offenen Bestellungen mit in die Berechnung der Nettoperiodenbedarfe einfließen. Des weiteren sind Informationen über Terminüberschreitungen zwecks späterer Lieferantenbewertungen auch in den Lieferantendaten (Terminverschiebung in %) zu vermerken.

Den Abschluß des Bestellabwicklungsprozesses bildet, soweit notwendig, die Mahnungserstellung. Mahnungen erfolgen in der Regel erst dann, wenn Terminüberschreitungen seitens der Lieferanten vorliegen. Immer mehr Unternehmen gehen jedoch dazu über, den Lieferanten kurz vor dem Lieferzeitpunkt noch einmal auf die Fälligkeit der Lieferung hinzuweisen. Auch diese Liefererinnerung kann bereits als Mahnung interpretiert werden. Als notwendige Informationen hierfür sind die Daten der Bestellung zu nennen, da eine Mahnung nichts anderes als eine Kopie der Bestellung darstellt. Die Informationen über den Mahnvorgang selbst, d. h. welche Bestellung wurde zu welchem Zeitpunkt gemahnt, werden der jeweiligen Bestellung (Bestelldaten) hinzugefügt.

In den vorherigen Ausführungen wurde davon ausgegangen, daß die Aufgaben der Bestellüberwachung erst im Anschluß an die Auftragserteilung (Bestellung) beginnen und dazu dienen, den termingemäßen Wareneingang sicherzustellen. Es ist jedoch darauf hinzuweisen, daß der Bestellüberwachungsprozeß gegebenenfalls auch durch eine Anfrage ausgelöst werden kann. Zielsetzung hierbei ist die Sicherstellung der termingerechten Angebotsabgabe durch den Lieferanten.

B.2.2.3.2.4. Auftragsabwicklung

Unter dem Begriff Auftragsabwicklung wird nachfolgend lediglich der Teil des gesamten Abwicklungsprozesses verstanden, der die betriebswirtschaftlich orientierten Funktionsbereiche umfaßt [196].

Im Gegensatz zu den bisher beschriebenen Prozessen handelt es sich bei dem Prozeß Auftragsabwicklung um einen spezifischen Referenzprozeß. Dies bedeutet, daß in Abhängigkeit bestimmter Merkmalsausprägungen unterschiedliche Referenzprozesse existieren. Im Falle der Auftragsabwicklung ist zwischen den Ausprägungen Massen- und Großserienfertiger (Ausprägungsgruppe 1) auf der einen Seite sowie Einzel- und Kleinserienfertiger (Ausprägungsgruppe 2) auf der anderen Seite zu unterscheiden. Die Merkmalsausprägung Serienfertigung ist in Abhängigkeit der Ausprägungen des Merkmals Art der Auftragserteilung einer der zuvor genannten Ausprägungsgruppen zuzuordnen. Tritt die Ausprägung Serienfertigung in Kombination mit der Ausprägung Produktion auf Lager auf, so besitzt der Referenzprozeß der Ausprägungsgruppe 1 Gültigkeit. Handelt es sich dagegen um einen Serienfertiger mit Produktion auf Bestellung, so ist der Referenzprozeß der Ausprägungsgruppe 2 relevant. Nachfolgend werden nacheinander die Referenzprozesse der zuvor genannten Ausprägungsgruppen erläutert, wobei mit der Ausprägungsgruppe 1 (Massenfertiger, Großserienfertiger, Serienfertiger mit Produktion auf Lager) begonnen wird.

Massenfertiger, Großserienfertiger und Serienfertiger mit Produktion auf Lager
Bevor anschließend der Prozeß beschrieben wird, ist darauf hinzuweisen, daß alle Prozeßfunktionen dem technischen Vertrieb zuzuordnen sind.

Der in Abbildung B.2.37 dargestellte Auftragsabwicklungsprozeß wird durch das Eingehen eines Kundenauftrages angestoßen. Vor der Kundenauftragsbearbeitung ist - analog zum Prozeß Anfragenbearbeitung - zu überprüfen, ob mit dem betreffenden

---

[196] Ein Überblick über die Funktionen der integrierten Auftragsabwicklung ist dargestellt in: VDI-Gemeinschaftsausschuß CIM, VDI-Gesellschaft Produktionstechnik (Hrsg.): Rechnerintegrierte Konstruktion und Produktion, Band 3: Auftragsabwicklung, Düsseldorf 1991, S. 14 ff.

Kunden hinsichtlich der vom ihm bestellten Produkte eine Kontraktvereinbarung geschlossen wurde. Ist dies der Fall, so lautet die erste Prozeßfunktion Verwaltung von Kontrakten. Hierzu benötigte Informationen sind Auftrags-, Kunden- und Kontraktdaten. Auftragsdaten (z. B. Auftragsnummer, Auftragsdatum, Teilenummer, Kontraktnummer und Bestellmenge) sind erforderlich, um den zugehörigen Kontraktvertrag zu identifizieren und die bisherige Abrufmenge des Kunden um die aktuelle Bestellmenge fortzuschreiben. Zur Auswahl des gültigen Kontraktes sind des weiteren Kundendaten, und zwar speziell die Kundennummer, notwendig. Kontraktdaten (z. B. bisherige Liefermenge, Gesamtliefermenge, Vertragsdauer und -bedingungen) dienen der Informationsbereitstellung, um beispielsweise zu überprüfen, ob die sich aus dem Bestelldatum und dem vom Kunden gewünschten Lieferzeitpunkt ergebende Lieferfrist mit den Kontraktvereinbarungen übereinstimmt. Darüber hinaus erfolgt zum Zwecke der Aktualisierung der momentanen Abrufmenge - unter Berücksichtigung der Bestellmenge - ein Zugriff auf die Kontraktdaten.

Besteht für den betreffenden Auftrag keine Kontraktvereinbarung, so beginnt der Prozeß Auftragsabwicklung mit der Übernahme von Angebotsdaten zur Auftragserstellung (Auftragserfassung). Aus der Funktionsbezeichnung geht bereits hervor, daß zu deren Ausführung Angebotsdaten (z. B. Kundenanschrift, Angebotspositionen, Preise und Lieferdatum) benötigt werden. Diese werden im Rahmen der Auftragserfassung in Auftragsdaten überführt, um weitere Daten (z. B. Auftragsnummer) ergänzt und anschließend den bestehenden Aufträgen hinzugefügt. Gleichzeitig werden für den Fall, daß es sich um einen neuen Kunden handelt, dessen Daten (z. B. Kundennummer, Kundenname, Standort, Lieferadresse, Rechnungsadresse) neu angelegt.

Im Anschluß an die Erfassung des Auftrags erfolgt die Kreditlimitprüfung (Bonitätsprüfung). Um feststellen zu können, ob die Kreditgrenze des Kunden durch den aktuellen Auftrag überschritten wird, sind zum einen der voraussichtliche Fakturierungszeitpunkt sowie die Rechnungssumme (Angebotsdaten) des Auftrags bereitzustellen. Zum anderen werden hierzu Informationen benötigt, die über die momentane Höhe der Kreditinanspruchnahme des Kunden Auskunft geben. Im wesentlichen gehören dazu die laufenden Kundenforderungen, der Wert der noch nicht fakturierten Aufträge, der bisherige Umsatz sowie das Kreditlimit (Kundendaten). Das Ergebnis der Bonitätsprüfung wird in den jeweiligen Auftragsdaten festgehalten.

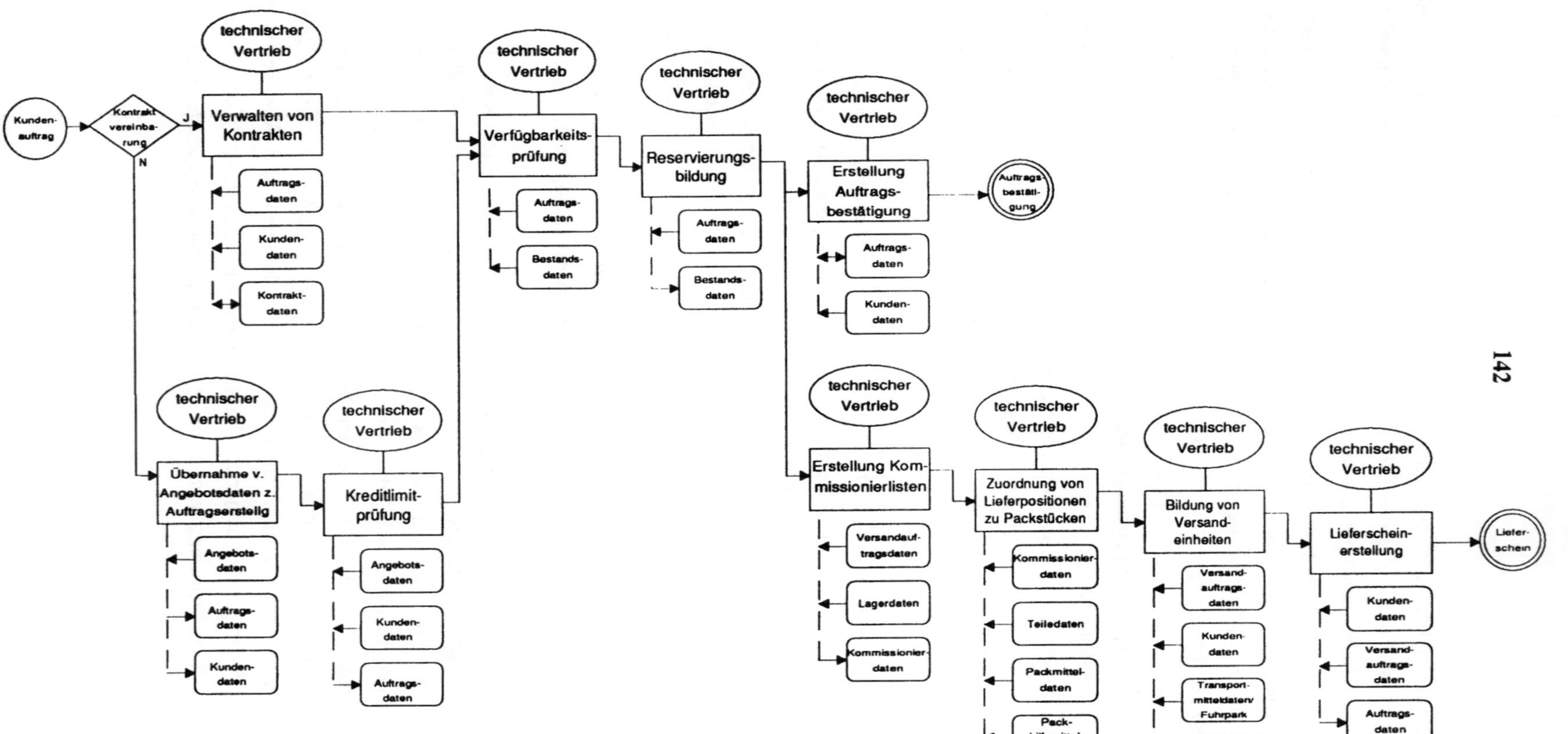

Abb. B.2.37: Prozeß der Auftragsabwicklung I

Der Kreditlimitprüfung (bzw. im Falle einer Kontraktvereinbarung der Kontraktverwaltung) schließt sich die Verfügbarkeitsprüfung an. Diese benötigt einmal Informationen über die zu liefernden Ezeugnisse (z. B. Teilenummer, Menge und Qualität), welche sich in den Auftragsdaten widerspiegeln. Um feststellen zu können, ob die benötigten Komponenten sich zur Zeit auf Lager befinden und für Dispositionszwecke zur Verfügung stehen, erfordert die Verfügbarkeitsprüfung des weiteren einen Zugriff auf die Bestandsdaten. Die der Verfügbarkeitsprüfung nachgelagerte Reservierungsbildung, in der die eigentliche Zuteilung der Lagerpositionen zu den Kundenauftragspositionen erfolgt, erfordert ebenfalls Auftragsdaten. Die Ergebnisse der Reservierungsbildung werden in den Bestandsdaten vermerkt, da sich hierdurch der disponierbare Bestand verringert.

Der Reservierungsbildung folgt die Erstellung der an den Kunden zu übersendenden Auftragsbestätigung. Hierfür erforderliche Informationen sind Auftrags- (z. B. Auftragsnummer, Auftragsdatum) und Kundendaten (z. B. Kundenname, Adresse). Die Tatsache, daß eine Auftragsbestätigung erstellt und versendet wurde, wird in den Auftragsdaten (Auftragsstatus) vermerkt. Mit der Auftragsbestätigung endet die erste Phase des Auftragsabwicklungsprozesses.

Zeitgleich mit der Erstellung der Auftragsbestätigung kann die Erstellung der Kommissionierlisten erfolgen. Als wesentliche Informationen hierzu werden Versandauftragsdaten (z. B. Auftragsnummer, Kundennummer und -name, Teilenummer und -bezeichnung, Menge) und Lagerdaten (Lagernummer, Lagerort, Lagerplatz) benötigt. Die Ergebnisse der Kommissionierlistenerstellung werden in den Kommissionierdaten registriert.

Der Kommissionierlistenerstellung nachgelagert ist die Zuordnung von Lieferpositionen zu Packstücken. Zur Auswahl der für die jeweiligen Auftragspositionen notwendigen Packmittel bedarf es sowohl Informationen darüber, welche Teile es zu verpacken gilt (Kommissionierdaten), als auch, welche Eigenschaften (z. B. Länge, Breite, Höhe, Werkstoff und Gewicht) diese besitzen (Teiledaten). Zusätzlich sind Informationen über die vorhandenen Packmittel (Packmitteldaten z. B. Stabilität, Form und Abmessung, Festigkeit und Formbarkeit) und Packhilfsmittel (Packhilfsmitteldaten, z. B. Einsatzmöglichkeiten von Verpackungsmaschinen) erforderlich. Das Resultat der Packstückzuordnung wird in den Verpackungsdaten festgehalten.

Auf die Zuordnung von Lieferpositionen zu Packstücken folgt die Bildung von Versandeinheiten (Tourenplanung). Ziel hierbei ist es, für die anstehenden

Versandaufträge einen sowohl unter termin- als auch kostenmäßigen Gesichtspunkten optimalen Auslieferungsplan zu erstellen. Um feststellen zu können, welche Versandaufträge zur Zeit abzuwickeln sind, werden Versandauftragsdaten (z. B. Versandauftragsnummer und -datum) benötigt. Des weiteren erfordert die Tourenplanung Informationen über die zu beliefernden Kunden, und zwar speziell ihre Lieferadresse (Kundendaten). Zur Auswahl der für die Versandaufträge grundsätzlich in Frage kommenden Transportmittel sind Transportmitteldaten (z. B. Transportm. Nr., Bezeichnung, Ladekapazität, zulässiges Gesamtgewicht, Ladefläche) bereitzustellen. Um die Versandaufträge den Transportmitteln für eine konkrete Auslieferung zuordnen zu können, sind Informationen über deren Einsatzplan (Tourendaten), aus dem die momentane Auslastung, Verfügbarkeit und Auslieferungsroute hervorgeht, notwendig. Das Ergebnis der Tourenplanung wird in den Tourendaten hinterlegt.

Der Prozeß Auftragsabwicklung endet mit der Lieferscheinerstellung. Hierzu relevante Informationen sind Kunden- (z. B. Lieferadresse, Kundennummer) und Versandauftragsdaten (z. B. Teilenummer, Teilebezeichnung, Menge, Qualität). Analog zur Erstellung der Auftragsbestätigung wird auch die Information über die Lieferscheinerstellung als Statuskennzeichen in den Auftragsdaten festgehalten. Ergebnis der Lieferscheinerstellung ist der Lieferschein, der neben der Auftragsbestätigung ein weiteres Endereignis darstellt.

Einzelfertiger, Kleinserienfertiger und Serienfertiger mit Produktion auf Bestellung
Der Unterschied zwischen dem zuvor erläuterten und dem nachfolgend beschriebenen Auftragsabwicklungsprozeß liegt darin, daß ersterer der Produktion nach- und letzterer der Produktion vorgelagert ist. Infolgedessen umfaßt der in den Abbildungen B.2.38 dargestellte Auftragsabwicklungsprozeß auch die dispositiv-planerischen Aufgaben der Produktionsplanung, wogegen die mit dem Versand verbundenen Aufgaben nicht berücksichtigt werden.

Der Prozeß beginnt mit der Übernahme von Angebotsdaten zur Auftragserstellung (Auftragsannahme), der - in nachfolgender Reihenfolge - die Funktionen Kreditlimitprüfung, Verfügbarkeitsprüfung, Reservierungsbildung und Erstellung einer Auftragsbestätigung folgen. Da diese Funktionen auch Bestandteil des zuvor erläuterten Auftragsabwicklungsprozesses sind und die diesen zuzuordnenden Daten und Aufgabengebiete, mit Ausnahme der Funktionen Verfügbarkeitsprüfung und Reservierungsbildung, mit den dort aufgeführten übereinstimmen, wird an dieser Stelle auf eine Beschreibung verzichtet. Die Funktionen Verfügbarkeitsprüfung und Reservierungsbildung bilden insofern ein Ausnahme, als daß diese zusätzlich Grobinformationen über die Zusammensetzung der vom Kunden bestellten Produkte (Stücklistendaten) erfordern. Dies gilt jedoch nur für den Fall, daß das Merkmal Erzeugnisstruktur in der Ausprägung Erzeugnisse mit komplexer Struktur bzw. Erzeugnisse mit einfacher Struktur vorliegt.

Bereits im Anschluß an die Reservierungsbildung kann die Primärbedarfsermittlung durchgeführt werden. Da diese einerseits auf mathematischen Prognoseverfahren beruht, andererseits aber auch die periodengenaue Zusammenfassung von bereits vorliegenden Kundenaufträgen beinhaltet, sind hierfür Informationen über die Bedarfsverläufe der Vergangenheit (Verbrauchsstrukturdaten, z. B. Teilenummer, Bedarfszeitraum, Bedarfsmenge etc.) sowie über die zur Zeit vorliegenden Kundenaufträge (Kundenauftragsdaten, z. B. Teilenummer, Bezeichnung, Kundennummer, Bedarfsmenge, Lieferfrist) von Bedeutung. Anzumerken ist, daß in diesem Zusammenhang lediglich der Bedarf an selbständig veräußerbaren Baugruppen und Einzelteilen durch Prognose ermittelt wird. Die Ergebnisse der Primärbedarfsermittlung, in denen sich das zukünftige Produktionsprogramm des Unternehmens widerspiegelt, werden in den Produktionsprogrammdaten (z. B. Teilenummer, Bezeichnung, Bedarfsmenge, Bedarfsdatum) hinterlegt.

Der Ermittlung der Primärbedarfszahlen schließt sich die Planbedarfsverrechnung an. Um eintreffende Kundenaufträge mit den bereits prognostizierten Planbedarfen zu verrechnen, sind zum einen Informationen über die geplanten Bedarfe (Plandaten, z. B. Teilenummer, Bezeichnung, Bedarfsperiode, Bedarfsmenge), zum anderen Kundenauftragsdaten (z. B. Auftragsnummer, Kundennummer, Teilenummer, Bezeichnung, Menge, Datum) notwendig. Hierbei stellen die Plandaten einen Ausschnitt aus den Produktionsprogrammdaten dar. Das Resultat der Planbedarfsverrechnung wird in den Produktionsprogrammdaten hinterlegt.

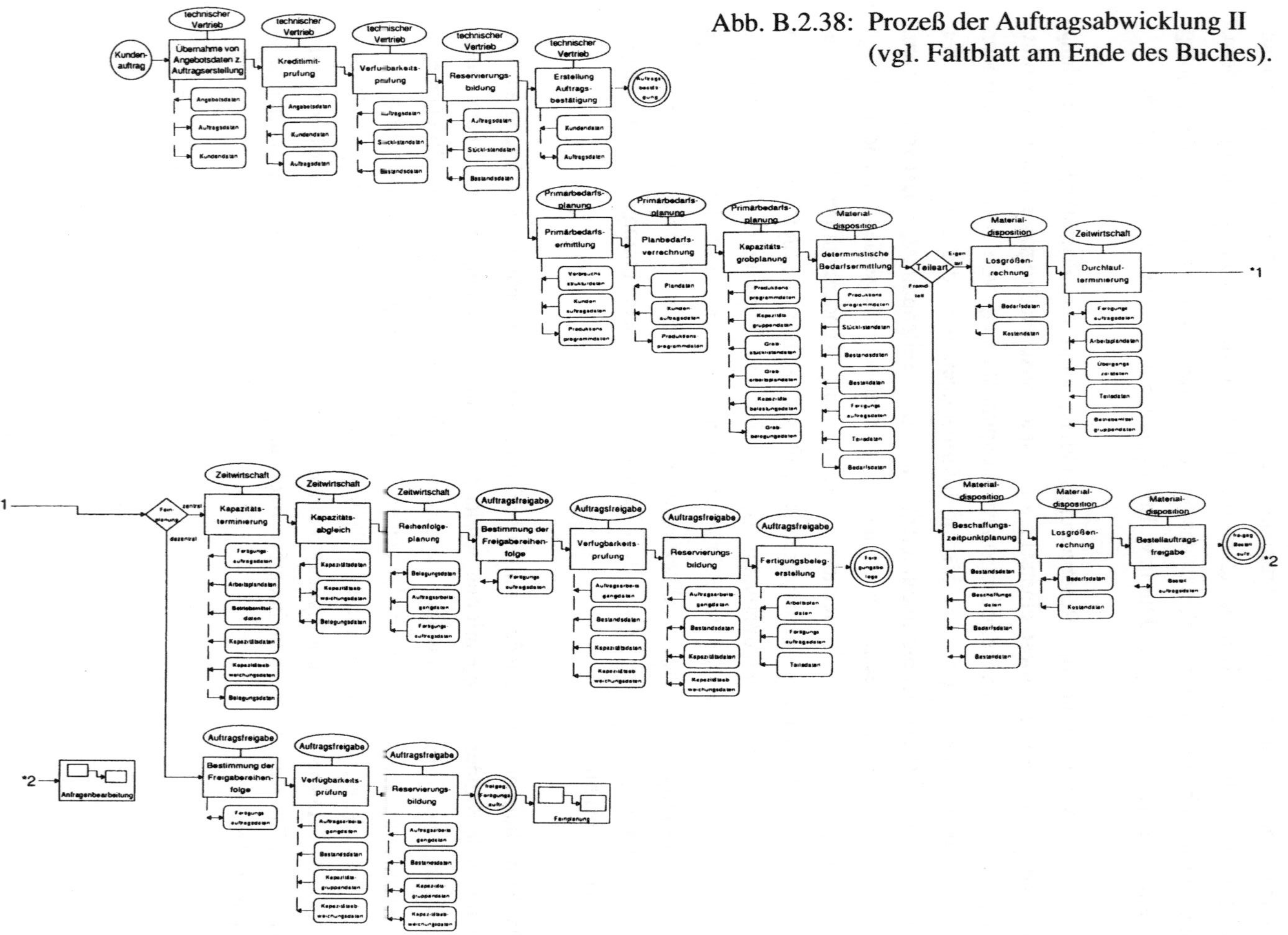

Abb. B.2.38: Prozeß der Auftragsabwicklung II (vgl. Faltblatt am Ende des Buches).

Der Planbedarfsverrechnung nachgelagert ist die Kapazitätsgrobplanung. Die grobe Überprüfung der kapazitätsmäßigen Realisierbarkeit des aufgestellten Produktionsprogramms erfordert neben dem (Netto-) Produktionsprogramm (Produktionsprogrammdaten) auch Informationen über die zur Verfügung stehenden Kapazitätsbestände. Infolgedessen, daß es sich um eine Grobplanung handelt, werden letztere lediglich auf Gruppenebene (z. B. Betriebsmittelgruppennummer, Bezeichnung, Kapazität pro Periode, geplante Belastung pro Periode) benötigt. Zur Einplanung des sich in der Regel aus verschiedenen Produkten zusammensetzenden Produktionsprogramms sind die produktspezifischen Grobstücklisten (Grobstücklistendaten) und -arbeitspläne (Grobarbeitsplandaten) bereitzustellen. Sind die konkreten Planungsunterlagen nicht vorhanden, was in diesem Stadium häufig vorkommt, wird mit auftragsneutralen Standardwerten für die Kapazitätsbelastung (Kapazitätsbelastungsdaten) gearbeitet. Für die Stücklistendaten gilt die Abhängigkeit vom Merkmal Erzeugnisstruktur. Die aus der Grobplanung resultierenden Kapazitätsbelastungen gilt es in den Grobbelegungsdaten (z. B. Betriebsmittelgruppennummer, Belastung, Verursacher, Datum) festzuhalten.

Bezüglich der Aufgabengebietzuordnung sind die Funktionen Primärbedarfsermittlung, Planbedarfsverrechnung und Kapazitätsgrobplanung dem Bereich der Primärbedarfsplanung zuzuordnen.

Der Kapazitätsgrobplanung folgt die (deterministische) Bedarfsermittlung. Den Ausgangspunkt hierfür bilden die innerhalb der Primärbedarfsermittlung festgelegten und der Planbedarfsverrechnung korrigierten Bedarfswerte (Produktionsprogrammdaten, z. B. Teilenummer, Bedarfsmenge, Bedarfsperiode). Da die am tatsächlichen Bedarf ausgerichtete Bedarfsrechnung über eine Auflösung der Stücklisten erfolgt, sind hierzu Stücklistendaten (z. B. Oberteilnummer, Unterteilnummer, Vorlaufzeit, Dispositionsstufe) notwendig. In Anbetracht dessen, daß innerhalb der deterministischen Bedarfsermittlung neben der Berechnung des Bruttobedarfs auch eine Nettobedarfsrechnung erfolgt, werden des weiteren Informationen über aktuelle Bestände (Bestandsdaten, z. B. mengenmäßiger Bestand, Reservierungen) sowie über offene Bestellungen (Bestelldaten) und freigegebene Aufträge (Fertigungsauftragsdaten) benötigt. Die Tatsache, daß die Stücklistenauflösung gleichzeitig auch eine grobe Terminrechnung beinhaltet, führt dazu, daß auch Informationen über die Durchlaufzeiten der einzelnen Teile (Teiledaten) relevant sind. Teiledaten (z. B. Sicherheitsbestand, Zusatzbedarf für Ausschuß) sind darüber hinaus auch für die Berechnung der Bruttobedarfswerte zur Verfügung zu stellen. Das Ergebnis der deterministischen Bedarfsermittlung wird in den Bedarfsdaten registriert.

Welche Funktion sich an die deterministische Bedarfsermittlung anschließt, ist davon abhängig, ob es sich um Eigenfertigungs- oder Fremdbezugsteile handelt. Bei Fremdbezugsteilen ist dies die Beschaffungszeitpunktplanung (Bestellterminrechnung). Diese benötigt einerseits Informationen über die erwarteten Bestände (Bestandsdaten), andererseits aber auch Beschaffungsdaten (z. B. Mindestbestellmenge, Beschaffungszeit, Sicherheitszeit, Prüfzeit). Infolgedessen, daß innerhalb der Bestellterminrechnung u. a. eine Gegenüberstellung von Beständen und Bedarfen erfolgt, sind zusätzlich Bedarfsdaten zur Verfügung zu stellen. Um hierbei auch die offenen Bestellungen berücksichtigen zu können, ist ein Zugriff auf die Bestelldaten erforderlich, in denen gleichzeitig auch die Ergebnisse der Terminrechnung hinterlegt werden.

Der Beschaffungszeitpunktplanung folgt die Losgrößenrechnung, welche auf die kostengünstigste Deckung der errechneten Bedarfsmengen abzielt. Als notwendige Informationen in diesem Zusammenhang sind Bedarfs- (z. B. Teilenummer, Bezeichnung, Bedarfsmenge, Bedarfsperiode) und Kostendaten (auflagefixe Bereitstellungskosten, Lagerkosten) aufzuführen. Die Ergebnisse der Losgrößenrechnung werden in den Bedarfsdaten abgelegt.

Der Prozeß Auftragsabwicklung endet für Fremdbezugsteile mit der Bestellauftragsfreigabe, deren Grundlage Bestellauftragsdaten (z. B. Teilenummer, Bezeichnung, Bedarfsmenge, Bedarfszeitpunkt, Bestelltermin) sind. Die Freigabeinformation wird als Statuskennzeichen in den Bestellauftragssätzen geführt. Als Resultat liefert die Bestellauftragsfreigabe zur Beschaffung freigegebene Bestellaufträge, die im Prozeß Anfragenbearbeitung weiterverarbeitet werden.

Handelt es sich bei den zu disponierenden Teilen nicht um Fremdbezugs-, sondern um Eigenfertigungsteile, so folgt der Bedarfsermittlung die Losgrößenrechnung. Die Losgrößenrechnung verfolgt hier die gleiche Zielsetzung wie bei Fremdbezugsteilen, allerdings mit dem Unterschied, daß in diesem Falle die Bedarfe an Eigenfertigungsteilen unter kostenmäßigen Gesichtspunkten zu größeren Einheiten zusammengefaßt werden. Somit erfordert die Losgrößenrechnung in diesem Kontext die bereits zuvor erläuterten Daten, wobei an die Stelle der auflagefixen Bereitstellungskosten die Rüstkosten treten.

Im Anschluß an die Losgrößenrechnung erfolgt die Durchlaufterminierung. Bei der Durchlaufterminierung handelt es sich um eine Grobterminierung (als Periodeneinheiten dienen in der Regel Wochen), die auf der Ebene von Betriebsmittelgruppen durchgeführt wird. Die Ausgangsbasis bilden die innerhalb der deterministischen Bedarfsermittlung ermittelten und der Losgrößenrechnung zusammengefaßten Bedarfe an

Eigenfertigungsteilen (Fertigungsauftragsdaten, z. B. Fertigstellungstermin, Losgröße). Zur Festlegung der vorläufigen Start- und Endtermine der Fertigungsaufträge sowie der mit diesen verbundenen Arbeitsgängen werden Arbeitsplan- (z. B. Arbeitsgangfolge, Betriebsmittel, Rüstzeit, Vorgabezeit) und Übergangszeitdaten benötigt. Liegen die Arbeitspläne zu diesem Zeitpunkt noch nicht vor, erfolgt die Durchlaufterminierung auf der Basis grober bzw. geschätzter Durchlaufzeitwerte, welche in den Teiledaten enthalten sind. Die kapazitätsmäßige Einlastung der Arbeitsgänge erfolgt unter Berücksichtigung von Betriebsmittelgruppendaten (z. B. Betriebsmittelgruppennummer, -bezeichnung, Anzahl Einzelmaschinen). Die ermittelten Start- und Endtermine werden in den Fertigungsauftragsdaten vermerkt.

Im Hinblick auf die Zuordnung der Funktionen zu Aufgabengebieten ist festzustellen, daß die Funktionen deterministische Bedarfsermittlung, Beschaffungszeitpunktplanung, Bestellauftragsfreigabe und Losgrößenrechnung dem Bereich der Materialdisposition angehören, wogegen die Durchlaufterminierung dem Aufgabengebiet der Zeitwirtschaft zuzuordnen ist.

Wird die Feinplanung (kurzfristige Termindisposition) zentral durchgeführt, so folgt der Durchlaufterminierung die Kapazitätsterminierung. Hierbei ist anzumerken, daß beide Funktionen prinzipiell die gleichen Informationen benötigen. Da innerhalb der Kapazitätsterminierung jedoch eine Einplanung der Arbeitsgänge auf die einzelnen Betriebsmittel (Arbeitsplätze) erfolgt, treten an die Stelle der Betriebsmittelgruppendaten die Betriebsmitteldaten (z. B. Leistungsgrad, Wartezeit vor Belegung, Transportzeit nach Bearbeitung). Differenzen ergeben sich des weiteren dadurch, daß die Kapazitätsterminierung - im Gegensatz zur Durchlaufterminierung - unter Berücksichtigung der aktuellen Kapazitätssituation erfolgt. Infolgedessen sind zusätzlich Informationen über planmäßig vorhandene Kapazitäten (wie beispielsweise Plankapazität pro Schicht, Pausenregelung, Schichten pro Woche bzw. pro Monat), welche sich in den Kapazitätsdaten (Schichtmodelle) widerspiegeln, erforderlich. Darüber hinaus werden Kapazitätsabweichungsdaten, in denen eventuelle Abweichungen von den Normalkapazitäten, wie sie in den Schichtmodellen hinterlegt sind, zum Ausdruck kommen, benötigt. Ein weiterer Unterschied - wobei dieser sich jedoch nicht auf die erforderlichen Daten auswirkt - liegt darin, daß der Kapazitätsterminierung eine feinere Periodeneinteilung (Tage, Minuten) zugrunde liegt. Die Ergebnisse der Kapazitätsterminierung werden im Belegungsplan (Belegungsdaten, z. B. Betriebsmittelnummer, Belegungszeit von...bis..., Fertigungsauftragsnummer, Datum) festgehalten.

Im Anschluß an die Kapazitätsterminierung erfolgt der Kapazitätsabgleich. Zur Abstimmung der im Rahmen der Kapazitätsterminierung ermittelten Kapazitätsnachfrage mit dem vorhandenen Kapazitätsangebot werden zum einen Kapazitätsdaten (Betriebsmittelnummer, Plankapazität pro Schicht, Toleranzbereich), zum anderen Belegungsdaten (Betriebsmittelnummer, Datum, belegte Kapazität, verursachender Fertigungsauftrag) herangezogen. Werden im Rahmen des Kapazitätsabgleichs bestehende Plankapazitäten geändert (Überstunden, Zusatzschichten), so sind diese Änderungen in den Kapazitätsabweichungsdaten zu berücksichtigen. Als Resultat des Kapazitätsabgleichs ergeben sich neue Kapazitätszuordnungen bzw. Termine für die Durchführung der auftragsbezogenen Arbeitsgänge, welche in den Belegungsdaten registriert werden.

Innerhalb der sich an den Kapazitätsabgleich anschließenden Reihenfolgeplanung wird die Reihenfolge der Arbeitsgänge festgelegt, in der diese auf den jeweiligen Kapazitäten zu bearbeiten sind. Die Festlegung der Abarbeitungsreihenfolge erfolgt in der Regel mittels Prioritätsregeln. Als Grundlage für die Reihenfolgeplanung dient der innerhalb der Kapazitätsterminierung aufgestellte Belegungsplan (Belegungsdaten, z. B. Betriebsmittelnummer, Warteschlange vor dem Betriebsmittel). Als weitere Informationen sind in Abhängigkeit der verwendeten Prioritätsregeln entweder Auftragsarbeitsgang- (z. B. Bearbeitungszeit) oder Fertigungsauftragsdaten (Priorität, Fertigstellungstermin, restliche Bearbeitungszeit) notwendig. Da die Reihenfolgeplanung in der Regel eine Veränderung des Belegungsplans zur Folge hat, ist dieser entsprechend zu aktualisieren.

Die Funktionen Kapazitätsterminierung, Kapazitätsabgleich und Reihenfolgeplanung sind analog zur Durchlaufterminierung im Bereich der Zeitwirtschaft auszuführen.

Der Reihenfolgeplanung folgt die Bestimmung der Freigabereihenfolge. Die Ermittlung der Reihenfolge, in der die anstehenden Fertigungsaufträge freizugeben sind, erfolgt auf der Basis von Fertigungsauftragsdaten (z. B. Starttermin, externe Priorität). Die Information darüber, daß ein bestimmter Fertigungsauftrag freigegeben wurde, wird durch eine entsprechende Kennung im Auftragssatz dokumentiert.

Der Bestimmung der Freigabereihenfolge nachgelagert ist die Verfügbarkeitsprüfung. Hierzu benötigte Informationen sind Auftragsarbeitsgang-, Bestands- und Kapazitätsdaten. Die Auftragsarbeitsgangdaten zeigen, welche Ressourcen (Teile, Materialien, Maschinen, Werkzeuge, NC-Programme etc.) zur Arbeitsgangbearbeitung bereitzustellen sind. Die Bestands- und Kapazitätsdaten bringen zum Ausdruck, welche dieser Komponenten zum geplanten Zeitpunkt tatsächlich zur Verfügung stehen. Zur Berücksichtigung eventueller Kapazitätsabweichungen sind des weiteren Kapazitätsabweichungsdaten von Bedeutung.

Unmittelbar im Anschluß an die Verfügbarkeitsprüfung werden die als verfügbar gekennzeichneten Komponenten für einen bestimmten Verwendungszweck (Auftragsarbeitsgang) reserviert (Reservierungsbildung). Die notwendigen Informationen sind identisch mit denen der Verfügbarkeitsprüfung, wobei die Ergebnisse der Reservierungsbildung in den Bestands-, Kapazitäts- und Kapazitätsabweichungsdaten vermerkt werden.

Bei einer zentralen Feinplanung bildet die Fertigungsbelegerstellung den Abschluß des Auftragsabwicklungsprozesses für Eigenfertigungsteile. Zur Erstellung der Fertigungsbelege (Laufkarten, Lohnscheine, Materialentnahmescheine etc.), die gleichzeitig Endereignis sind, werden Arbeitsplan- (vollständiger Arbeitsplan), Fertigungsauftrags- (z. B. Auftragsnummer, Losmenge, geplanter Endtermin) und Teiledaten (z. B. Lieferant, Lagerort, Teilenummer, Teilebezeichnung) benötigt.

Die sich an die Reihenfolgeplanung anschließenden Funktionen Bestimmung der Freigabereihenfolge, Verfügbarkeitsprüfung, Reservierungsbildung und Fertigungsbelegerstellung sind der Auftragsfreigabe zuzuordnen.

Den vorherigen Ausführungen lag die Annahme zugrunde, daß die Feinplanung (kurzfristige Termindisposition) zentral durchgeführt wird. Im folgenden wird unterstellt, daß die Feinplanung dezentral erfolgt. Dezentral bedeutet in diesem Zusammenhang, daß die endgültige Festlegung der arbeitsgangbezogenen Start- und Endtermine auf den Betriebsmitteln in zeitlicher Nähe zur Realisierung innerhalb der jeweiligen Dispositionsbereiche (Werkstatt oder Fertigungsinsel) erfolgt. In diesem Falle schließen sich der Durchlaufterminierung nacheinander die Funktionen Bestimmung der Freigabereihenfolge, Verfügbarkeitsprüfung und Reservierungsbildung an. Da die genannten Funktionen bzw. die von diesen benötigten Daten bereits zuvor erläutert wurden, kann an dieser Stelle hierauf verzichtet werden. Der einzige Unterschied zur zentralen Feinplanung liegt darin, daß die Funktionen Verfügbarkeitsprüfung und Reservierungsbildung in der Regel auf einer groberen Ebene (z. B. Betriebsmittelgruppen) durchgeführt werden und somit an die Stelle der Kapazitätsdaten die Kapazitätsgruppendaten treten. Im Falle der dezentralen Feinplanung endet der Prozeß Auftragsabwicklung mit den freigegebenen Fertigungsaufträgen, durch die der Prozeß Feinplanung angestoßen wird.

B.2.2.3.2.5. Feinplanung

Innerhalb des Feinplanungsprozesses (vgl. Abbildung B.2.39) werden die Ergebnisse der mittelfristigen Planung verfeinert und der aktuellen Kapazitätssituation angepaßt. Bei der Feinplanung handelt es sich um einen spezifischen Referenzprozeß, da dieser in der hier beschriebenen Form ausschließlich bei Vorliegen der Merkmalsausprägungen Werkstattfertigung oder Fertigungsinseln/Gruppenfertigung des Merkmals Fertigungsorganisation relevant ist. Bei den Ausprägungen Fließ- oder Reihenfertigung ist das Problem der Belegungsplanung durch die ablauforientierte Anordnung der Maschinen weitgehend gelöst.

Im Hinblick auf die Aufgabengebietzuordnung der nachfolgend genannten Funktionen ist festzustellen, daß diese alle innerhalb der Fertigungssteuerung auszuführen sind.

Das Anfangsereignis des Feinplanungsprozesses bilden die von der mittelfristigen Planung freigegebenen Fertigungsaufträge, die im Rahmen der Auftragsreihung in eine Rangordnung gebracht werden. Die hierzu erforderlichen Kriterien, wie beispielsweise externe Prioritäten, Start- und Endtermine, können aus den Fertigungsauftragsdaten entnommen werden. Das Resultat der Auftragsreihung wird in den Reihenfolgedaten vermerkt.

Der Auftragsreihung schließt sich die simulative Einplanung der Auftragsarbeitsgänge an. Simulativ bedeutet in diesem Zusammenhang, daß der erzeugte Belegungsplan nicht direkt wirksam, sondern als Zwischenlösung gespeichert wird. Hierfür sind Informationen über die betreffenden Fertigungsaufträge (Fertigungsauftragsdaten, z. B. Fertigstellungstermin, Losgröße, Teilenummer) sowie die zur Auftragsabwicklung durchzuführenden Arbeitsschritte (Arbeitsplandaten, z. B. Arbeitsgangfolge, Betriebsmittel, Vorgabezeiten) notwendig. Die Relevanz der Betriebsmitteldaten resultiert daraus, daß diese die spezifischen Leistungsgrade der Betriebsmittel enthalten. Eine weitere wichtige Grundlage für die Einlastung der Auftragsarbeitsgänge bilden die Kapazitätsdaten (Schichtmodelle), in denen die zur Verfügung stehenden Kapazitätsbestände (z. B. Plankapazität pro Schicht, Pausenregelung, Schichten pro Woche bzw. pro Monat) zum Ausdruck kommen. In diesem Kontext sind auch die Kapazitätsabweichungsdaten zu nennen, die Informationen über eventuelle Abweichungen der aktuellen Kapazitätsbestände von den Normalkapazitäten der Schichtmodelle bereitstellen. Das Ergebnis der simulativen Einplanung wird in den Simulationsdaten hinterlegt.

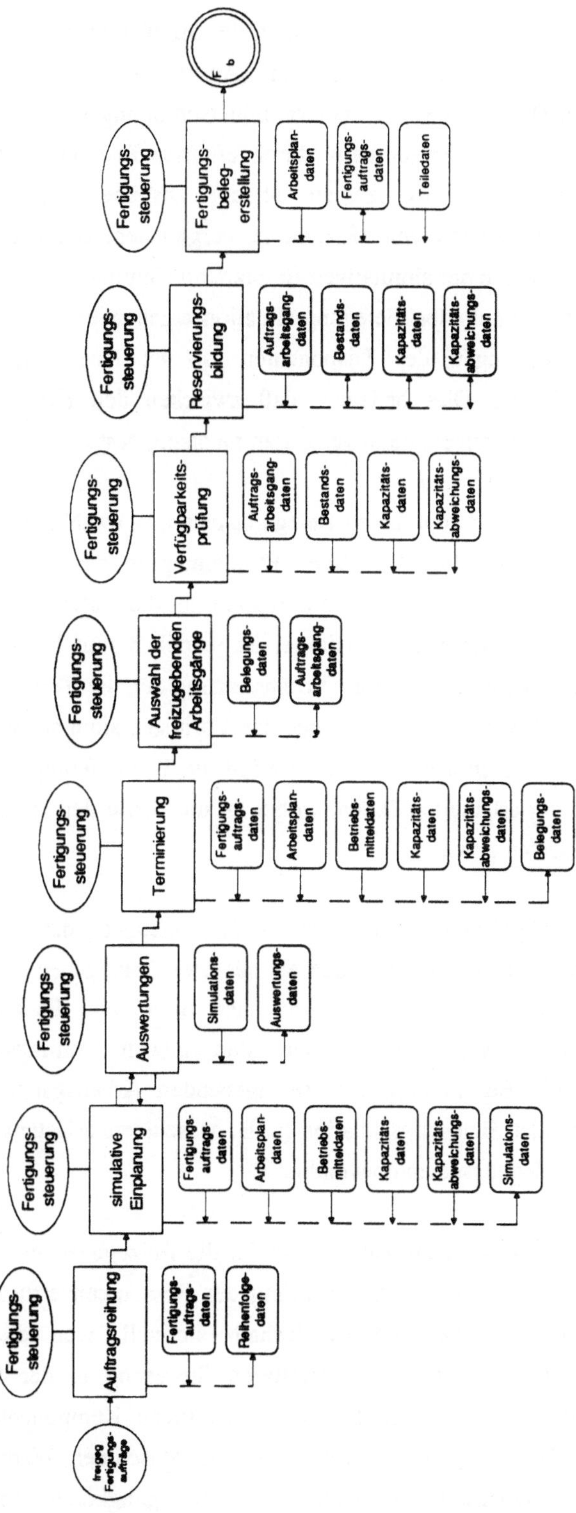

Abb. B.2.39: Prozeß der Feinplanung

Der simulativen Einplanung folgt die Auswertung der Simulationsdaten. Hierdurch erhält der Disponent die Möglichkeit, Kennzahlen (Auswertungsdaten, z. B. bezüglich Kapazitätsauslastung, Durchlaufzeiten, Endterminüberschreitungen, Kosten) zu erzeugen, mittels derer die Ergebnisse der simulativ durchgeführten Planungsaktivitäten bewertet werden können. Ohne diese Kennzahlen ist der Disponent nicht in der Lage, unterschiedliche Planungsalternativen effizient zu vergleichen. Derartige Auswertungen beruhen auf den Ergebnissen der simulativen Einplanung (Simulationsdaten). Entsprechen die sich auf Grund der simulierten Belegungssituation ergebenden Kennzahlen nicht den spezifischen Zielvorstellungen des Disponenten, so ist eine erneute (simulative) Einplanung durchzuführen. Dies bedeutet, daß zwischen den Funktionen simulative Einplanung und Auswertungen ein iterativer Zusammenhang besteht.

Hat der Disponent den für ihn optimalen Belegungsplan ausgewählt, so liegt der nächste Schritt darin, die Resultate der simulativen Einplanung in die konkrete Planung zu übernehmen. Die Übernahme der Simulationsdaten in die aktuelle Planungssituation erfolgt im Rahmen der Terminierung. Hierbei ist jedoch darauf hinzuweisen, daß die simulative Einplanung keine notwendige Voraussetzung für die Terminierung darstellt. Dies bedeutet, daß letztere durchaus auch ohne das Vorliegen simulativer Belegungsdaten durchgeführt werden kann. In diesem Falle erfordert die Terminierung die bereits bei der simulativen Einplanung erläuterten Daten, wobei an die Stelle der Simulationsdaten die konkreten Belegungsdaten treten.

Der Terminierung nachgelagert ist die Auswahl der freizugebenden Arbeitsgänge. Die Entscheidung darüber, welche Arbeitsgänge als nächstes freizugeben sind, kann sowohl unter Berücksichtigung der arbeitsgangspezifischen Start- und Endtermine als auch externer Prioritäten erfolgen. Infolgedessen sind hierfür Auftragsarbeitsgangdaten bereitzustellen. Da die Bestimmung der freizugebenden Arbeitsgänge auch vor dem Hintergrund der aktuellen Belegungssituation (z. B. Maschinenauslastung) erfolgen kann, sind darüber hinaus Belegungsdaten notwendig.

Im Anschluß an die Arbeitsgangauswahl erfolgt für die freizugebenden Arbeitsgänge die Verfügbarkeitsprüfung. Die erneute Überprüfung der Ressourcenverfügbarkeit kurz vor der Auslösung bindender Aktionen ist deshalb sinnvoll, weil die mittelfristigen Planungsergebnisse im Rahmen der kurzfristigen Steuerung in der Regel verändert werden. Der Begriff Ressource umfaßt hierbei sämtliche Komponenten, die für die Bearbeitung eines Arbeitsganges benötigt werden (z. B. Maschinen, Werkzeuge, Personal, NC-Programme, Materialien). Die erforderlichen Arbeitsgangkomponenten können den Arbeitsgangdaten des Auftragsarbeitsplans entnommen werden. Die eigentliche Kontrolle der Verfügbarkeit erfolgt über einen Zugriff auf Bestands- und Kapazitätsdaten. Um mögliche Abweichungen von den Normalkapazitäten berücksichtigen zu können, sind zusätzlich Kapazitätsabweichungsdaten notwendig. Mit der Verfügbarkeitsprüfung unmittelbar verbunden ist die Reservierungsbildung, wobei beide Funktionen mit den gleichen Daten arbeiten. Die Ergebnisse der Reservierungsbildung werden in den Bestands-, Kapazitäts- und Kapazitätsabweichungsdaten vermerkt.

Den Abschluß der Feinplanung bildet die Erstellung der Fertigungsbelege (z. B. Laufkarten, Lohnscheine etc.). Analog zum Auftragsabwicklungsprozeß bei Einzel-, Kleinserien- und Serienfertigern mit Produktion auf Bestellung werden zur Fertigungsbelegerstellung Arbeitsplandaten (vollständiger Arbeitsplan), Fertigungsauftragsdaten (z. B. Auftragsnummer, Losmenge, geplanter Endtermin) und Teiledaten (z. B. Lieferant, Zwischenlager, Teilenummer, Teilebezeichnung) benötigt.

B.2.2.3.2.6. Produktplanung

Ziel des in Abbildung B.2.40 dargestellten Produktplanungsprozesses ist die Planung des Produktendzustandes vor dem Hintergrund einer vorgegebenen Produktanforderung. Hierzu gehören sowohl die Konstruktion funktionsfähiger und fertigungsreifer Erzeugnisse als auch die Erstellung aller zur Herstellung erforderlichen Fertigungsunterlagen.

Da dem Prozeß der Produktplanung keine betriebstypologischen Merkmalsabhängigkeiten zugeordnet werden können, handelt es sich hierbei um einen "klassischen" Referenzprozeß.

Der Produktplanungsprozeß wird durch eine Produktanforderung (Anforderungsliste) angestoßen, welche neben allgemeinen Angaben (z. B. Auftraggeber, Projektkennzeichnung) auch diejenigen Ziele und Bedingungen enthält, die das Produkt unter allen Umständen erfüllen muß (z. B. Leistungsdaten, Qualitätsanforderungen). Darüber hinaus können in den Anforderungen auch Wünsche formuliert werden, die, soweit möglich, berücksichtigt werden sollen.

Der Prozeß der Produktplanung beginnt mit der Funktionsfindung. Zentrale Grundlage für die Funktionsfindung sind die Daten der Anforderungsliste (Anforderungsdaten, z. B. Anzahl, Leistung). Hierbei ist darauf hinzuweisen, daß aus der Anforderungsliste über die eigentlichen Anforderungen hinaus bereits Informationen über funktionale Zusammenhänge erkennbar sind. Die Ergebnisse der Funktionsfindung werden in den

Funktionsstrukturdaten zusammengefaßt. Weitere Daten sind in diesem Zusammenhang nicht zu nennen, da es sich bei der Funktionsfindung in erster Linie um kreative (geistig-schöpferische) Vorgänge handelt.

Im Anschluß an die Funktionsfindung erfolgt die Lösungsprinziperarbeitung. Hierzu sind zunächst Informationen über die Funktionsstruktur (Funktionsstrukturdaten) sowie die Anforderungen (Anforderungsdaten) des zu entwickelnden Produktes notwendig. Innerhalb der Lösungsprinziperarbeitung kann es hilfreich sein, auf bereits in früheren Projekten erarbeitete Lösungen, die in den Wiederholprinzipdaten hinterlegt sind, zuzugreifen. Informationen über den Stand der Technik sowie generelle Lösungsmöglich-keiten für bestimmte Problemstellungen können aus den allgemeinen Lösungsprinzipdaten gewonnen werden. Das Resultat der Lösungsprinziperarbeitung wird in den Lösungsprinzipdaten festgehalten. Des weiteren ist darauf hinzuweisen, daß sich bei der Lösungsprinziperarbeitung Erkenntnisse ergeben können, die eine Änderung der Anforderungen erforderlich machen.

Der sich an die Lösungsprinziperarbeitung anschließenden Gestaltung obliegt die gestalterische Festlegung der Lösung. Grundlage hierfür sind zum einen die erarbeiteten Lösungsprinzipien (Lösungsprinzipdaten), zum anderen die Daten der Anforderungsliste (Anforderungsdaten), die, analog zur Lösungsprinziperarbeitung, auch hier verändert werden können. Durch die Festlegung der äußeren Gestalt eines Teiles oder einer Baugruppe sowie der Baustruktur werden bereits die Anforderungen an die zur Herstellung notwendigen Fertigungs- und Montagemittel (Maschinen, Industrieroboter), Fertigungs- und Montageverfahren sowie Werkstoffe definiert. Um den Erfordernissen einer fertigungs- [197] und montagegerechten [198] Konstruktion zu entsprechen, d. h. die spezifischen Herstellmöglichkeiten des Unternehmens bereits in der Konstruktionsphase berücksichtigen zu können, werden daher Informationen über die produktionstechnischen Gegebenheiten (Fertigungs-, Montagemittel-, Fertigungsverfahrens- und Montageverfahrensdaten) sowie die Eigenschaften der vorhandenen Werkstoffe (Werkstoffdaten) benötigt.

---

[197] Zur fertigungsgerechten Konstruktion vgl. Encarnacao, J., Schuster, R., Vöge, E. (Hrsg.): Product Data Interfaces in CAD/CAM Applications - Design, Implementation and Experiences, Berlin et al. 1986; Meerkamm, H., Finkenwirth, K., Röse, U.: Fertigungsgerechtes Konstruieren mit CAD, in: Proceedings of the International Conference on Engineering Design ICED '88, Budapest 1988; Bock, M., Bock, R.: Konzeption eines Rahmensystems für einen universellen Konstruktionsberater, in: Information Management 5(1990)1, S. 70-78.
[198] Zum montagegerechten Konstruieren vgl. Moritzen, K.: Montagegerechtes Entwerfen mit wissensbasierten Systemen, in: ZwF 85(1990)5, S. 248-251.

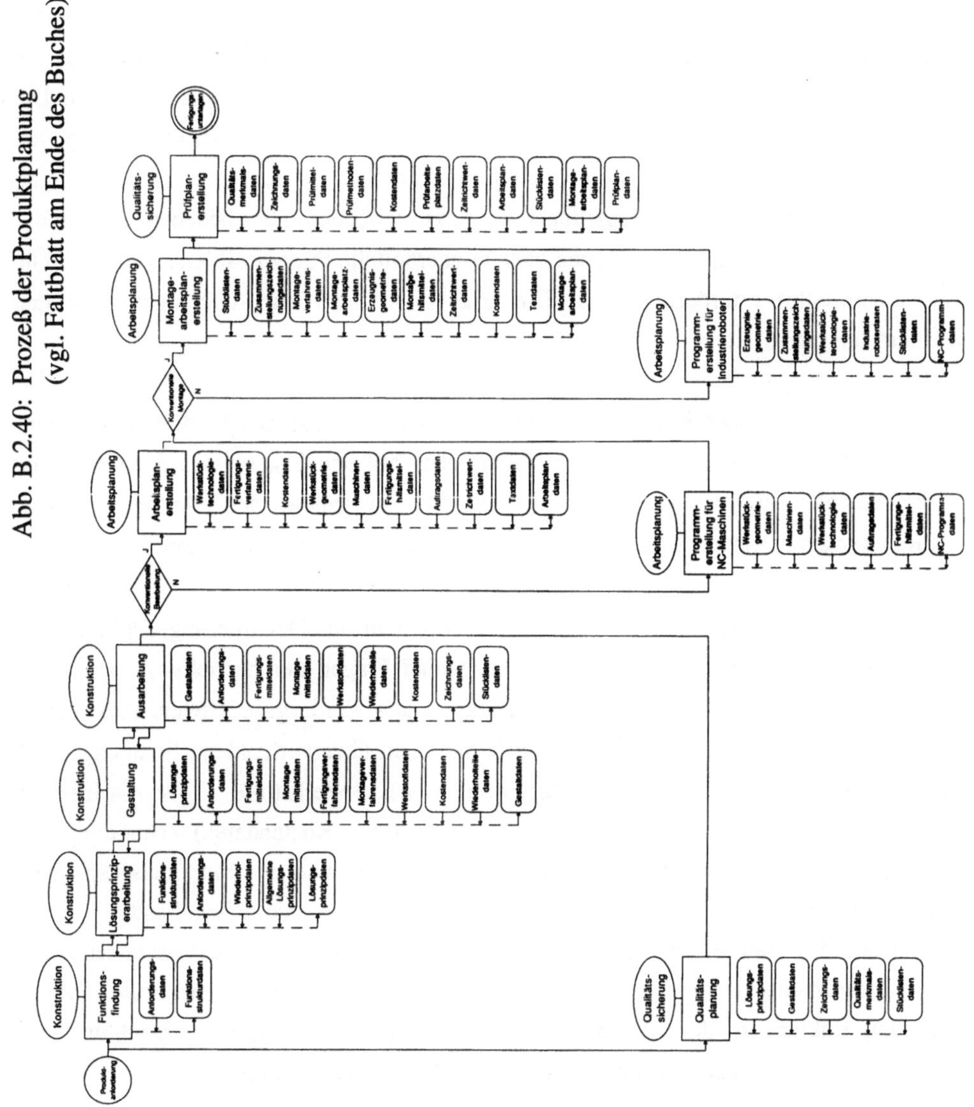

Abb. B.2.40: Prozeß der Produktplanung (vgl. Faltblatt am Ende des Buches).

Für die Montagemittel- und Montageverfahrensdaten gilt jedoch die Abhängigkeit von der Merkmalsausprägung Montageprozesse des Merkmals Art der Produktionsprozesse. In gleicher Weise beeinflussen konstruktive Entscheidungen auch die Herstellkosten. Die Minimierung der Herstellkosten erfordert somit die zusätzliche Berücksichtigung von Kostendaten. Um die Teilevielfalt nicht unnötig zu erhöhen, ist der Konstrukteur bestrebt, bereits vorhandene Teile und Baugruppen wiederzuverwenden. Dies bedeutet, daß bei der Gestaltung des weiteren Informationen über Wiederholteile (hierzu zählen auch Normteile und Zukaufteile) erforderlich sind. Die Ergebnisse der Gestaltung werden in den Gestaltdaten registriert.

Die letzte innerhalb der Konstruktion auszuführende Funktion des Produktplanungsprozesses ist die Ausarbeitung. Die Ausarbeitung setzt auf den Ergebnissen der Gestaltung (Gestaltdaten) auf, wobei auch hierbei die Vorgaben der Anforderungsliste (Anforderungsdaten) zu berücksichtigen sind bzw. verändert werden können.

Die wesentlichen Aufgaben der Ausarbeitung liegen in der Detaillierung, Optimierung, Vervollständigung und Zeichnungserstellung, wobei Fragen der herstellungstechnischen sowie kostenmäßigen Realisierbarkeit verstärkt in den Vordergrund treten. Aus diesem Grunde werden, analog zur Gestaltung, Informationen über vorhandene Fertigungs- und Montagemittel (Fertigungs-, Montagemitteldaten), Werkstoffe (Werkstoffdaten), Wiederholteile (Wiederholteiledaten) sowie Kosten (Kostendaten) benötigt. Die Montagemitteldaten unterliegen hierbei der Abhängigkeit von der Merkmalsausprägung Montageprozesse. Die Ergebnisse der Ausarbeitung (im wesentlichen handelt es sich hierbei um Einzelteilzeichnungen. Baugruppenzeichnungen sowie die Gesamtzeichnung und Konstruktionsstückliste) werden in den Zeichnungs- und, sofern das Merkmal Erzeugnisstruktur in der Ausprägung Erzeugnisse mit komplexer Struktur bzw. Erzeugnisse mit einfacher Struktur vorliegt, Stücklistendaten vermerkt.

Es ist festzustellen, daß zwischen der Funktionsfindung, Lösungsprinziperarbeitung, Gestaltung und Ausarbeitung Rücksprünge möglich sind. Diese Rücksprünge resultieren aus der Tatsache, daß mit zunehmender Konkretisierung der Produktdefinition im Rahmen des Konstruktionsablaufes Schwierigkeiten auftreten können, die zu einer Veränderung der Aufgabenstellung führen.

Mit der Funktion Ausarbeitung sind, wie bereits angedeutet, die konstruktiven Tätigkeiten innerhalb des Produktplanungsprozesses abgeschlossen. Ihr folgt beim Einsatz konventioneller Bearbeitungsmaschinen die Arbeitsplanerstellung. Aufgabe der innerhalb der Arbeitsplanung auszuführenden Arbeitsplanerstellung ist es, die Ergebnisse der

Konstruktionsfunktionen (Zeichnungen und Stücklisten) in Fertigungsunterlagen bzw. - anweisungen zu überführen, die die Transformation eines Teils von seinem Ausgangszustand in seinen Endzustand beschreiben. Hierfür werden eine Vielzahl von Daten benötigt.

Zur Auswahl des Ausgangsteils sind, sofern dies im Rahmen der Gestaltung und Ausarbeitung noch nicht geschehen ist, Werkstücktechnologiedaten (z. B. Steifigkeit, Zerspanbarkeit, Schweißbarkeit) heranzuziehen. Auf Grund dessen, daß die Bestimmung der Arbeitsvorgangsfolge die Fertigungskosten in erheblichem Maße beeinflußt, sind hierfür neben den Informationen über das zu bearbeitende Werkstück zusätzlich Angaben über die verfügbaren Fertigungsverfahren (Fertigungsverfahrensdaten, z. B. verfügbare Verfahren) sowie Kostendaten (z. B. Kostensätze) bereitzustellen. Gleichzeitig erfordert die Wahl der Fertigungsverfahren Werkstückgeometriedaten (z. B. Werkstücklänge, maximaler u. minimaler Durchmesser, Art der Außenform, Krümmungen, Schrägen). Die Festlegung der zur Ausführung erforderlichen Maschinen und Fertigungshilfsmittel (Werkzeuge, Vorrichtungen) benötigt neben den Werkstückgeometriedaten Maschinen- (z. B. minimale Losgröße, maximaler u. minimaler Durchmesser, Einspannlänge, Genauigkeit), Fertigungshilfsmittel- (z. B. Voreinstellmaße und Geometrie der Werkzeuge, Genauigkeitsgrad), Werkstücktechnologie- (Werkstoff, Toleranzforderungen) und Auftragsdaten (z. B. Losgröße). Die Berechnung der Vorgabezeiten erfolgt unter Verwendung von Planzeitwerten (Zeitrichtwertdaten), wobei hier zusätzlich die einzusetzenden Maschinen, Werkzeuge und Werkstoffe von Bedeutung sind. Die Texterzeugung, d. h. die Ermittlung der Arbeitsvorgangstexte, erfolgt durch Nutzung von Standardtexten bzw. Texten mit variablen Angaben (Textdaten). Um bei ähnlichen Problemstellungen auf bereits erstellte Arbeitspläne zurückgreifen zu können, werden Arbeitsplandaten, in denen gleichzeitig auch die Ergebnisse der Arbeitsplanerstellung hinterlegt werden, benötigt.

Der Arbeitsplanerstellung schließt sich bei konventionellen Montageprozessen die Montageplanerstellung, die ebenfalls dem Bereich der Arbeitsplanung zuzuordnen ist, an. Der Montageplan beschreibt den Prozeß des Zusammenfügens von Einzelteilen und Baugruppen zu einem fertigen Produkt.

Zur Ermittlung der zu montierenden Teile und Baugruppen sind sowohl Stücklisten- als auch Zeichnungsdaten (Zusammenstellungszeichnungsdaten) erforderlich. Die Festlegung der zur Realisierung der Montageaufgabe notwendigen Montagevorgänge (z. B. Schrauben, Kleben, Nieten) sowie der Reihenfolge, in der diese durchzuführen sind, erfordert neben denjenigen Angaben, die aus der Zusammenstellungszeichnung zu entnehmen sind, Informationen über mögliche Montageverfahren (Montageverfahrensdaten, z. B. VerfahrensNr., Bezeichnung, Einsatzmöglichkeiten, Einsatzvoraussetzungen). Zur Bestimmung der Montagearbeitsplätze, an denen die einzelnen Montagevorgänge ausgeführt werden, sind zum einen Montagearbeitsplatz- (z. B. Flächengröße, Montagetätigkeit, MaschinenNr., Maschinenbezeichnung), zum anderen Erzeugnisgeometriedaten (z. B. Abmessungen) heranzuziehen. Der Begriff Erzeugnis steht hierbei stellvertretend für Einzelteile und Baugruppen.

Analog zur Teilefertigung werden auch zur Durchführung der jeweiligen Montagetätigkeiten Hilfsmittel eingesetzt. Zur Auswahl der für einen spezifischen Montagevorgang geeigneten Montagehilfsmittel werden neben der Beschreibung der Montageaufgabe Angaben über die verfügbaren Hilfsmittel (Montagehilfsmitteldaten, z. B. Werkzeugklasse, Werkzeugart, Werkzeugeinsatzbereich) benötigt. Die Berechnung der vorgangsspezifischen Vorgabezeiten erfolgt auf der Basis von Planzeitwerten (Zeitrichtwertdaten). Um auch innerhalb der Montagearbeitsplanerstellung Kostengesichtspunkte berücksichtigen zu können, sind zusätzlich Kostendaten (z. B. Stundensätze) bereitzustellen. Die Texterzeugung (Montagevorgangstexte) erfolgt analog zur Arbeitsplanerstellung durch die Verwendung fixer (Standardtexte) bzw. variabler Texte (Textdaten). Montagearbeitsplandaten sind notwendig, um bei ähnlichen Fragestellungen bereits existierende Planungsunterlagen verwenden zu können. Gleichzeitig werden in diesen die erstellten bzw. geänderten Montagearbeitspläne hinterlegt.

Teile, für deren Bearbeitung nicht konventionelle, sondern numerisch gesteuerte Werkzeugmaschinen eingesetzt werden, erfordern die Erstellung eines NC-Programms, in dem alle für die Werkstückbearbeitung relevanten Informationen (geometrische, technologische, ablauforientierte) enthalten sind. Die Programmerstellung für NC-Maschinen verfolgt somit die gleiche Zielsetzung wie die zuvor erläuterte Arbeitsplanerstellung, wobei erstere jedoch in detaillierterer Form erfolgt.

Für die Erstellung von NC-Steuerinformationen sind sowohl Informationen über die Geometrie des zu bearbeitenden Werkstückes (Werkstückgeometriedaten, z. B. Gestalt, Abmessungen) als auch über die einzusetzenden Bearbeitungsmaschinen (Maschinendaten, z. B. vorhandene Werkzeuge, Genauigkeit, Drehzahl, Vorschübe) notwendig. Des weiteren werden Angaben über die Werkstücktechnologie (Werkstücktechnologiedaten, z. B. Werkstoff, Oberflächengüte), den zu bearbeitenden Auftrag (Auftragsdaten, z. B. Losgröße) sowie die Fertigungshilfsmittel (Fertigungshilfsmitteldaten, z. B. Voreinstellmaße und Geometrie der Werkzeuge, Größe von Spannmitteln) benötigt.

Analog zur Arbeitsplanerstellung ist es auch auch hier notwendig, bei ähnlichen Problemstellungen auf bereits erstellte NC-Programme (NC-Programmdaten) zurückgreifen zu können. Da die NC-Programmerstellung als Alternative zur Arbeitsplanerstellung anzusehen ist, können beide Funktionen zeitgleich durchgeführt werden.

Neben dem Einsatz numerisch gesteuerter Bearbeitungsmaschinen im Rahmen der Teilefertigung werden zunehmend auch innerhalb der Montage NC-Einrichtungen (speziell Industrieroboter) eingesetzt. Die Funktion der rechnergestützten Erstellung von Steuerprogrammen für Industrieroboter (Programmerstellung für Industrieroboter) ist zeitlich gesehen im Anschluß an die Arbeitsplanerstellung bzw. Programmerstellung für NC-Maschinen auszuführen. Die NC-Programmierung für Industrieroboter substituiert die Montagearbeitsplanerstellung, so daß beide Funktionen parallel durchgeführt werden können. Um die Bewegungsabläufe des Montageroboters entsprechend der jeweiligen Montageaufgabe programmieren zu können, sind Informationen über die Geometrie der zu montierenden Teile (Erzeugnisgeometriedaten) sowie die Art und Weise, wie diese zusammengefügt werden (Zusammenstellungszeichnungsdaten) notwendig. Des weiteren werden Informationen über die Technologie der betroffenen Werkstücke (Werkstücktechnologiedaten, z. B. Werkstoff, Gewicht) benötigt. Stehen alternative NC-Einrichtungen zur Verfügung, so sind zusätzlich Angaben über deren Eigenschaften (Industrieroboterdaten, z. B. Arbeitsraum, Greifergröße, maximale Hebekraft) erforderlich. Infolgedessen, daß in der (Fertigungs-) Stückliste der mengenmäßige Aufbau eines Erzeugnisses beschrieben ist, erfordert die Industrieroboterprogrammierung auch die Bereitstellung von Stücklistendaten. Die erstellten NC-Programme werden in den NC-Programmdaten abgelegt. Gleichzeitig besteht die Notwendigkeit, bei ähnlichen Planungsaufgaben bereits existierende Steuerprogramme verwenden zu können.

Als letzte Funktion des Produktplanungsprozesses ist die innerhalb der Qualitätssicherung auszuführende Prüfplanerstellung zu nennen. Im Prüfplan werden die technischen und organisatorischen Voraussetzungen (z. B. Prüfumfang, Prüfzeitpunkt, Prüfmittel) für eine wirkungsvolle Qualitätsprüfung beschrieben.

Zu den zentralen Aufgaben der Prüfplanerstellung gehören die Auswahl der konkret zu prüfenden Merkmale (Prüfmerkmale) sowie deren genaue Spezifikation (Nennmaße und Toleranzen je Merkmal). Hierbei erfolgt die Auswahl der Prüfmerkmale auf Basis der innerhalb der Qualitätsplanung ermittelten Qualitätsmerkmale (Qualitätsmerkmalsdaten, z. B. Länge, Winkel, Ebenheit, Fehlerbezeichnung, Fehlerwahrscheinlichkeit). Die Spezifikation der Prüfmerkmale dagegen wird auf der Grundlage der in der Konstruktionszeichnung (Zeichnungsdaten, z. B. Sollwerte, Lagebeziehungen, technische Angaben) angegebenen Merkmalsausprägungen ausgeführt.

Der Prüfplan beinhaltet die für eine vollständige Prüfung notwendigen Prüfarbeitsgänge, die als wesentliche Komponenten die vorgangsspezifischen Prüfmittel und Prüfmethoden sowie Prüfzeitpunkt und Prüfort beinhalten. Zur Bestimmung der notwendigen Prüfmittel sind neben der Werkstückgeometrie (Zeichnungsdaten) und der Prüfmerkmalsspezifikation Informationen über die zur Verfügung stehenden Prüfmittel (Prüfmitteldaten, z. B. Meßbereich, Meßunsicherheit, Prüfrüstzeit) bereitzustellen. Entprechend erfordert die Festlegung der Prüfmethoden den Zugriff auf die Prüfmethodendaten. Zur Festlegung des Prüfzeitpunktes ist es notwendig, Kostendaten der Herstellung und Qualitätssicherung verfügbar zu haben. Die Auswahl des Prüfortes, d. h. des Arbeitsplatzes, an dem die Prüfung durchzuführen ist, benötigt Angaben sowohl über die Verfügbarkeit der Prüfmittel als auch die Arbeitsplatzgliederung (Prüfarbeitsplatzdaten). Eine weitere Aufgabe der Prüfplanerstellung ist die Berechnung der Prüfvorgabezeit, wobei diese auf der Grundlage von Planzeitwerten (Zeitrichtwertdaten) erfolgt.

Nach der Ermittlung der einzelnen Prüfarbeitsgänge ist deren zeitliche Reihenfolge festzulegen. Hierzu sind Informationen über die Arbeitsvorgangsfolge innerhalb der Teilefertigung, welche im Arbeitsplan (Arbeitsplandaten) enthalten sind, zur Verfügung zu stellen. Die Arbeitsplandaten liefern darüber hinaus Informationen über die eingesetzten Bearbeitungsmaschinen sowie deren Bearbeitungsunsicherheit. Auf Grund der Tatsache, daß sich Prüfmerkmale nicht nur auf einzelne Werkstücke, sondern auch auf deren Zusammenfügen beziehen können, sind der Prüfplanerstellung des weiteren Stücklisten- und Montagearbeitsplandaten bereitzustellen. Dies gilt jedoch nur unter der Voraussetzung, daß das Merkmal Erzeugnisstruktur in der Ausprägung Erzeugnisse mit komplexer bzw. einfacher Struktur vorliegt. Die Ergebnisse der Prüfplanerstellung werden in den Prüfplandaten vermerkt, welche gleichzeitig zur Lösung ähnlicher Planungsaufgaben herangezogen werden können.

Als weitere Funktion neben der Prüfplanerstellung, die ebenfalls dem Aufgabengebiet der Qualitätssicherung zuzuordnen und innerhalb des Produktplanungsprozesses durchzuführen ist, ist die Qualitätsplanung zu nennen. Aufgabe der Qualitätsplanung ist es, die vom Kunden bzw. vom Gesetzgeber geforderten Produkteigenschaften in Qualitätsmerkmale zu überführen sowie ihre geforderten und zulässigen Werte festzulegen. Die Qualitätsplanung ist eine Querschnittsfunktion, die parallel zu den Konstruktionsfunktionen Funktionsfindung, Lösungsprinziperarbeitung, Gestaltung und Ausarbeitung auszuführen ist. Um bereits frühzeitig potentielle Fehlerquellen, die im späteren Herstellungsprozeß bzw. Prozeßablauf auftreten können, sowie deren Ursachen und Folgen zu erkennen, benötigt die Qualitätsplanung die Resultate der Lösungsprinziperarbeitung, Gestaltung und Ausarbeitung (Lösungsprinzipdaten, Gestaltdaten, Zeichnungsdaten, Stücklistendaten bei Vorliegen der Merkmalsausprägung Erzeugnisse mit komplexer bzw. einfacher Struktur). Die Ergebnisse der Qualitätsplanung werden in den Qualitätsmerkmalsdaten (z. B. Merkmalsbezeichnung, Fehlerwahrscheinlichkeit, Fehlerursache, Fehlerwirkung) vermerkt. Bezüglich der Qualitätsmerkmalsdaten ist des weiteren anzumerken, daß diese zur Lösung ähnlicher Problemstellungen verwendet werden können.

B.2.3. Schwachstellenanalyse

In den bisherigen Ausführungen wurden die Aufgabenkomplexe "Unternehmensanalyse" und "Entwicklung des Anforderungsmodells" behandelt. Aufgabe der nun folgenden Phase der "Schwachstellenanalyse" ist es, über eine Bewertung der innerhalb der Ist-Analyse ermittelten Ergebnisse die Schwachstellen und Lücken der gegenwärtigen Situation, die sich in bezug auf das zu realisierende CIM-Gesamtmodell ergeben, aufzudecken. Entsprechend der bisherigen Vorgehensweise werden auch im Rahmen der Schwachstellenanalyse Funktionen (Funktionsausführung und -unterstützung), Informationsflüsse (Datenintegration) und Prozesse (Prozeßgestaltung) getrennt behandelt.

B.2.3.1.   Funktionsausführung und -unterstützung

Unter dem Begriff Funktionsunterstützung soll hier die DV-gestützte Ausführung betriebswirtschaftlich relevanter Funktionen verstanden werden. Dementsprechend sind Schwachstellen innerhalb der Funktionsunterstützung dadurch gekennzeichnet, daß für ein Unternehmen bedeutsame Funktionen gegenwärtig mit konventionellen Hilfsmitteln in manueller Form ausgeführt werden. Über die reine Funktionsabdeckung hinaus werden auch qualitative Kriterien berücksichtigt. Das heißt, auch mangelnde Qualitätseigenschaften werden als Schwachstellen ausgewiesen. Neben einer lückenhaften und nicht qualitätsgerechten Funktionsunterstützung werden durch das Aufdecken von "überflüssigen" und fehlenden Unternehmensfunktionen auch Schwachstellen der Funktionsausführung identifiziert.

Die Unterteilung des Gesamtfunktionsmodells in einzelne Bereichsmodelle wird auch innerhalb der Schwachstellenanalyse beibehalten. Die Einordnung des Gliederungspunktes zeigt Abbildung B.2.41.

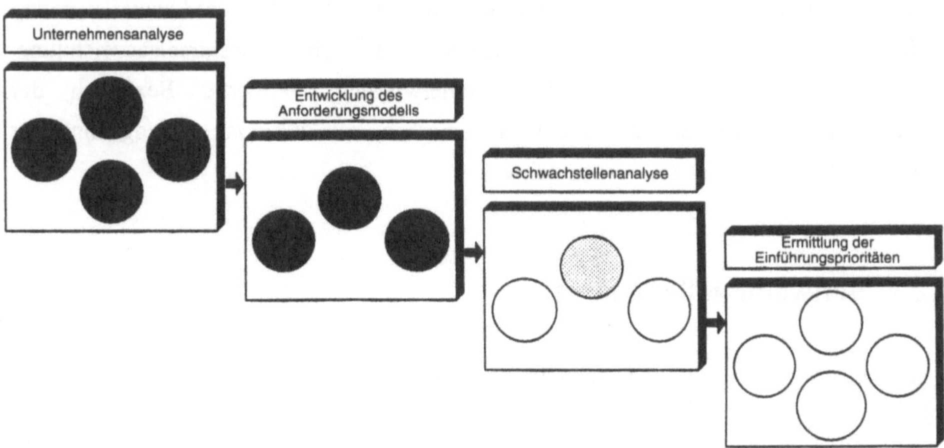

Abb.B.2.41: Einordnung "Schwachstellen der Funktionsausführung und -unterstützung" in das Vorgehensmodell

Die Bewertung der aktuellen Funktionsausführung und -unterstützung erfolgt durch eine Gegenüberstellung des unternehmensspezifischen Funktionsmodells mit den Ergebnissen der Funktionsanalyse (vgl. Abbildung B.2.42). Der Vergleich des Ist-Modells mit dem entwickelten Soll-Modell ist deshalb möglich, weil beide Modelle die gleiche Basis, nämlich das Referenzfunktionsmodell, besitzen und somit begriffs- und strukturmäßig übereinstimmen. Als Ergebnis dieser Gegenüberstellung wird ein DV-Durchdringungsgrad ermittelt.

Die Berechnung des DV-Durchdringungsgrades erfolgt zunächst auf der Ebene der 'Funktionen'. Hierzu werden die jeweiligen Elementarfunktionen des ermittelten Anforderungsmodells mit den zur Zeit existierenden Elementarfunktionen bezüglich ihrer Ausführungsform verglichen. Für Elementarfunktionen, denen Ausprägungen zugeordnet sind, wird ebenfalls ein Durchdringungsgrad ermittelt.

Die auf der Ebene der 'Funktionen' ermittelten Ergebnisse werden entsprechend den weiteren Abstraktionsebenen des funktionalen Referenzmodells verdichtet. Dies bedeutet, daß die Informationen über den gegenwärtigen Stand der Funktionsunterstützung in Form einer Kennzahl auch für die Ebenen der Teilbereiche und Funktionsbereiche vorliegen. Da der arithmetische Mittelwert über die einzelnen 'Funktions'-Durchdringungsgrade in

Anbetracht dessen, daß den einzelnen ´Funktionen´ in der Regel eine unterschiedliche Bedeutung zukommt, zu "verzerrten" Ergebnissen führen kann, ist es notwendig, einen gewichteten Gesamtdurchdringungsgrad zu ermitteln. Aus diesem Grunde werden den ´Funktionen´ und Teilbereichen des unternehmensspezifischen Anforderungsmodells unterschiedliche Gewichtungsfaktoren zugeordnet.

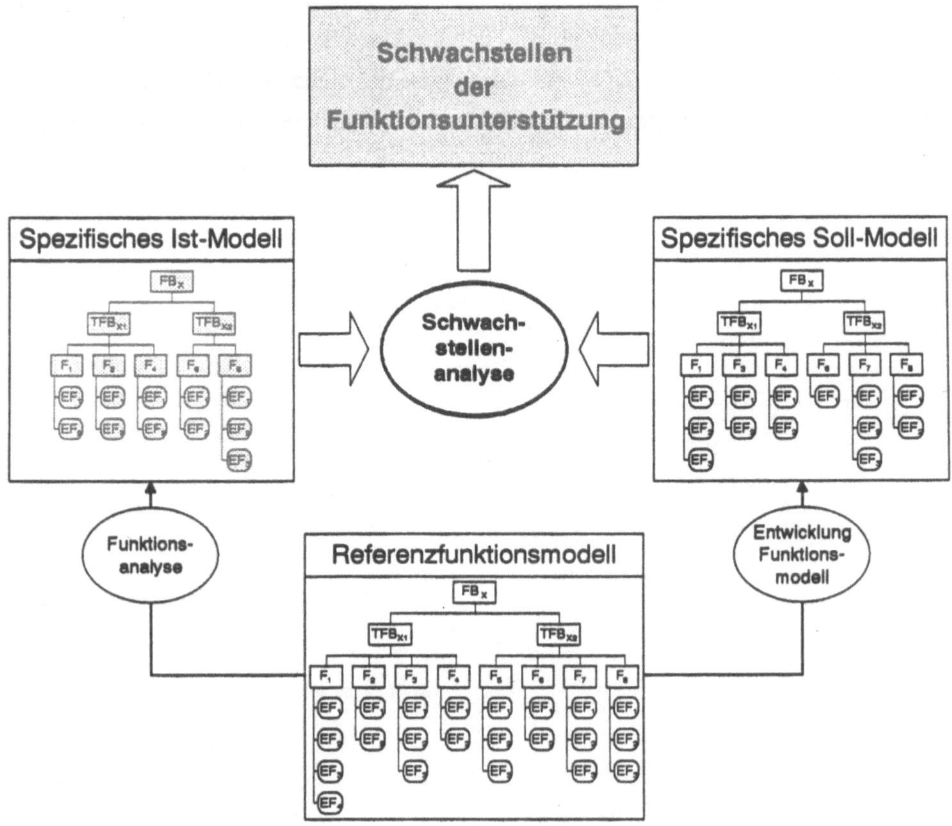

Abb. B.2.42: Vorgehensweise innerhalb der Schwachstellenanalyse - Funktionsausführung und -unterstützung

Wie bereits angedeutet, stellen die errechneten Durchdringungsgrade Werte dar, die eine Vielzahl von Einzelinformationen zu einem (gewichteten) Gesamtwert aggregieren. Um jedoch dem Anwender auch das Zustandekommen des jeweiligen DV-Durchdringungsgrades zu verdeutlichen, werden des weiteren die der jeweils betrachteten Funktion untergeordneten Komponenten einzeln im Soll-Ist-Vergleich dargestellt. In dieser Darstellungsform wird danach differenziert, ob und auf welche Art und Weise eine Funktion ausgeführt wird bzw. ausgeführt werden sollte.

Um die Ergebnisse der Schwachstellenanalyse in einer für den Anwender übersichtlichen und leicht verständlichen Form darzustellen, werden diese in grafischer Form aufbereitet. Hierbei werden die Resultate zunächst auf der obersten Hierarchiestufe des Funktionsmodells, den Funktionsbereichen, präsentiert. Als Darstellungsmittel wird das Y-CIM-Modell gewählt. Der DV-Durchdringungsgrad eines Funktionsbereiches wird als farblich gekennzeichnete Fläche visualisiert. In dieser Präsentationsform werden die DV-Durchdringungsgrade aller betrachteten Funktionsbereiche in einem Gesamtüberblick dargestellt (vgl. Abbildung B.2.43). Hierdurch wird der aktuelle CIM-Status [199], d. h. der Stand des Unternehmens hinsichtlich der zu realisierenden CIM-Gesamtlösung, deutlich.

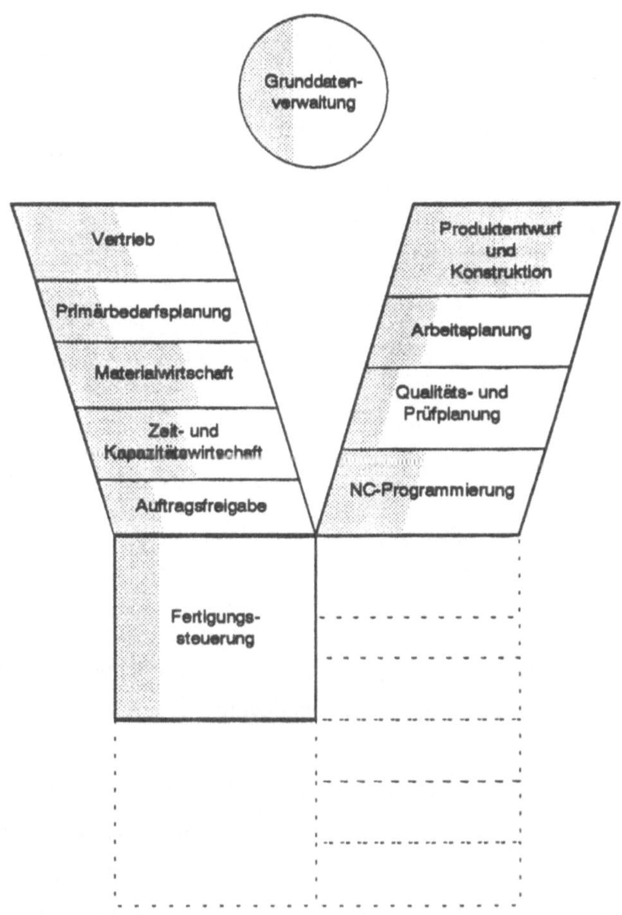

Abb. B.2.43: Darstellung des DV-Durchdringungsgrades auf Funktionsbereichsebene

[199] Vgl. Schulz, H., Bölzing, D.: "CIM-Status" für strategische Investitionsplanung, in: CIM Management 4(1989)4, S. 4-9, insbesondere S. 5 f.

Die Bewertung der Funktionsunterstützung auf Funktionsbereichsebene ist als Übersichtsdarstellung gedacht, die in erster Linie als Entscheidungsgrundlage für das Management geeignet ist.

Ausgehend von der zuvor erläuterten Gesamtdarstellung auf der Ebene der Funktionsbereiche werden die Ergebnisse der Schwachstellenanalyse im nächsten Schritt weiter verfeinert. Auch für die Stufen der Teilbereiche und ´Funktionen´ werden grafische Darstellungstechniken, in diesem Falle Baumstrukturen, verwendet. Hierdurch wird gewährleistet, daß sämtliche zu einem Funktionsbereich gehörenden Teilbereiche und ´Funktionen´ im Gesamtzusammenhang aufgeführt werden. Die grafische Dokumentation der DV-Durchdringungsgrade innerhalb der Baumstruktur erfolgt ebenfalls mittels einer farblich markierten Fläche, die die Knoten des Funktionsbaumes dem Durchdringungsgrad entsprechend ausfüllt (vgl. Abbildung B.2.44). Die Auswertungen auf der Ebene der ´Funktionen´ liefern bereits detaillierte Informationen über den Stand der Informationsverarbeitung innerhalb eines Funktionsbereiches.

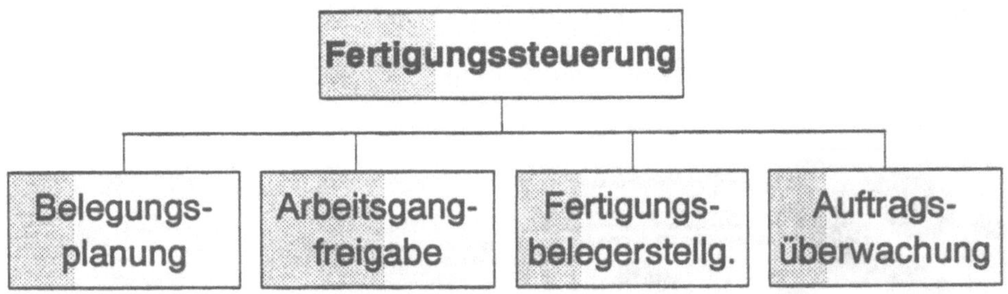

Abb. B.2.44: DV-Durchdringungsgrad innerhalb eines Funktionsbereiches

Die Elementarfunktionen bilden die letzte und gleichzeitig auch die detaillierteste Stufe, auf der die Ergebnisse der Schwachstellenanalyse präsentiert werden. Auf Grund der Tatsache jedoch, daß diese die unterste Ebene des Funktionsmodells repräsentieren, ist es in der Regel nicht möglich, für eine einzelne Elementarfunktion einen verdichteten Wert in Form eines Durchdringungsgrades zu ermitteln. Statt dessen werden hier die zu einer ´Funktion´ gehörenden Elementarfunktionen einzeln in einer gemeinsamen Übersicht im Soll-Ist-Vergleich dargestellt. Wie bereits angedeutet, wird hierbei auch danach unterschieden, in welcher Form (DV-gestützt, manuell, keine Ausführung) die Funktionen zur Zeit ausgeführt werden. Zur Unterstützung des Entscheidungsträgers bei der Auswertung der Ergebnisse werden Bewertungssymbole angezeigt. In denjenigen Fällen, in denen Elementarfunktionen Ausprägungen besitzen, sind diese auf der Ausprägungsebene angeordnet.

Die Informationen über den bewerteten Ist-Zustand der Funktionsunterstützung innerhalb eines bestimmten Funktionsbereiches sind primär für Bereichs- oder Abteilungsleiter (mittleres Management) interessant, da hier Informationen über ein inhaltlich und in der Regel auch organisatorisch abgegrenztes Aufgabengebiet vorliegen.

B.2.3.2.   Datenintegration

Der Begriff Integration wird in der Literatur - je nach behandelter Problemstellung - unterschiedlich interpretiert [200]. Im allgemeinen versteht man unter Integration "... die Herstellung oder Wiederherstellung eines Ganzen durch Vereinigen oder Verbinden logisch zusammengehöriger Teile (entweder als Vorgang oder als Ergebnis)" [201]. Unter dem Begriff Datenintegration versteht Scheer, "... eine gemeinsame Datenbasis ..., die es ermöglicht, daß Informationen, die an einer Stelle der Ablaufkette anfallen und in die Datenbasis eingestellt werden, sofort auch allen anderen beteiligten Stellen zur Verfügung stehen" [202]. Der betrachtete Arbeitsschritt ist in Abbildung B.2.45 in das Vorgehensmodell eingeordnet.

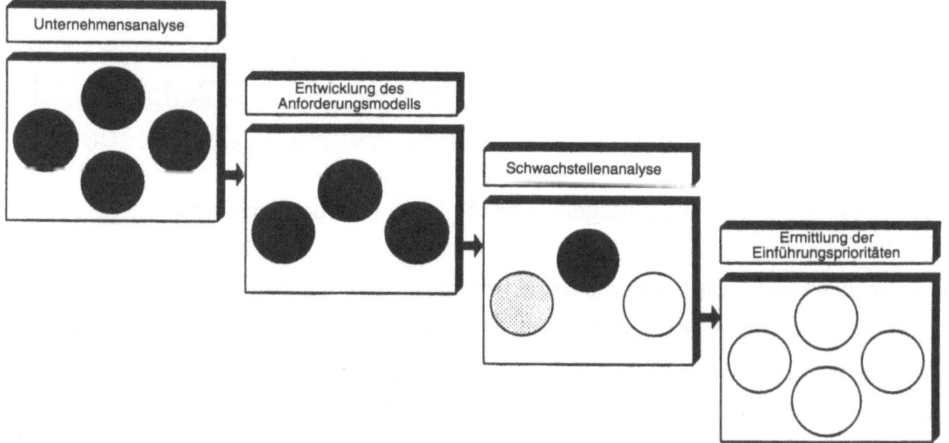

Abb. B.2.45:   Einordnung "Schwachstellen der Datenintegration" in das Vorgehensmodell

[200] Eine ausführliche Diskussion möglicher Aspekte von Integration in diesem Kontext findet sich in: Krcmar, H.: Integration in der Wirtschaftsinformatik - Aspekte und Tendenzen, in: SzU, Band 44, Wiesbaden 1991, S. 4-18, insbesondere S. 4 ff.
[201] Heinrich, L. J., Roithmayr, F.: Wirtschaftsinformatik-Lexikon, 3. Auflage, München Wien 1989, S. 248.
[202] Scheer, A.-W.: CIM - Der computergesteuerte Industriebetrieb, 4. Auflage, Berlin et al. 1990, S. 4.

Im Rahmen der hier zu erörternden Fragestellung soll der Begriff Datenintegration analog zu den Teilschritten "Informationsflußanalyse" und "Entwicklung des Informationsflußmodells" mehr aus fachlicher Sicht betrachtet werden. Datenintegeration bedeutet hierbei, daß die Daten innerhalb eines Unternehmens nur einmal erzeugt und DV-technisch erfaßt werden und danach sämtlichen Funktionen, die diese Daten benötigen, zeitgerecht zur Weiterbe- und -verarbeitung zur Verfügung gestellt werden können, ohne daß hierfür ein Verlassen des elektronischen Speichermediums (EDV-System) erforderlich ist. Dies bedeutet, daß Informationen, die von einer bestimmten Funktion originär erzeugt werden, auch von anderen Funktionen genutzt werden können. Die technische Realisierung der Datenintegration kann sowohl durch die datentechnische Kopplung eigenständiger Anwendungssysteme, als auch durch die Hinterlegung einer einheitlichen Datenbasis erfolgen [203].

Entsprechend der vorherigen Begriffsdefinition sind Schwachstellen und Lücken im Bereich der Datenintegration dadurch gekennzeichnet, daß zwischen organisatorisch eigenständigen und informationell verbundenen Unternehmensbereichen (bzw. deren Funktionen) ein Informationsaustausch im zuvor beschriebenen Sinne nicht existiert bzw. der vorhandene Informationsaustausch unvollständig ist. Darüber hinaus können sich infolgedessen, daß es sich bei den Informationsflüssen des Referenzmodells nicht grundsätzlich um DV-technisch realisierbare Informationsbeziehungen handelt, auch durch das Fehlen manueller Informationsübertragungen Schwachstellen ergeben. Im folgenden steht jedoch der DV-gestützte Austausch von Informationen im Mittelpunkt der Betrachtungen.

Die Ermittlung der zuvor beschriebenen Schwachstellen erfolgt dergestalt, daß die innerhalb der Informationsflußanalyse ermittelten Ergebnisse (Ist-Modell) denjenigen der Entwicklung des Informationsflußmodells (Soll-Modell) gegenübergestellt werden (vgl. Abbildung B.2.46). Auf diese Weise wird ersichtlich, zwischen welchen Bereichen eines Unternehmens infolge der spezifischen Merkmalsausprägungen informationelle Beziehungen existieren und ob bzw. in welcher Form (manuell oder DV-technisch) diese zum aktuellen Zeitpunkt realisiert sind. Darüber hinaus kann die Frage beantwortet werden, ob die bereits realisierten Informationsbeziehungen auch sämtliche Informationen beinhalten, die hier auf Grund der betriebswirtschaftlich-fachlichen Zusammenhänge zu

---

[203] Scholz-Reiter unterscheidet in diesem Zusammenhang die Begriffe Integration und Kopplung. Integration bedeutet danach, "... daß dem Gesamtsystem ... ein einheitliches Modell mit einer allgemeinen für alle Anwendungen gültigen Daten- und Speicherstruktur zugrunde liegt." Den Begriff Kopplung verwendet Scholz-Reiter für die "... datentechnische Verknüpfung zweier getrennter Programmsysteme." Scholz-Reiter, B.: CIM- Schnittstellen, München Wien 1988, S. 22 f.

übertragen sind. Die innerhalb der Informationsflußanalyse erläuterte Untergliederung des Geamtmodells in Partialmodelle gilt in diesem Zusammenhang gleichermaßen.

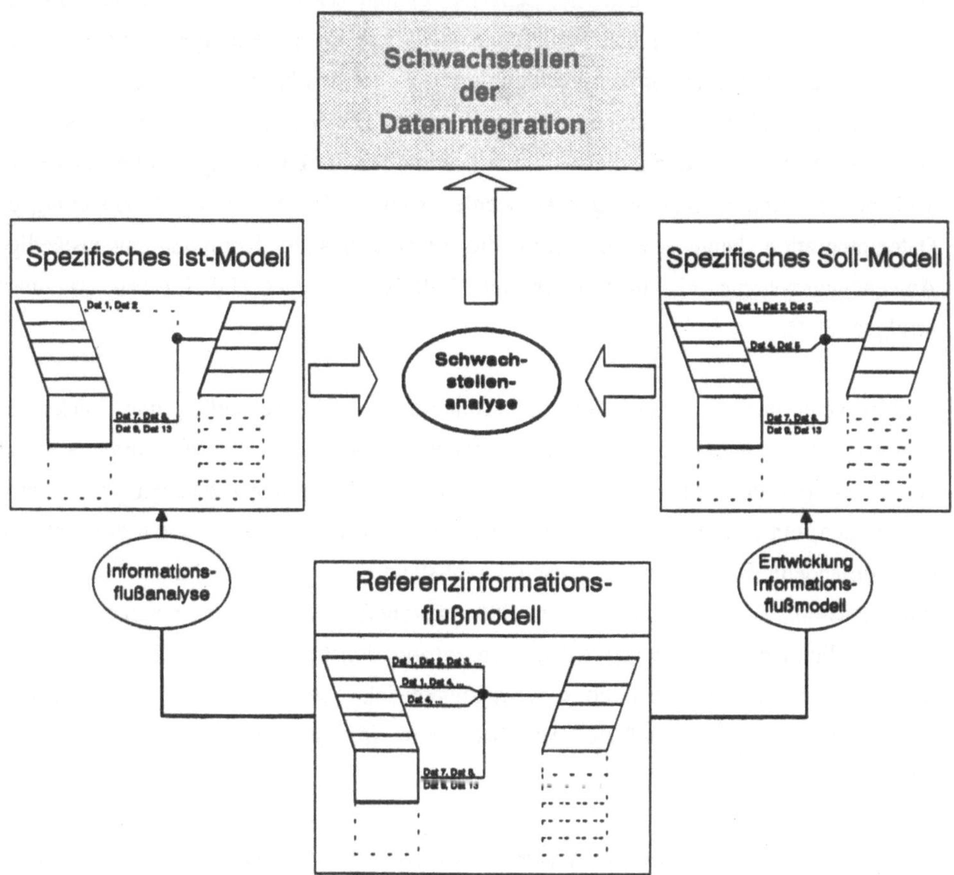

Abb. B.2.46: Vorgehensweise innerhalb der Schwachstellenanalyse - Datenintegration

Die Resultate der Schwachstellenanalyse werden auf zwei unterschiedlichen Detaillierungsstufen ermittelt. Zum einen handelt es sich hierbei um die Ebene der Informationsbeziehungen, zum anderen um die Ebene der Informationen. Beide Auswertungsebenen sind notwendig, um eine ganzheitliche Bewertung des aktuellen Integrationsstandes vornehmen zu können.

Die Dokumentation der Auswertungsergebnisse auf der Ebene der Informationsbeziehungen erfolgt mittels der bereits innerhalb der Informationsflußanalyse beschriebenen grafischen Darstellungsweise (Pfeildarstellung). Aus der farblichen Kennzeichnung der Beziehungspfeile wird ersichtlich, welche Informationsbeziehungen für das betrachtete

Unternehmen relevant sind und ob bzw. auf welche Art und Weise (DV-technisch oder manuell) diese in der aktuellen Situation realisiert sind. Die Vollständigkeit des Informationsaustausches wird durch die Linienart (durchgezogen oder gestrichelt) visualisiert.

Auf der Ebene der Informationen werden für jedes Quellen-Senken-Paar die im Ist- und Soll-Modell enthaltenen Komponenten einzeln gegenübergestellt. Hierbei wird auch danach unterschieden, ob die Daten einer Informationsbeziehung zum gegenwärtigen Zeitpunkt DV-technisch, manuell oder überhaupt nicht übertragen werden. Um dem Anwender die Auswertung der Ergebnisse zu erleichtern, werden Bewertungssymbole angezeigt.

B.2.3.3.   Prozeßgestaltung

Die folgenden Ausführungen beschreiben die Vorgehensweise zur Aufdeckung von Schwachstellen, die sich in bezug auf die organisatorische Gestaltung der Funktionsabläufe ergeben. Die Untergliederung der Gesamtprozeßkette in einzelne Prozesse bleibt auch in diesem Zusammenhang bestehen.

Die Schwachstellenanalyse bezüglich der aktuellen Prozeßgestaltung beinhaltet das Aufzeigen von

- DV-technischen,
- systemtechnischen und
- organisatorischen Brüchen sowie
- Datenredundanzen.

Die Einordnung des Gliederungspunktes ist in Abbildung B.2.47 dargestellt.

DV-technische Brüche zeichnen sich dadurch aus, daß innerhalb eines Prozesses ein Wechsel zwischen DV-gestützter und manueller Funktionsausführung stattfindet. Dieser Tatbestand hat zur Folge, daß Informationen, die bereits in digitalisierter Form vorliegen, zu Papier gebracht werden müssen, so daß im nächsten Schritt eine manuelle Weiterverarbeitung möglich ist. Folgt dann im weiteren Prozeßverlauf nochmals eine rechnerunterstützte Funktion, müssen die aus der manuellen Bearbeitung resultierenden Ergebnisse (Daten) wieder DV-mäßig erfaßt, d. h. vom Benutzer ins System eingegeben werden.

Im Gegensatz hierzu sind systemtechnische Brüche dadurch gekennzeichnet, daß die Funktionen zwar DV-technisch unterstützt, hierbei aber unterschiedliche Anwendungssysteme eingesetzt werden. Verschiedene Anwendungssysteme führen in der Regel dazu, daß ein Mitarbeiter, der unter Umständen mehrere Funktionen bearbeitet, Systeme bedienen muß, die sich im Hinblick auf Benutzeroberfläche und Tastenlayout erheblich unterscheiden. Die Folgen inkonsistenter Benutzerschnittstellen sind ein höherer Einarbeitungsaufwand sowie eine erhöhte Anwenderbelastung, die häufig zu Bedienungsfehlern führt.

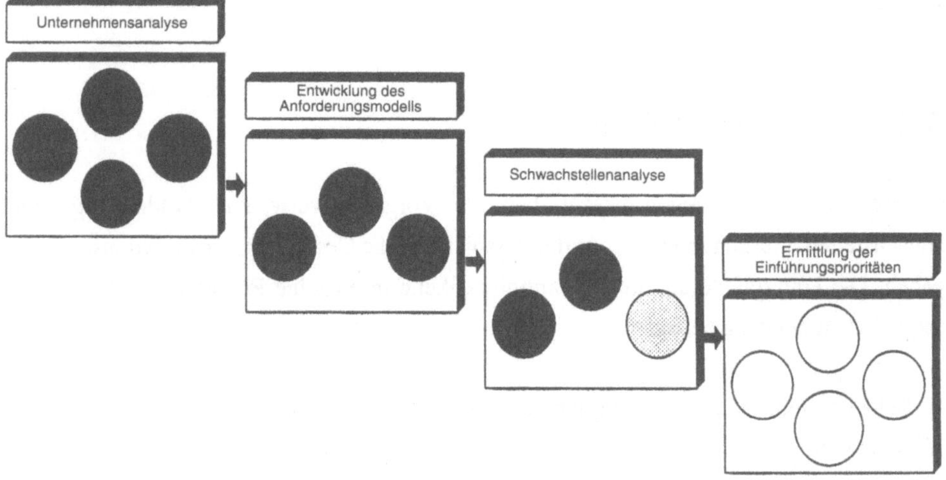

Abb. B.2.47: Einordnung "Schwachstellen der Prozeßgestaltung" in das Vorgehensmodell

Sind die Funktionen eines Prozesses auf eine Vielzahl unterschiedlicher Organisationseinheiten verteilt, so handelt es sich um organisatorische Brüche. Organisatorische Brüche führen einerseits dazu, daß zwischen den Organisationseinheiten Informationsübertragungszeiten anfallen, andererseits sind für Funktionen, die nicht in der gleichen Organisationseinheit bearbeitet werden, in der Regel Einarbeitungs- und Abstimmungszeiten notwendig. Beide Tatbestände führen zu einer Erhöhung der Durchlaufzeiten [204].

In den Unternehmen ist oftmals nicht bekannt, welche Daten in welchen Abteilungen verwaltet werden und in welcher Form dies geschieht. Dieser Sachverhalt ist im wesentlichen darauf zurückzuführen, daß die Abteilungen in der Regel mit eigenen

---

[204] Vgl. Scheer, A.-W.: CIM - Der computergesteuerte Industriebetrieb, 4. Auflage, Berlin et al. 1990, S. 3 f.

Verantwortlichkeiten und Zielsetzungen handeln, und infolgedessen auch die Datenverwaltung auf die spezifischen Abteilungsinteressen ausgerichtet ist. Hierdurch kommt es häufig zu der Situation, daß gleiche Daten in unterschiedlichen Abteilungen redundant verwaltet werden [205]. Dies hat einen erhöhten Korrekturaufwand zur Folge, da sich auf Grund der mehrfachen Datenhaltung sehr leicht Inkonsistenzen ergeben können.

Die Vorgehensweise zur Ermittlung der zuvor beschriebenen Schwachstellen unterscheidet sich von derjenigen zur Aufdeckung funktionaler (Funktionsausführung und -unterstützung) und integrativer (Datenintegration) Schwachstellen (vgl. Abbildung B.2.48). Während in den beiden letztgenannten Fällen die Schwachstellen erst durch einen Vergleich der Ist-Situation mit der anzustrebenden Soll-Situation ermittelt werden können, können die Schwächen der gegenwärtigen Prozeßgestaltung bereits dadurch aufgedeckt werden, daß die innerhalb der Prozeß- bzw. Funktionsanalyse erhobenen Informationen grafisch aufbereitet werden. Der Grund hierfür liegt darin, daß die anzustrebenden Soll-Zustände, wie beispielsweise eine durchgängige DV-Unterstützung oder die Vermeidung von Datenredundanzen, in diesen Fällen allgemein bekannt sind und die Schwachstellen der aktuellen Situation somit sofort erkennbar sind.

Obwohl bereits durch die strukturierte und grafische Visualisierung der gegenwärtigen Ist-Situation wesentliche Schwachstellen aufgezeigt werden können, liegt in der Gegenüberstellung der Ist-Situation mit den Ergebnissen der Prozeßmodellentwicklung (Soll-Situation) eine weitere Möglichkeit, Ansatzpunkte für ablauforganisatorische Veränderungen zu lokalisieren. Zu nennen sind in diesem Kontext die zeitliche und logische Reihenfolge der Funktionsausführung, die Zuordnung von Funktionen zu Prozessen sowie die funktionsspezifischen Input-Daten. Ein automatisierter Soll-Ist-Vergleich, wie er bei den Schwachstellen der Funktionsausführung und -unterstützung sowie der Datenintegration durchführbar ist, ist in diesem Zusammenhang nicht möglich, da innerhalb der Prozeßanalyse lediglich die Funktionen der Referenzprozesse als Leitlinien dienen. Die übrigen Prozeßinhalte, wie beispielsweise Organisationseinheiten und Daten, werden nicht auf der Grundlage der Referenzprozesse erfaßt. In Anbetracht dieser Tatsache können begriffliche Inkonsistenzen entstehen, die einem automatisierten Soll-Ist-Vergleich entgegenstehen.

---

[205] Zum Begriff der Datenredundanz sowie der damit verbundenen Probleme vgl. Österle, H., Brenner, W.: Integration durch Synonymerkennung, Arbeitsberichte der Betriebsinformatik, Bericht Nr. 28-86, St. Gallen 1986.

Die zusätzliche Darstellung der entwickelten Soll-Prozesse hat gegenüber der alleinigen Konzentration auf den Ist-Zustand den Vorteil, daß die Neugestaltung der Ablauforganisation auf der Grundlage einer den unternehmensspezifischen Anforderungen angepaßten "Optimalstruktur" erfolgen kann.

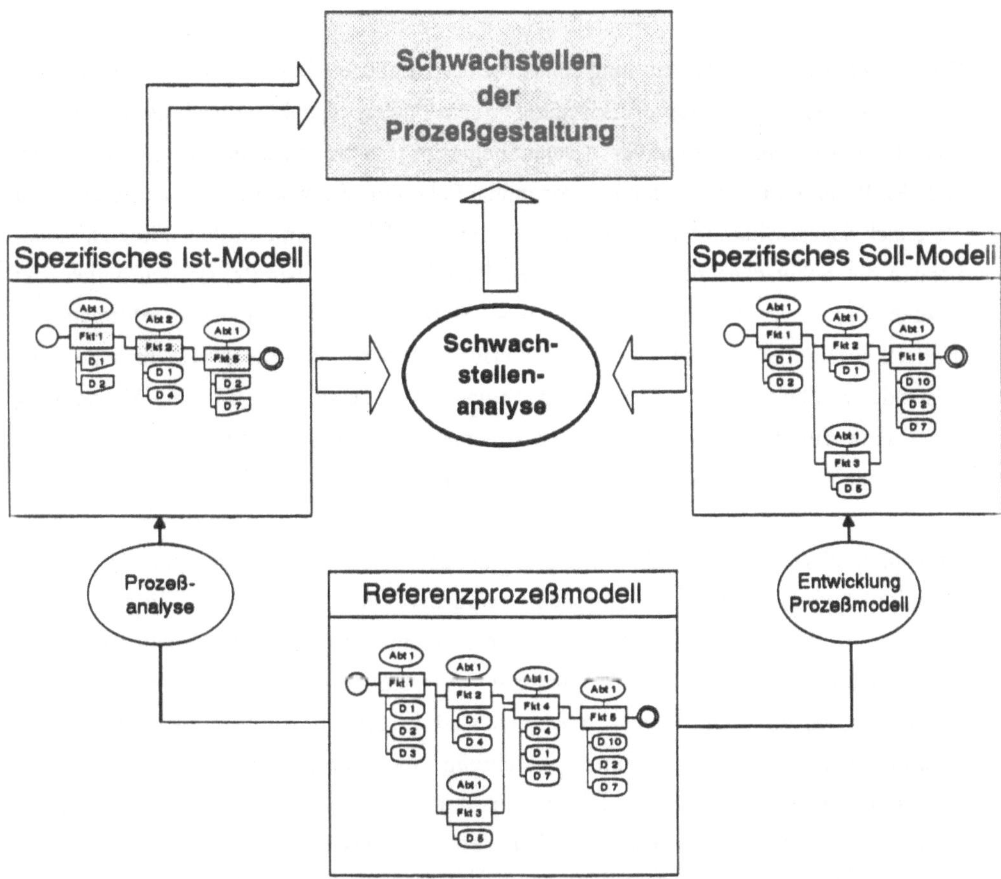

Abb. B.2.48:   Vorgehensweise innerhalb der Schwachstellenanalyse - Prozeßgestaltung

Die Schwachstellen der Prozeßgestaltung werden mittels der innerhalb der Prozeßanalyse erläuterten grafischen Beschreibungssprache aufgezeigt. Hierbei werden DV-technische Brüche dadurch dokumentiert, daß die Funktionen ihrer Ausführungsform (DV-gestützt oder manuell) entsprechend durch unterschiedliche Farben gekennzeichnet sind. Das Erkennen systemtechnischer und organisatorischer Brüche wird durch die konsequente räumliche Anordnung der Prozeßelemente ermöglicht. Das Aufzeigen möglicher Datenredundanzen wird durch die farbliche Hervorhebung gleicher Datenbestände unterstützt. Anregungen für organisatorische Neugestaltungsmaßnahmen, die sich nicht unmittelbar aus den aktuellen Gegebenheiten erkennen lassen, werden durch das gleichzeitige Anzeigen der Ist- und Soll-Strukturen gegeben.

Aufbauend auf den Ergebnissen der Ist-Analyse sowie der Prozeßmodellentwicklung kann dann im nächsten Schritt die konkrete Gestaltung der zukünftig zu realisierenden Ablauforganisation erfolgen. Da diese unter Berücksichtigung der unternehmensspezifischen Organisationsumgebung erfolgen muß, überwiegt hier die individuelle Fachkompetenz [206] des Anwenders.

B.2.4. Ermittlung der Einführungsprioritäten

Nach der Erarbeitung eines auf die spezifischen Belange des Unternehmens ausgerichteten CIM-Rahmenkonzeptes liegt der nächste Schritt in der Konzeptrealisierung [207]. Das heißt, es ist ein Weg festzulegen, wie das Unternehmen ausgehend von den heutigen Gegebenheiten (Ist-Situation) die durch das CIM-Rahmenkonzept beschriebene Unternehmenssituation (Soll-Situation) zu einem festgelegten Zeitpunkt erreichen kann.

Die CIM-Realisierung stellt infolgedessen, daß hiervon alle Teilbereiche eines Unternehmens betroffen sind, eine Aufgabe dar, die durch einen hohen Anwendungsumfang gekennzeichnet ist. Gleichzeitig erfordert die CIM-Realisierung den Einsatz hoher Investitionsmittel, die bereits in kleinen und mittleren Unternehmen häufig die Millionengrenze überschreiten [208]. Auch hinsichtlich der personellen Ressourcen ergeben sich hohe Belastungen, da die mit der Einführung betrauten Mitarbeiter auf Grund des damit verbundenen Arbeitsaufwandes vom aktuellen Tagesgeschäft weitestgehend befreit werden müssen.

Aus den zuvor genannten Gründen wird deutlich, warum es sich bei der Einführung von CIM um ein Vorhaben handelt, das nicht in einem einzigen Schritt realisiert werden kann [209]. Vielmehr ist es notwendig, durch ein stufenweises Vorgehen die Komplexität auf

---

[206] Hierzu gehört zum Beispiel auch das Wissen über die praktische Durchführbarkeit theoretisch sinnvoller organisatorischer Veränderungsmaßnahmen.

[207] Der Realisierungsbegriff umfaßt hierbei neben der praktischen Umsetzung auch die Detaillierung des Rahmenkonzeptes.

[208] Vgl. Braun, M., Förster, H.-U., Vorspel-Rüter, F.: Mit CIM die Zukunft gestalten, VDMA, FKM (Hrsg.), Frankfurt 1988, S. 50.

[209] Vgl. hierzu auch Wildemann, H.: Integrationslücken und Integrationspfade für CIM, in: DBW 51(1991)4, S. 413-434, insbesondere S. 431; Grabowski, H.: CAD/CAM-Bausteine einer rechnerintegrierten Fabrik, in: Handbuch der modernen Datenverarbeitung 25(1988)139, S. 12-27, insbesondere S. 22.

ein überschaubares Maß zu reduzieren. Dies hat zur Folge, daß das Gesamtprojekt CIM, wie in Abbildung B.2.49 dargestellt, in einzelne Teilprojekte zergliedert wird [210]. Die zeitliche Fixierung der einzelnen Projektalternativen (Einführungsreihenfolge) wird dabei maßgeblich durch ihre Einführungspriorität bestimmt.

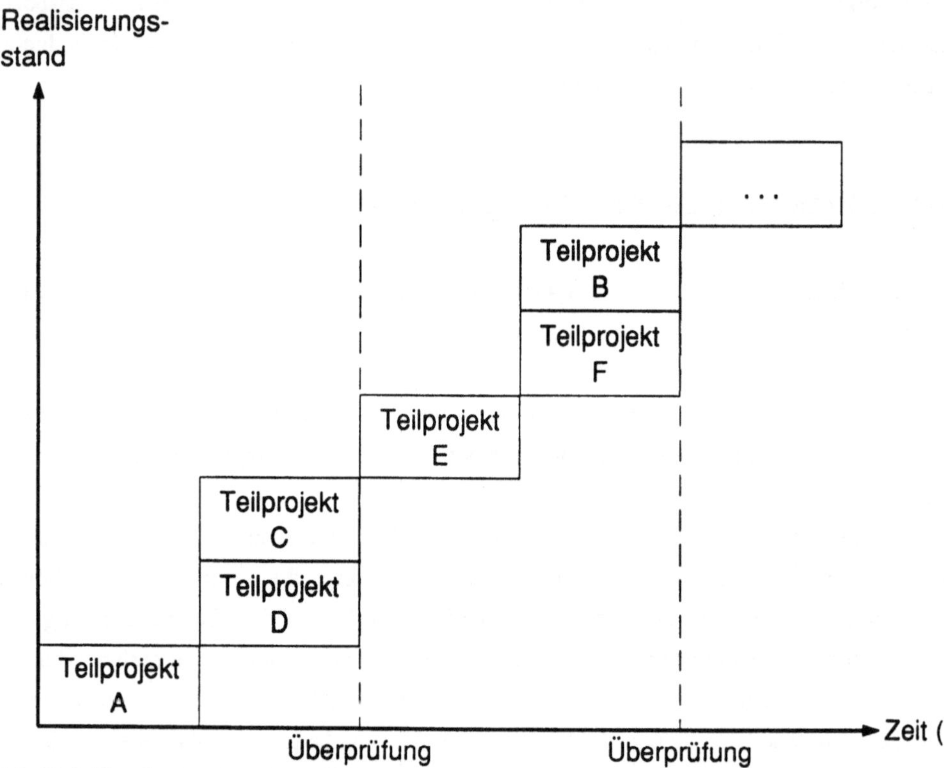

Abb. B.2.49: Stufenplan einer CIM-Realisierung

Bei der Bildung der Teilprojekte ist darauf zu achten, daß es sich um geschlossene und unabhängig voneinander realisierbare Lösungsansätze handelt. Als CIM-Teilprojekte, welche diese Anforderungen erfüllen, sollen hier die in den betrachteten Funktionsbereichen des Y-CIM-Modells einzusetzenden Anwendungssysteme (im folgenden CIM-Bausteine bzw. CIM-Komponenten genannt) verstanden werden. Hierbei ist es durchaus denkbar, daß mehrere Funktionsbereiche in einem Teilprojekt zusammengefaßt werden. Da jedoch das Ziel nicht darin liegt, die Anzahl der

---

[210] Vgl. Scheer, A.-W.: Vorgehensweise für eine systematische CIM-Einführung - die Y-CIM-Strategie, in: Scheer, A.-W. (Hrsg.): Tagungsband zur Fachtagung CIM im Mittelstand, Heidelberg 1990, S. 1-17, insbesondere S. 14; Wildemann, H.: Strategische Investitionsplanung, Wiesbaden 1987, S. 144 f.

Insellösungen zu erhöhen, muß gleichzeitig mit der Einführung einer oder mehrerer bereichsspezifischer Technologien ihre Integration in das bestehende Umfeld erfolgen.

Eine allgemeingültige, unternehmensneutrale Reihenfolge für die Einführung der relevanten CIM-Bausteine kann nicht abgeleitet werden, da diese in besonderem Maße von der Ausgangssituation und den Rahmenbedingungen des jeweiligen Unternehmens determiniert wird [211]. Der Entscheidungsträger steht somit vor der Aufgabe, zum Zwecke der Reihenfolgebildung die zur Verfügung stehenden Alternativen (CIM-Komponenten) vor dem Hintergrund der relevanten Einflußgrößen "optimal" zu ordnen. Auf Grund der Tatsache, daß hierbei eine Vielzahl unterschiedlicher Zielkriterien zu beachten sind, stellt sich das Problem einer Bewertung von Alternativen unter Berücksichtigung eines mehrdimensionalen Zielsystems [212]. Des weiteren ist festzustellen, daß es sich bei der Mehrzahl der Kriterien um nicht bzw. schlecht quantifizierbare Einflußgrößen handelt. Da die Bedeutung der einzelnen Zielkriterien individuell verschieden ist, muß darüber hinaus auch die zielrelevante Präferenzstruktur des Entscheidungsträgers mit in die Beurteilung einbezogen werden.

Bevor im folgenden ein für die genannte Aufgabenstellung geeignetes Lösungsprinzip vorgestellt wird, ist zunächst folgendes festzustellen: Die Aufstellung eines Realisierungsplans für das entwickelte CIM-Konzept kann keinesfalls als einmalige Aufgabe angesehen werden. Vielmehr ist es notwendig, in Form einer rollierenden Planung die einmal festgelegten Realisierungsprioritäten erneut zu überprüfen. Die zyklische Kontrolle der Realisierungsstrategie ist deshalb sinnvoll, weil einerseits die Durchführung eines spezifizierten Teilprojektes in der Regel einen längeren Zeitraum in Anspruch nimmt, andererseits sich Ausgangssituation und Rahmenbedingungen im Zeitablauf ändern können. Im Extremfall kann es erforderlich sein, nach Beendigung eines jeden Teilschrittes erneut festzulegen, welche CIM-Technologie(n) als nächstes einzuführen bzw. welches Aufgabengebiet es im folgenden zu automatisieren gilt.

Als ein adäquates Verfahren zur Lösung der beschriebenen Problematik kann die Nutzwertanalyse angesehen werden. Zangemeister definiert die Nutzwertanalyse als "...

---

[211] Vgl. Schultz-Wild, R., Nuber, C., Rehberg, F., Schmierl, K.: An der Schwelle zu CIM, Köln 1989, S. 148; Grabowski, H., Watterott, R.: Komponenten einer strategischen CIM-Planung, in: Wildemann, H. (Hrsg.): Gestaltung CIM-fähiger Unternehmen, München 1989, S. 85-122, insbesondere S. 112 ff.

[212] Zangemeister benutzt in diesem Zusammenhang den Begriff Zielsystem, da die Ziele (Kriterien) in der Regel nicht isoliert zu betrachten sind, sondern miteinander in Beziehung stehen. Vgl. Zangemeister, Ch.: Nutzwertanalyse in der Systemtechnik, 4. Auflage, Berlin 1976, S. 89.

die Analyse einer Menge komplexer Handlungsalternativen mit dem Zweck, die Elemente dieser Menge entsprechend den Präferenzen des Entscheidungsträgers bzgl. eines multidimensionalen Zielsystems zu ordnen. Die Abbildung dieser Ordnung erfolgt durch die Angabe der Nutzwerte (Gesamtnutzen) der Alternativen" [213]. Durch die Möglichkeit der mehrdimensionalen Bewertung von Alternativen sowie die Berücksichtigung qualitativer Nutzenfaktoren gewährleistet das Verfahren der Nutzwertanalyse eine gesamtheitliche Beurteilung der Handlungsalternativen [214]. Weitere Vorteile der Nutzwertanalyse liegen in der Überschaubarkeit und Nachvollziehbarkeit ihres Ablaufs. Der allgemeine Aufbau von Nutzwertmodellen ist in Abbildung B.2.50 dargestellt.

Kriterien \ Alternativen	A_1	A_2	A_3	. . . .	A_m	Präferenzen
K_1	z_{11}	z_{12}	z_{13}	. . . .	z_{1m}	g_1
K_2	z_{21}	z_{22}	z_{23}	. . . .	z_{2m}	g_2
K_3	z_{31}	z_{32}	z_{33}	. . . .	z_{3m}	g_3
.	.	.	.	. . . .	.	.
K_n	z_{n1}	z_{n2}	z_{n3}	. . . .	z_{nm}	g_n

Nutzwerte	N_1	N_2	N_3	. . . .	N_m

Abb. B.2.50: Allgemeiner Aufbau von Nutzwertmodellen [215]

Gemäß Abbildung B.2.50 ergeben sich für die erfolgreiche Anwendung der Nutzwertanalyse die folgenden Schritte [216]:

[213] Vgl. Zangemeister, Ch.: Nutzwertanalyse in der Systemtechnik, 4. Auflage, Berlin 1976, S. 45.

[214] Vgl. Nagel, K.: Nutzen der Informationsverarbeitung, München et al. 1988, S. 88.

[215] In Anlehung an: Zangemeister, Ch.: Nutzwertanalyse in der Systemtechnik, 4. Auflage, Berlin 1976, S. 59.

179

1. Aufstellung der relevanten Zielkriterien
2. Festlegung der Kriteriengewichte
3. Bestimmung der einzelnen Zielausprägungen zu den Alternativen
4. Berechnung der alternativenspezifischen Nutzwerte

In den nachfolgenden Kapiteln werden die zuvor in allgemeiner Form skizzierten Teilschritte der Nutzwertanalyse vor dem Hintergrund der hier zu behandelnden Problemstellung, Prioritäten für die CIM-Realisierung zu ermitteln, durchgeführt.

B.2.4.1. Bestimmung der relevanten Zielkriterien

Die Einordnung des Gliederungspunktes in das Vorgehensmodell zeigt Abbildung B.2.51.

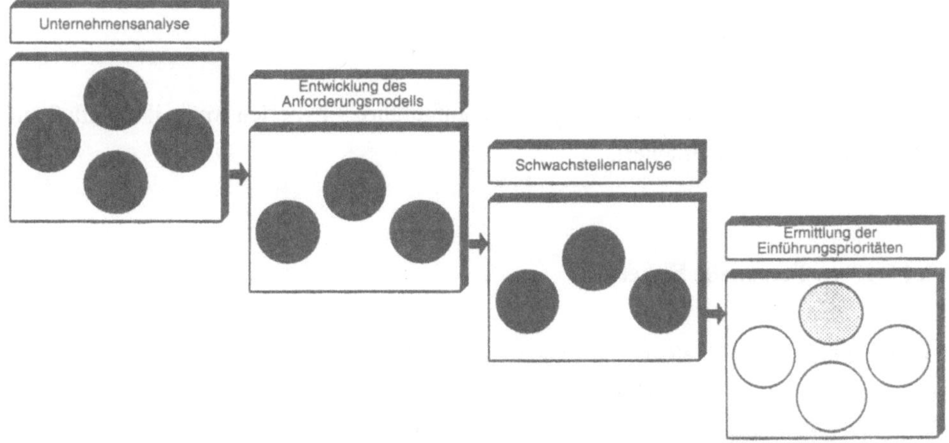

Abb. B.2.51: Einordnung "Bestimmung der Zielkriterien" in das Vorgehensmodell

Vor dem Hintergrund der Realisierungsplanung gilt es Kriterien zu entwickeln, anhand derer die wettbewerbswirtschaftlichen Nutzeffekte sowie die Realisierungsvoraussetzungen der einzelnen Projektalternativen beurteilt werden können. Dies ist erforderlich, weil die durchzuführenden (Teil-) Investitionen sowohl unter strategischen Gesichtspunkten richtig als auch operativ realisierbar und tragbar sein müssen. Das für die betrachtete Problemstellung entwickelte Kriterienschema (vgl. Abbildung B.2.52) besitzt eine hierarchische Struktur, wobei die Beziehungen zwischen den einzelnen Elementen

---

[216] Vgl. Zangemeister, Ch.: Nutzwertanalyse in der Systemtechnik, 4. Auflage, Berlin 1976, S. 60.

klassifikatorischer Art sind, d. h., die Kriterien beruhen auf einem gemeinsamen Ordnungsmerkmal.

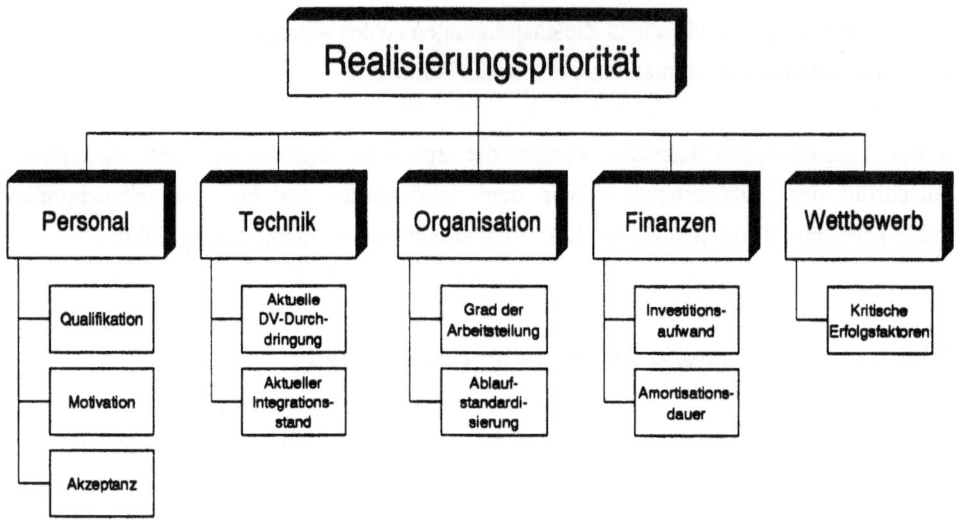

Abb. B.2.52: Kriterienschema

Im folgenden werden die in Abbildung B.2.52 aufgeführten Kriterien sowie ihr Einfluß auf die Einführungspriorität erläutert.

B.2.4.1.1. Personelle Kriterien

Der Erfolg einer CIM-Realisierung bzw. eines CIM-Teilprojektes wird in entscheidendem Maße durch die von der Implementierung betroffenen Mitarbeiter beeinflußt [217]. Dieser Einfluß resultiert aus der Tatsache, daß es letztendlich die Mitarbeiter sind, die die Effizienz und damit den Nutzen des Technologieeinsatzes bestimmen. Personelle Probleme ergeben sich insbesondere deshalb, weil die mit dem Einsatz neuer Technologien einhergehenden arbeitsorganisatorischen Veränderungen ein nicht zu unterschätzendes Potential an sozialen Konflikten beinhalten.

Qualifikation

Durch die Einführung neuer Informationstechnologien ergeben sich neue Qualitätsanforderungen an die Mitarbeiter. Diese resultieren zum einen daraus, daß die

---

[217] Zur Einbeziehung der Mitarbeiter in die CIM-Realisierung vgl. ausführlich: Bartels, R.: Partizipative CIM-Einführung, Dissertation, Universität Saarbrücken 1992; Bullinger, H.-J. (Hrsg.): Personalentwicklung und -qualifikation, Berlin et al. 1992.

Funktionserfüllung mittels DV-technischer Hilfsmittel erfolgt. Fehlende Kenntnisse und Erfahrungen der Mitarbeiter im Umgang mit diesen Technologien können somit die Einführung erschweren. Zum anderen ändern sich in der Regel auch die Tätigkeitsinhalte der Betroffenen, indem der Anteil anspruchsvoller Tätigkeiten zunimmt, wogegen Routinetätigkeiten in zunehmendem Maße von der EDV übernommen werden [218].

Das vorherrschende Qualifikationsniveau in den verschiedenen Anwendungsgebieten kann somit für die Wahl des Einführungszeitpunktes von wesentlicher Relevanz sein. Determiniert wird das Qualifikationsniveau durch die zur Verfügung stehenden Personalkapazitäten, die die für eine erfolgreiche Einführung notwendigen qualifikatorischen Voraussetzungen besitzen bzw. diese termingerecht erlangen können.

Akzeptanz

Die erfolgreiche Einführung und Nutzung von EDV-Systemen wird neben dem Qualifikationsniveau maßgeblich von der inneren Bereitschaft der Mitarbeiter bestimmt, diese auch wirklich anzunehmen. Ablehnende oder abwartende Haltungen können die Einführung wesentlich behindern oder sogar scheitern lassen [219]. Akzeptanzbarrieren können im wesentlichen durch einen der Einführung neuer Technologien vorgelagerten, kooperativen Planungsprozeß vermieden werden. Nur durch eine frühzeitige Einbindung der Mitarbeiter in den Planungsprozeß können die Voraussetzungen für die Akzeptanz und damit eine wirtschaftliche Nutzung und hohe Produktivität geschaffen werden.

Motivation

Die zuvor beschriebene Bereitschaft der Mitarbeiter, die neuen Technologien zu akzeptieren, kann als notwendige, jedoch nicht als hinreichende personelle Bedingung für eine erfolgreiche Systemeinführung und -nutzung angesehen werden. Darüber hinaus ist von der Seite der Mitarbeiter eine positive und gleichzeitig konstruktive Denkweise erforderlich, was eine Identifikation mit den angestrebten Zielen voraussetzt. Es muß somit zusätzlich die Bereitschaft bestehen, die Einführung und Nutzung der CIM-Technologien aktiv zu unterstützen [220]. Dies bedeutet beispielsweise, daß vorhandene Systemschwachstellen erkannt und im Sinne einer gemeinsamen Zielerreichung selbständig Verbesserungsvorschläge erarbeitet werden.

---

[218] Vgl. Zentes, J.: EDV-gestütztes Marketing, Berlin et al. 1987, S. 312 f; Braun, M., Förster, H.-U., Vorspel-Rüter, F.: Mit CIM die Zukunft gestalten, VDMA, FKM (Hrsg.), Frankfurt 1988, S. 115.

[219] Vgl. Schultz-Wild, R., Nuber, C., Rehberg, F., Schmierl, K.: An der Schwelle zu CIM, Köln 1989, S. 166.

[220] Vgl. Köhl, E., Esser, M. A., Kemmer, A., Förster, U.: CIM zwischen Anspruch und Wirklichkeit, Köln 1989, S. 239.

B.2.4.1.2. Finanzielle Kriterien

Die Berücksichtigung finanzwirtschaftlicher Aspekte ist insbesondere für mittelständische Unternehmen von Bedeutung. Dies ergibt sich zum einen daraus, daß solche Unternehmen in der Regel geringere Finanzierungsmöglichkeiten besitzen und somit einem höheren finanziellen Risiko ausgesetzt sind, als dies beispielsweise bei Großunternehmen der Fall ist. Zum anderen haben mittelständische Unternehmen auf Grund unsicherer Zukunftserwartungen häufig Probleme bei der Beschaffung langfristigen Fremdkapitals.

Investitionsaufwand

Die Anschaffung und Einführung moderner Informationstechnologien erfordert Investitionsmittel, die wesentlich höher sind, als dies bei konventionellen Techniken der Fall ist. Hierbei sind die Probleme jedoch nicht ausschließlich in der Aufbringung der notwendigen Investitionsmittel zu sehen, sondern auch darin, daß es äußerst schwierig ist, den daraus resultierenden Nutzen monetär zu quantifizieren [221]. Letzteres resultiert weitestgehend aus der Tatsache, daß mit der Einführung neuer Technologien eine hohe Anzahl qualitativer Nutzenelemente verbunden sind. Zum anderen wird die Problematik dadurch verstärkt, daß die Nutzenpotentiale von CIM-Investitionen in der Regel nicht auf das eigentliche Anwendungsgebiet beschränkt und somit sehr viel breiter angelegt sind, als dies bei herkömmlichen Investitionen der Fall ist [222]. Darüber hinaus ist zu berücksichtigen, daß die wesentlichen Nutzenpotentiale von CIM-Investitionen langfristiger Natur sind, d. h., zwischen dem Nutzenanfall und dem Zeitpunkt der Realisierung besteht in der Regel eine erhebliche zeitliche Diskrepanz.

Aus den genannten Gründen kann es unter finanzwirtschaftlichen Aspekten sinnvoll sein, in denjenigen Anwendungsbereichen die CIM-Einführung zu beginnen, die im Hinblick auf das erforderliche Finanzvolumen geringere Anforderungen stellen. Auf diese Weise kann das finanzielle Risiko auf ein kalkulierbares Maß reduziert werden. Des weiteren ergibt sich hierdurch der Vorteil, daß im Falle einer erfolgreich abgeschlossenen Erst-Implementierung, sich die Wahrscheinlichkeit für eine positive Beurteilung späterer Investitionsanträge - die einen größeren finanziellen Rahmen besitzen - erhöht.

---

[221] Zur generellen Problematik des Nutzens von CIM-Investitionen vgl. Schreuder, S., Uppmann, R.: CIM-Wirtschaftlichkeit - Vorgehensweise zur Ermittlung des Nutzens einer Integration von CAD, CAP, CAM, PPS und CAQ, Köln 1988.

[222] Zum Vergleich des Nutzens von herkömmlichen Investitionen und CIM-Investitionen vgl. Maier-Rothe, C.: Wettbewerbsvorteile durch höhere Produktivität und Flexibilität, in: Arthur D. Little International (Hrsg.): Management im Zeitalter der Strategischen Führung, Wiesbaden 1985, S. 125-161, insbesondere S. 145 f.

Amortisationsdauer

Unter der Amortisationsdauer soll hier die Zeitspanne von der Installation des Systems bis zu dem Zeitpunkt, zu dem sich die ersten positiven Aspekte des EDV-Einsatzes einstellen, verstanden werden. Hinsichtlich der Amortisationsdauer können zwischen den einzelnen CIM-Systemen erhebliche Unterschiede festgestellt werden. Hierbei ist jedoch darauf hinzuweisen, daß die erforderliche "Anlaufzeit" nicht nur von der einzusetzenden Technologie determiniert wird. Gleichermaßen spielen in diesem Kontext die bereits beschriebenen personellen Einflußfaktoren eine wesentliche Rolle.

Analog zum Investitionsaufwand kann auch die erforderliche Amortisationsdauer als ein wesentlicher Gesichtspunkt im Rahmen der Realisierungsplanung angesehen werden. Zum einen kann eine lange Amortisationsdauer zu einer Verunsicherung der Geschäftsleitung bezüglich der Richtigkeit der von ihr getroffenen Entscheidung führen. Zum anderen sind lange Amortisationszeiten häufig die Folge langer Implementierungszeiten, die wiederum ihrerseits einen Motivationsverlust der betroffenen Mitarbeiter zur Folge haben können. Beide Tatbestände können letztendlich den Erfolg des Projektvorhabens und somit die gesamte CIM-Einführung erheblich gefährden.

B.2.4.1.3. Organisatorische Kriterien

Mit der Implementierung moderner CIM-Technologien sind nachhaltige organisatorische Veränderungen innerhalb des Unternehmens verbunden. Diese betreffen sowohl die Inhalte als auch die Abgrenzungen und die Reihenfolge der betrieblichen Tätigkeiten. Notwendig werden diese Umstrukturierungen dadurch, daß die bestehenden arbeitsorganisatorischen Strukturen an die Ablaufstruktur der einzusetzenden Systeme anzupassen sind. Erst hierdurch werden die organisatorischen Voraussetzungen für die effiziente Nutzung der einzusetzenden Technologien geschaffen, weshalb diesem Aspekt eine herausragende Bedeutung beizumessen ist. Weitere Aufwendungen ergeben sich in den Fällen, in denen die bereits vorhandenen Systeme den neu einzuführenden angepaßt werden müssen.

Grad der Arbeitsteilung

Die Entwicklung der Arbeitsorganisation in Industrieunternehmen orientierte sich lange Jahre an tayloristischen Rationalisierungsmustern. Das Ergebnis dieser Entwicklung sind Strukturen, deren Logik sich durch eine zentralistische Planung und Steuerung arbeitsteiliger Prozesse auszeichnet. Die in dieser Zeit entstandene Standardisierung von

Abläufen und Spezialisierung von Tätigkeiten kennzeichnen auch heute noch die Mehrzahl der Industrieunternehmen. Der vorhandene Grad der Arbeitsteilung gibt darüber Auskunft, in wie viele Teilaufgaben eine logisch einheitliche Aufgabe zergliedert ist. Je höher der Grad der Arbeitsteilung, desto mehr Schnittstellen existieren und desto höher ist der Aufwand, die bestehenden Strukturen den Erfordernissen der einzusetzenden Technologien anzupassen. Die Realisierungsplanung kann hierdurch insofern beeinflußt werden, als daß es vorteilhaft sein kann, zu Beginn der CIM-Einführung ein Aufgabengebiet zu wählen, bei dem sich der organisatorische Anpassungssaufwand in überschaubaren Grenzen hält.

Ablaufstandardisierung

Ein Ablauf bzw. Prozeß stellt generell eine Folge von Funktionen dar. Er beschreibt die zeitliche und logische Reihenfolge, in der die ablaufspezifischen Funktionen ausgeführt werden (vgl. Kapitel A.3.3.). Der Grad der Ablaufstandardisierung bringt demnach zum Ausdruck, inwieweit die bestehenden Arbeitsprozesse nach vordefinierten Mustern ablaufen. Je stärker die Abläufe standardisiert und formalisiert sind, desto schwieriger ist es, diese aufzubrechen und den neuen Bedingungen (Informationstechnologien) anzupassen.

B.2.4.1.4.   Technologische Kriterien

Der vorhandene Stand der Rechnerunterstützung in den einzelnen Funktionsbereichen sowie ihre Integration sind im Rahmen der Realisierungsplanung insofern von Bedeutung, als daß hierdurch die noch bestehenden Einsatz- und Integrationspotentiale bestimmt werden.

Aktueller Integrationsstand

Vergleichsweise viele mittelständische Unternehmen nutzen bereits heute computergestützte Techniken. In einer von Schultz-Wild/Nuber/Rehberg und Schmierl [223] durchgeführten empirischen Analyse, in der 1096 Betriebe der Investitionsgüterindustrie untersucht worden sind, konnte festgestellt werden, daß bereits eine Vielzahl der Betriebe EDV-Techniken in den mit der Produktion zusammenhängenden Unternehmensbereichen einsetzen. In einem Großteil dieser Betriebe erstreckt sich der EDV-Einsatz dabei bereits über mehrere Funktionsbereiche und Einzelfunktionen. Die

---

[223] Vgl. Schultz-Wild, R., Nuber, C., Rehberg, F., Schmierl, K.: An der Schwelle zu CIM, Köln 1989, S. 19 f.

Expertenbefragung zeigte jedoch ferner, daß die informationstechnische Vernetzung der bereichs- bzw. funktionsspezifischen Systeme erst am Anfang der Entwicklung steht [224].

Obwohl sich bereits durch den Einsatz computergestützter Einzeltechniken wirtschaftliche Vorteile gegenüber der manuellen Bearbeitung ergeben, werden die eigentlichen Nutzenpotentiale erst durch deren EDV-technische und organisatorische Verknüpfung (Integration) freigesetzt. Hierbei führt die Kopplung ehemals getrennter DV-Systeme nicht nur zu einer Summation der Nutzenpotentiale der Einzelsysteme, sondern durch die Ausnutzung von Synergieeffekten kann eine überproportionale Nutzenerhöhung erreicht werden [225].

Der aktuelle Integrationsstand gibt darüber Auskunft, wie hoch die Integration eines Bereiches, gemessen am spezifischen Soll-Zustand, tatsächlich ist. In denjenigen Fällen, in denen Bereiche zwar DV-technisch unterstützt sind, die Integration in das bestehende Umfeld jedoch nicht bzw. nur in sehr geringem Maße vollzogen ist, kann auch die Integration als Handlungsalternative im Sinne der Reihenfolgeplanung angesehen werden. Das heißt, die Integration eines Bereiches kann der Einführung einer weiteren Bereichstechnologie zeitlich vorgezogen werden.

Des weiteren ist in diesem Zusammenhang darauf hinzuweisen, daß auch die Wahl des zu automatisierenden Aufgabenbereiches von Integrationsüberlegungen beeinflußt werden kann. So kann es unter integrationstechnischen Gesichtspunkten vorteilhaft sein, zunächst diejenigen Bereiche EDV-technisch zu unterstützen, die für eine Vielzahl von Bereichen als Informationsquelle dienen; mit anderen Worten, in denen Daten (originär) erzeugt werden, die in vielen anderen Bereichen benötigt werden.

Aktuelle DV-Durchdringung
Die aktuelle DV-Durchdringung (vgl. hierzu Kapitel B.2.3.1.) wird pro Funktionsbereich ermittelt und gibt an, wie hoch die funktionale DV-Unterstützung gemessen am unternehmensspezifischen "Optimum" tatsächlich ist. Im Rahmen der Aufstellung eines Realisierungsplans ist der aktuelle Durchdringungsgrad insofern von Bedeutung, als daß anhand der Differenzen zwischen den jeweiligen Ist- und Soll-Zuständen die Stärken und Schwächen des DV-Einsatzes aufgezeigt werden können. Dort, wo die Differenzen besonders groß sind, liegen die wesentlichen Rationalisierungspotentiale des

---

[224] Vgl. Schultz-Wild, R., Nuber, C., Rehberg, F., Schmierl, K.: An der Schwelle zu CIM, Köln 1989, S. 68 f.
[225] Vgl. Wildemann, H.: Strategische Investitionsplanung, Wiesbaden 1987, S. 69.

Unternehmens [226]. Diese können - in Abhängigkeit der Präferenzen des Entscheidungsträgers - mit den wesentlichen DV-technischen Entwicklungsfeldern übereinstimmmen und somit die Einführungsprioritäten in entscheidendem Maße beeinflussen.

B.2.4.1.5.   Wettbewerbswirtschaftliche Kriterien

Die Verbesserung der Wettbewerbsposition gehört neben der Positionssicherung und der Rationalisierung zu den zentralen Zielsetzungen einer CIM-Realisierung [227]. Infolgedessen ergibt sich die Notwendigkeit, bei der Entscheidung über den Einführungszeitpunkt von Einzeltechnologien bzw. CIM-Teilketten auch die wettbewerbswirtschaftlichen Rahmenbedingungen des jeweiligen Unternehmens zu berücksichtigen [228].

Die Wettbewerbsfähigkeit eines Unternehmens wird primär dadurch bestimmt, inwieweit es ihr gelingt, die vom Markt gestellten Anforderungen zu erfüllen [229]. Die Anforderungen des Marktes spiegeln sich in operativen Leistungskriterien (Erfolgsfaktoren), wie beispielsweise Flexibilität, Liefertreue und Qualität, wider. Im Rahmen der Bestimmung der Einführungsprioritäten sind in erster Linie diejenigen Erfolgsfaktoren von Bedeutung, die als kritisch einzustufen sind. Als kritische Erfolgsfaktoren sollen nachfolgend diejenigen Leistungsmerkmale eines Unternehmens gekennzeichnet werden, die der Erschließung zentraler Marktchancen dienen und somit zum Erlangen strategischer Wettbewerbsvorteile beitragen [230].

Als weitere Determinanten in diesem Zusammenhang sind die wettbewerbsstrategischen Ziele zu nennen. Hierbei sind hauptsächlich diejenigen strategischen Ziele zu

---

[226] Vgl. Venitz, R.: CIM-Rahmenplanung, Berlin et al. 1990, S. 206 f.

[227] Vgl. Wildemann, H.: Einführungsstrategien für die computerintegrierte Produktion (CIM), Forschungsbericht, München 1990, S. 25.

[228] Vgl. hierzu auch: Schreuder, S.: Strategische und betriebswirtschaftliche Aspekte zur Planung und Einführung unternehmensspezifischer CIM-Konzepte, in: Mexis, N. D. (Hrsg.): Die CIM-Fabrik in den 90er Jahren, Köln 1989, S. 443-459, insbesondere S. 445.

[229] Bullinger/Traut weisen in diesem Kontext darauf hin, daß die Wettbewerbssituation heutiger Unternehmungen in zunehmendem Maße durch die Reaktionsgeschwindigkeit im Hinblick auf veränderte Marktanforderungen und weniger durch den technischen Stand der Produkte bestimmt wird. Vgl. Bullinger, H.-J., Traut, L.: Die Fabrik der Zukunft, in: Fortschrittliche Betriebsführung/Industrial Engineering 35(1986)1, S. 4-12, insbesondere S. 4.

[230] Vgl. Rockart, J. F.: Chief Executives Define their own Data Needs, in: Harvard Business Review, 57(1979)2, S. 81-93, insbesondere S. 85.

berücksichtigen, die auf die kritischen Erfolgsfaktoren abstellen. Nach Porter [231] können grundsätzlich drei Wettbewerbsstrategien unterschieden werden. Diese sind: generelle Kostenführerschaft, Differenzierung und Konzentration auf Schwerpunkte.

Die Bedeutung der kritischen Erfolgsfaktoren innerhalb der Einführungsplanung ergibt sich daraus, daß generell diejenigen CIM-Komponenten vorrangig einzuführen sind, die vor dem Hintergrund der jeweiligen Wettbewerbsposition und Marktanforderungen die größten Nutzenpotentiale beinhalten [232]. Durch die Orientierung an den kritischen Erfolgsfaktoren wird des weiteren gewährleistet, daß die Realisierungsplanung in einen strategischen Kontext gesetzt wird [233].

B.2.4.2. Festlegung der Präferenzstruktur

Nachdem zuvor Kriterien entwickelt wurden, denen bei der Prioritätsermittlung eine handlungsbestimmende Bedeutung zukommt, liegt der nächste Schritt innerhalb der Nutzwertanalyse in der Kriteriengewichtung. Wichtig hierbei ist, daß die Gewichte als konstante Faktoren anzusehen sind, "... die unabhängig sind von der Höhe der Zielwerte bzw. der Zielerträge" [234]. Der Teilschritt der Festlegung der Präferenzstruktur ist in Abbildung B.2.53 in das Vorgehensmodell eingeordnet.

Durchzuführen ist dieser Schritt deshalb, weil die einzelnen Zielkriterien auf Grund subjektiver Wertschätzungen des Entscheidungsträgers in der Regel von unterschiedlicher Wichtigkeit sind. So kann beispielsweise in einem Fall das erforderliche Investitionsvolumen im Vordergrund stehen, wogegen im anderen Fall eher die Erhöhung der Wettbewerbsfähigkeit als entscheidendes Zielkriterium angesehen wird. Die unterschiedlichen Gewichte führen dazu, daß die einzelnen Kriterien innerhalb der Gesamtbewertung der Alternativen entsprechend den Präferenzen des Entscheidungsträgers - und somit unterschiedlich stark - berücksichtigt werden. Hierbei

[231] Vgl. Porter, M. E.: Wettbewerbsstrategie, Frankfurt 1983, S. 62 ff.

[232] Zuvor wurde aufgezeigt, daß der Einsatz neuer Informationstechnologien als ein Instrument der eigenen Wettbewerbsstrategie angesehen werden kann. Aus Gründen der Vollständigkeit ist an dieser Stelle anzumerken, daß sich durch das Auftreten neuer Technologien in gleicher Weise die Wettbewerbsbedingungen der jeweiligen Branchen verändern können. Das heißt, auch der umgekehrte Fall, nämlich die Beeinflussung der Wettbewerbsstrategie durch neue Technologien, ist möglich. Vgl. Wildemann, H.: Strategische Investitionsplanung, Wiesbaden 1987, S. 44.

[233] Zur strategischen Rolle der Informationstechnologie vgl. ausführlich Neu, P.: Strategische Informationssystem-Planung, Berlin et al. 1991, S. 1 f., sowie die dort angegebene Literatur; Wildemann, H.: Strategische Investitionsplanung, Wiesbaden 1987, S. 44 f.

[234] Zangemeister, Ch.: Nutzwertanalyse in der Systemtechnik, 4. Auflage, Berlin 1976, S. 70.

sind sowohl die Gewichte der Kriterienklassen (Personal, Finanzen, Organisation, Technik und Wettbewerb) als auch der klassenspezifischen Einzelkriterien festzulegen.

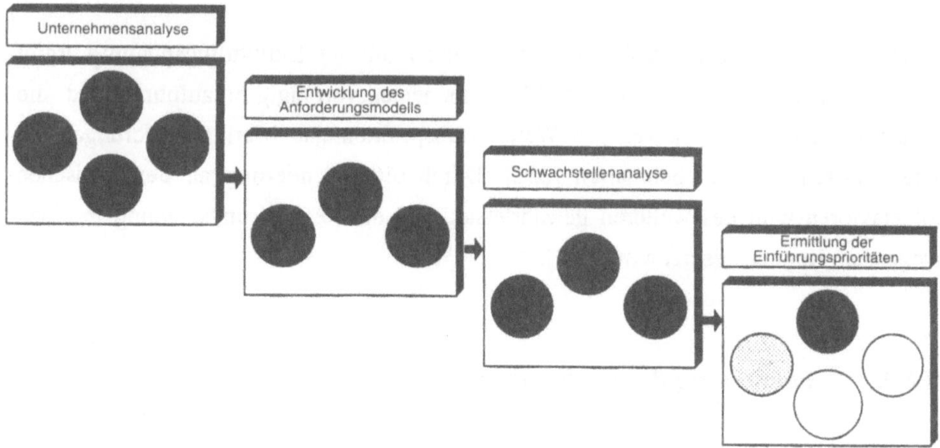

Abb. B.2.53: Einordnung "Festlegung der Präferenzstruktur" in das Vorgehensmodell

Eine weitere Möglichkeit, die individuellen Vorstellungen des Anwenders bezüglich der Priorität einzelner Zielkriterien zu berücksichtigen, ist in der Definition sogenannter K.O.-Kriterien zu sehen. Hierbei führt bereits die Nichterfüllung eines einzigen K.O.-Kriteriums zum Ausscheiden der Alternative.

B.2.4.3. Bestimmung der Zielertragswerte

Entsprechend dem in Abbildung B.2.50 dargestellten allgemeinen Aufbau von Modellen zur Nutzwertanalyse kommt der Bestimmung der Zielerträge eine wesentliche Bedeutung zu. Ziel ist es, die bezüglich der einzelnen Zielkriterien geltenden Ertragswerte für eine spezifizierte Handlungsalternative festzulegen. Es besteht somit die Aufgabe, jede einzelne Handlungsalternative (Teilprojekt) vor dem Hintergrund sämtlicher Zielkriterien unter Berücksichtigung der unternehmensspezifischen Gegebenheiten zu bewerten. In Abbildung B.2.54 ist dieser Teilschritt in das Vorgehensmodell eingeordnet.

Die Bestimmung der Zielertragswerte erfolgt hier nur indirekt durch den Entscheidungsträger selbst. Dies ist deshalb der Fall, weil die Urteilsperson für jede Handlungsalternative (Funktionsbereich) lediglich anzugeben hat, ob diese im Hinblick auf das jeweils betrachtete Zielkriterium die Ausprägung "hoch", "mittel" oder "gering" besitzt. Das heißt, die zu urteilende Person gibt beispielsweise an, ob die Qualifikation im

Bereich der Konstruktion hinsichtlich des Umgangs mit neuen Technologien als hoch, mittel oder gering zu kennzeichnen ist. Die auf diese Weise ermittelten Ausprägungen werden dann im nächsten Schritt in konkrete Zielertragswerte (Meßwerte) transformiert. Hierbei gilt folgende Transformationsregel: Der Ausprägung "hoch" wird der Zahlenwert drei, der Auspräung "mittel" der Zahlenwert zwei und der Ausprägung "gering" der Zahlenwert eins zugewiesen. Dieser Zusammenhang gilt jedoch nur für die personellen und wettbewerbswirtschaftlichen Kriterien. Für die übrigen Kriterien gilt der umgekehrte Zusammenhang. Das heißt, der Zielausprägung "Gering" wird hier der Zahlenwert drei zugewiesen [235]. Aus einem höheren Zahlenwert folgt eine höhere Realisierungspriorität.

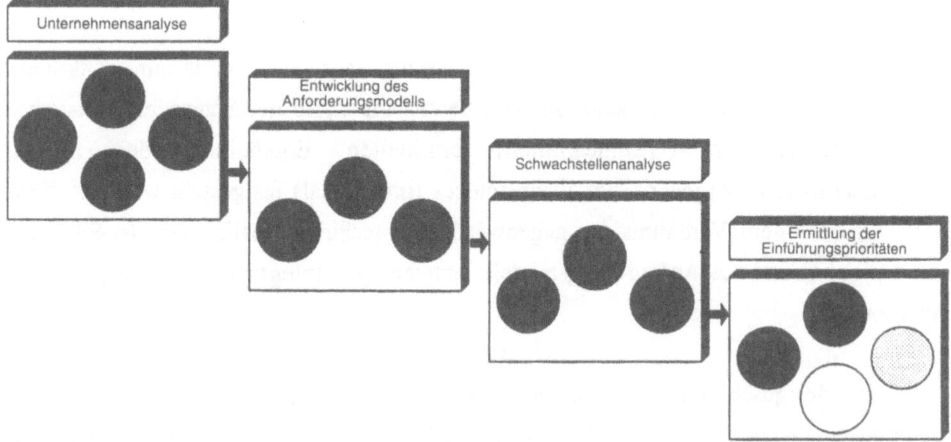

Abb. B.2.54: Einordnung "Bestimmung der Zielertragswerte" in das Vorgehensmodell

An dieser Stelle ist darauf hinzuweisen, daß es sich bei den zuvor beschriebenen Nutzwerten lediglich um Teil-Nutzwerte handelt, da bei der Bewertung jeweils nur ein Zielkriterium berücksichtigt wird. Insofern kann auch von einer eindimensionalen Teilbewertung gesprochen werden [236]. Die Gesamtheit der auf diese Weise ermittelten Zielertragswerte (Teil-Nutzwerte) bildet die Grundlage für die anschließende Berechnung der alternativenspezifischen Gesamt-Nutzwerte.

---

[235] Durch die beschriebene Transformationsregel wird unterstellt, daß es sich bei den Ausprägungen "hoch", "mittel" und "gering" um äquidistante Punkte einer Skala handelt. Das heißt, die Distanzen zwischen benachbarten Ausprägungen sind gleich. Nur in diesem Falle kann davon ausgegangen werden, daß die numerischen Differenzen zwischen den zur Abbildung der Zielertragswerte verwendeten Zahlen Nutzenunterschiede zum Ausdruck bringen.

[236] Vgl. Zangemeister, Ch.: Nutzwertanalyse in der Systemtechnik, 4. Auflage, Berlin 1976, S. 71.

Die Zielkriterien der Kriterienklassen "Technik" und "Wettbewerb" nehmen im Rahmen der Zielertragsbestimmung eine Sonderstellung ein, da, wie nachfolgend näher erläutert, ihre Ausprägungen nicht vom Entscheidungsträger selbst angegeben werden.

Technologische Kriterien

Die Ausprägungen der einzelnen Handlungsalternativen bezüglich des Kriteriums "Aktuelle DV-Durchdringung" können aus den bereits im Rahmen der Schwachstellenanalyse (Schwachstellen der Funktionsausführung und -unterstützung) ermittelten Ergebnissen abgeleitet werden. Zur Ausprägungsermittlung ist lediglich eine Zuordnung zwischen den errechneten DV-Durchdringungswerten und den möglichen Ausprägungen erforderlich [237].

Ähnlich gestaltet sich die Sachlage in bezug auf das Kriterium "Aktueller Integrationsstand". Auch hier kann aus den bereits innerhalb der Schwachstellenanalyse (Schwachstellen der Datenintegration) ermittelten Ergebnissen der aktuelle Integrationsstand eines jeden Funktionsbereiches (prozentual) festgestellt werden. Dieser ergibt sich aus dem Verhältnis der gegenwärtig DV-technisch realisierten (Ist-Situation) und den auf Grund des Anforderungsmodells notwendigen Integrationsbeziehungen (Soll-Situation).

Auf Grund der geschilderten Zusammenhänge besteht die Möglichkeit, daß sich für einen Funktionsbereich eine hohe Realisierungspriorität ergibt, obwohl dieser bereits einen hohen DV-Durchdringungsgrad besitzt. Dieser Fall deutet darauf hin, daß nicht die DV-technische Unterstützung, sondern die Integration dieses Bereiches in das bestehende Umfeld den Handlungsbedarf darstellt.

Wettbewerbswirtschaftliche Kriterien

Hier besteht die Aufgabe, in Abhängigkeit der kritischen Erfolgsfaktoren bzw. den daraus abgeleiteten Zielen diejenigen CIM-Teilbereiche zu bestimmen, die im Hinblick auf die Zielerreichung die größte Hebelwirkung besitzen und infolgedessen zum Aufbau kritischer Erfolgspotentiale beitragen. Zur Lösung dieser Aufgabe sind folgende Fragen zu beantworten [238]:

---

[237] Beispielweise könnte ein DV-Durchdringungsgrad bis 30% der Ausprägung "gering", von 30% bis 70% der Ausprägung "mittel" und von größer 70% der Ausprägung "hoch" entsprechen.

[238] Vgl. Wildemann, H.: Ableitung von CIM-Strategien aus der Unternehmensstrategie, in: Scheer, A.-W. (Hrsg.): CIM-Strategie als Teil der Unternehmensstrategie, Berlin et al. 1990, S. 15-23, insbesondere S. 21 f.

1. Welches sind die kritischen Erfolgsfaktoren des Unternehmens und welche Zielsetzungen sind hieraus abzuleiten?
2. Welche CIM-Technologien unterstützen diese Zielsetzungen am besten?

Die erste Frage kann nur der Entscheidungsträger selbst beantworten, da die als kritisch einzustufenden Leistungskriterien von der unternehmensspezifischen Wettbewerbssituation abhängig sind. Um diesen Vorgang jedoch zu unterstützen, werden dem Entscheidungsträger eine Reihe von (operativen) Unternehmenszielen zur Auswahl angeboten. Die hier verwendeten Ziele (vgl. Abbildung B.2.55) wurden in einer Expertenbefragung zum Einsatz moderner CIM-Technologien am häufigsten als wichtig bezeichnet [239].

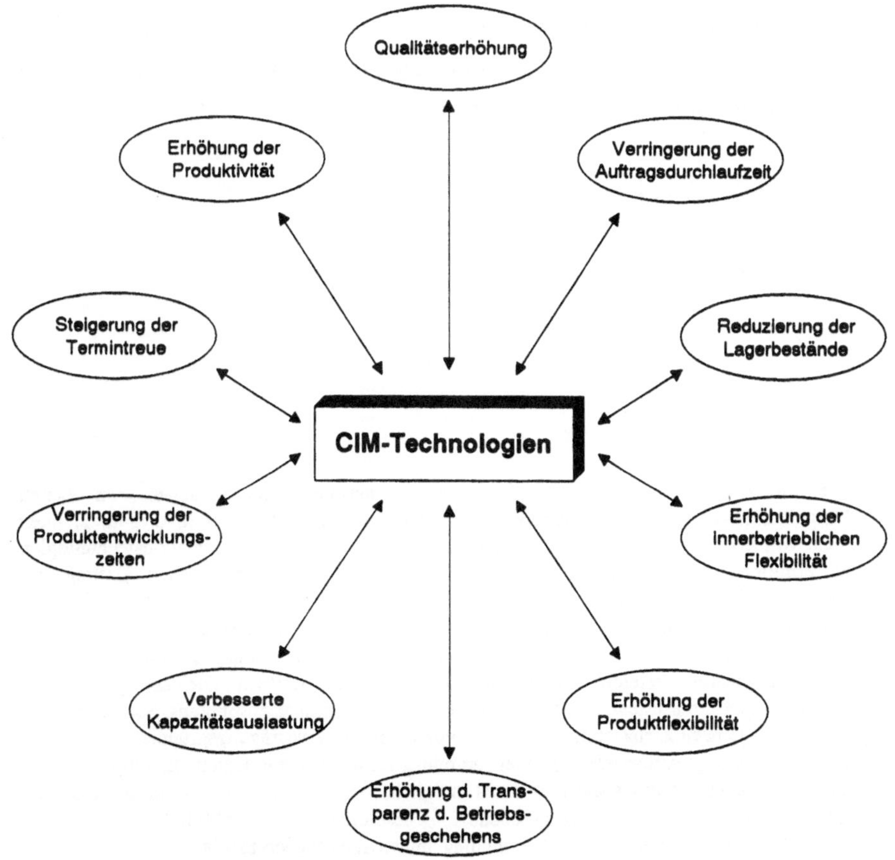

Abb. B.2.55: Ziele einer CIM-Realisierung

[239] Vgl. Köhl, E., Messer, M. A., Kemmer, A., Förster, U.: CIM zwischen Anspruch und Wirklichkeit, Köln 1989, S. 104 f.

Da innerhalb eines Unternehmens nicht allen aufgeführten Unternehmenszielen die gleiche Wichtigkeit und somit Entscheidungsrelevanz zukommt, sind vom Entscheidungsträger die zwei wichtigsten Ziele auszuwählen und zu priorisieren [240].

Die zweite Frage dagegen kann vom Entscheidungsträger nur sehr schwer beantwortet werden, da hierzu ein hohes Maß an spezifischem Fachwissen notwendig ist. Aus diesem Grunde wird zur Beantwortung dieser Frage eine Ziel-Bereichs-Matrix aufgestellt, in der die Wirkungszusammenhänge zwischen den genannten Unternehmenszielen und den zur Zielerreichung primär wichtigsten CIM-Komponenten dargestellt werden. In dieser Matrix kommt zum Ausdruck, in welchen Funktionsbereichen der Einsatz moderner CIM-Technologien unter Berücksichtigung der aktuellen Zielsetzungen des Unternehmens die größten Nutzenpotentiale entfaltet und somit zu einer Verbesserung der aktuellen Wettbewerbssituation führt. Welche Funktionsbereiche vor dem Hintergrund der jeweiligen Zielsetzungen als primär wichtig zu kennzeichnen sind, ist in entscheidendem Maße von den Ausprägungen des Merkmals Fertigungsart abhängig [241]. Die entwickelte Ziel-Bereichs-Matrix ist in Abbildung B.2.56 dargestellt [242].

---

[240] Die Problematik von Zielkonflikten, wie sie beispielsweise zwischen den Zielen Durchlaufzeitverkürzung und höhere Kapazitätsauslastung besteht, ist in diesem Kontext nicht von Bedeutung, da es hier lediglich darum geht, diejenigen Informationstechnologien zu ermitteln, die auf Grund ihres Einsatzpotentials einen wesentlichen Beitrag zur Zielerreichung leisten können.

[241] Hierbei können die Ausprägungen Einzel- und Kleinserienfertigung zu einer Ausprägungsgruppe zusammengefaßt werden, da diese im Hinblick auf die Priorität der einzelnen Funktionsbereiche die gleichen Auswirkungen besitzen. Gleiches gilt für die Ausprägungen Großserien- und Massenfertigung. Die Merkmalsausprägung Serienfertigung dagegen ist je nach Zielsetzung einer der zuvor genannten Ausprägungsgruppen zuzuordnen. Ist eine eindeutige Ausprägungsgruppenzuordnung für die gesamte Unternehmung auf Grund des heterogenen Produktspektrums nicht möglich, bestehen die bereits im Rahmen der Entwicklung des Prozeßmodells beschriebenen Möglichkeiten der Produktgruppenorientierung oder Ausrichtung am wirtschaftlichen Erfolg.

[242] Zur Ausprägungsbestimmung werden auf der Grundlage der Ziel-Bereichs-Matrix diejenigen Funktionsbereiche ermittelt, die die ausgewählten Ziele am besten unterstützen. Denjenigen Bereichen, die die höher priorisierte Zielsetzung unterstützen, wird die Ausprägung "hoch", denjenigen, die die Zielsetzung mit der niedrigeren Priorität unterstüzen, die Ausprägung "mittel" zugewiesen. Ist ein Bereich für beide Zielsetzungen relevant, greift die Zielsetzung mit der höchsten Priorität. Den übrigen Bereichen wird die Ausprägung "gering" zugeordnet.

Unternehmens-ziele	Merkmale	Vertrieb	Primärbedarfs-planung	Materialwirtschaft	Zeit- und Kapazi-tätswirtschaft	Auftragsfreigabe	Fertigungs-steuerung	Produktentwurf/ Konstruktion	Arbeitsplanung/ NC-Programmie-rung	Qualitäts- und Prüfplanung
Qualitätserhöhung	unabhängig									●
Verringerung der Auftragsdurchlauf-zeit	Einzel-/Klein-/Serienfertigung				●	●		●	●	
Reduzierung der Lagerbestände	Einzel-/Klein-/Serienfertigung			●		●	●			
	Großserien-/Massenfertigung		●	●						
Erhöhung der innerbetrieblichen Flexibilität	Einzel-/Kleinserien-/Serienfertigung			●			●			
Erhöhung der Produktflexibilität	unabhängig	●						●	●	
Erhöhung d.Trans-parenz d.Betriebs-geschehens	Einzel-/Klein-serienfertigung	●		●			●			
	Ser.-/Großser.-/Massenfertigung		●	●	●					
Verbesserte Kapazitäts-auslastung	Einzel-/Klein-serienfertigung						●			
	Ser.-/Großser.-/Massenfertigung				●					
Verringerung der Produktent-wicklungszeiten	unabhängig							●	●	
Steigerung der Termintreue	Einzel-/Kleinserien-/Serienfertigung	●			●		●			
Erhöhung der Produktivität	unabhängig									●

Abb. B.2.56: Ziel-Bereichs-Matrix

Im folgenden werden die in Abbildung B.2.56 enthaltenen Wirkungszusammenhänge beispielhaft erläutert.

Qualitätserhöhung

Bezüglich der Zielsetzung Qualitätserhöhung ergeben sich im Hinblick auf die relevanten Funktionsbereiche keine merkmalsabhängigen Unterschiede. Infolgedessen gelten die nachfolgend getroffenen Aussagen für sämtliche Ausprägungen des Merkmals Fertigungsart.

Die Bedeutung der Produktqualität ist in den letzten Jahren zunehmend gestiegen. Ihr hoher Stellenwert kommt insbesondere darin zum Ausdruck, daß die Qualität von der Seite der Kunden in immer stärkerem Maße als kaufentscheidendes Kriterium angesehen wird [243]. Ein weiterer Grund für die zunehmende Bedeutung moderner Qualitätssicherungs- konzepte ist in den neuen Produkthaftungsgesetzen zu sehen, die aus den EG- Produkthaftungsrichtlinien resultieren [244]. Die Erhöhung der Produktqualität bzw. die Reduzierung des Produktfehlerrisikos stellt demnach in einer Vielzahl von Unternehmen ein Ziel dar, welches den zukünftigen Unternehmenserfolg maßgeblich determiniert.

Obwohl die Qualitätssicherung eine Querschnittsaufgabe darstellt, die grundsätzlich alle Unternehmensbereiche betrifft, konzentrieren sich die Möglichkeiten, diese rechnergestützt durchzuführen, auf den Bereich Qualitäts- und Prüfplanung.

<u>Verringerung der Auftragsdurchlaufzeit</u>
Die Wettbewerbssituation heutiger Fertigungsunternehmen ist tendenziell durch eine zunehmende Marktsättigung, Verlagerung vom Verkäufer- zum Käufermarkt und Verkürzung der Produktlebenszyklen geprägt. Der daraus resultierende Wettbewerbsdruck führt zu veränderten Zielsetzungen innerhalb der Unternehmen. Hierbei erfolgt bei verstärkter Kundenorientierung immer häufiger eine Konzentration auf den Erfolgsfaktor Zeit. Als wesentliche Zeitfaktoren können dabei die Produktentwicklungs- und die Auftragsdurchlaufzeiten angesehen werden. Unter dem Begriff Auftragsdurchlaufzeit soll hier die Zeitspanne vom Eingang des Kundenauftrages bis zum Versand des fertigen Produktes verstanden werden.

In Unternehmen der Serien-, Großserien- und Massenfertigung stellt die Auftragsabwicklung auf Grund der hohen Konstanz der Fertigungsabläufe sowie des hohen Vorbereitungsgrades in der Regel keinen kritischen Erfolgsfaktor dar, so daß im folgenden lediglich die Ausprägungen Einzel- und Kleinserienfertigung betrachtet werden.

Untersuchungen haben ergeben, daß in Unternehmen der Einzel- und Kleinserienfertigung der überwiegende Anteil der Durchlaufzeit eines Kundenauftrages auf die der Produktion vorgelagerten Bereiche Konstruktion, Arbeitsplanung und NC-Programmierung entfällt.

---

[243] Vgl. Kring, J. R.: Integrierte CAQ-Funktionen, in: CIM Management 5(1989)4, S. 4-9, insbesondere S. 4.

[244] Die wesentliche Neuerung liegt hierbei darin, daß "... die Haftung kein Verschulden mehr voraussetzt, sondern die Verursachung eines Schadens durch den Fehler eines Produktes genügt". Hollman, H. H.: Konsequenzen der Produkthaftung, in: CIM Management 5(1989)4, S. 20-23, insbesondere S. 20.

Dieser Sachverhalt resultiert daraus, daß jeder eingehende Kundenauftrag von den genannten Funktionsbereichen individuell bearbeitet wird und die dort erstellten Unterlagen wie Zeichnungen und Arbeitspläne den Auftrag durch die gesamte Produktion hindurch begleiten.

Ferner konnte festgestellt werden, daß lediglich 10 bis 20 % der auf die direkten Bereiche (Fertigung und Montage) entfallenden Durchlaufzeit produktive Bearbeitungszeiten sind. Dies bedeutet, daß innerhalb der Produktion erhebliche Warte- und Liegezeiten auftreten, die darüber hinaus hohe Kapitalbindungskosten zur Folge haben. Ein wesentlicher Grund hierfür ist darin zu sehen, daß die Fertigungsaufträge ohne Berücksichtigung der aktuellen Fertigungssituation freigegeben werden, was zu einer Überlastung der Fertigung führt [245]. Des weiteren ist der hohe Anteil unproduktiver Zeiten auch häufig auf den hohen Anteil der Rüstzeiten an den Maschinenbelegungszeiten zurückzuführen.

Im Hinblick auf die betrachtete Zielsetzung haben somit neben der Zeit- und Kapazitätswirtschaft als ein Kernbereich der Produktionsplanung die Bereiche der technischen Auftragsabwicklung sowie die Auftragsfreigabe höchste Priorität.

<u>Reduzierung der Lagerbestände</u>
Lagerbestände können in Industriebetrieben auf unterschiedlichen Stufen auftreten [246]. Auf Grund der Tatsache, daß jedes Lager einen spezifischen Zweck zu erfüllen hat, steht der Begriff Lagerbestand nachfolgend stellvertretend für alle Lagerstufen.

Einzel-, Kleinserien- und Serienfertigung
Ein wesentlicher Ansatzpunkt zur Reduzierung der Lagerbestände liegt hier im Bereich der Materialwirtschaft. Begründet wird dies dadurch, daß innerhalb der Materialwirtschaft einerseits die zeit- und mengenmäßigen Bedarfe an Fremd- und Eigenteilen ermittelt werden, andererseits die Bestandsführung durchgeführt wird. Beide Funktionen haben einen erheblichen Einfluß auf die Lagerbestände.

---

[245] Vgl. hierzu ausführlich: Bechte, W.: Steuerung der Durchlaufzeit durch belastungsorientierte Auftragsfreigabe bei Werkstattfertigung, Dissertation, Universität Hannover 1980, und im folgenden Wiendahl, H.-P.: Von der belastungsorientierten Auftragsfreigabe zur durchlauforientierten Fertigungssteuerung, in: Wiendahl, H.-P. (Hrsg.): Praxis der belastungsorientierten Fertigungssteuerung, 2. Auflage, Hannover 1986, S. 17-52; Wiendahl, H.-P.: Belastungsorientierte Fertigungssteuerung, München Wien 1987.

[246] Hartmann unterscheidet die vor der Produktion befindlichen Wareneingangslager, die innerhalb der Produktion verlaufenden Zwischenlager und die nach der Produktion eingerichteten Fertigwarenlager. Vgl. Hartmann, H.: Materialwirtschaft, 4. Auflage, Gernsbach 1978, S. 428 f.

Eine weitere Möglichkeit, die Bestände, und zwar speziell die Zwischenlagerbestände, zu reduzieren, besteht darin, innerhalb der Auftragsfreigabe effizientere Hilfsmittel einzusetzen. Dies gilt sowohl für die mittelfristige Auftragsfreigabe als auch für die kurzfristige Arbeitsgangfreigabe innerhalb der Fertigungssteuerung. Dieser Tatbestand resultiert daraus, daß eine ungeplante Freigabe zu einer Überlastung der Kapazitäten und infolgedessen zwangsläufig zu erhöhten Zwischenlagerbeständen führt. Neben der Arbeitsgangfreigabe sind auch die übrigen Funktionen der Fertigungssteuerung dazu geeignet, die Bestände in den Zwischenlagern zu verringern. Voraussetzung hierfür ist jedoch, daß der Fertigungssteuerung über die Betriebsdatenerfassung aktuelle Informationen zur Verfügung gestellt werden.

Großserien- und Massenfertigung
Bei diesen Merkmalsausprägungen ist in der Regel eine hohe Ablaufsstandardisierung innerhalb der Produktion zu verzeichnen. Deshalb stehen in erster Linie die Wareneingangs- und Fertigwarenlager im Mittelpunkt der Betrachtungen. Die hohe Bedeutung der Fertigwarenlager resultiert hierbei aus der zeitlichen Diskrepanz zwischen Produktion und Absatz sowie aus der absatzmarktbedingten spekulativen Lagerhaltungs-politik.

Die Wareneingangslagerbestände können durch das Prinzip der fertigungssynchronen Beschaffung (Teilbereich Bestellwesen innerhalb der Materialwirtschaft), das darauf abzielt, die benötigten Materialien erst zum Zeitpunkt des Bedarfes zu beschaffen, auf ein Mindestmaß reduziert werden. Da dieses Beschaffungsprinzip in der Regel nicht für alle Fremdteile angewendet werden kann, ist auch der Bestandsführung eine hohe Bedeutung beizumessen.

Die Bestände in den Fertigwarenlager werden in erheblichem Maße durch die Ergebnisse der Primärbedarfsplanung beeinflußt. Aufgabe der Primärbedarfsplanung ist u.a. die Ermittlung des Bedarfs an verkaufsfähigen Erzeugnissen, wobei diese durch Extrapolation von Vergangenheitsdaten oder durch Marktschätzungen erfolgt. Ist die tatsächliche Marktnachfrage geringer, als dies prognostiziert wurde, hat dies zwangsläufig erhöhte Bestände in den Fertigwarenlager zur Folge.

Verringerung der Produktentwicklungszeiten
Die Ausführungen im Rahmen der Zielsetzung "Verringerung der Auftragsdurchlaufzeit" haben bereits verdeutlicht, aus welchen Gründen der Erfolgsfaktor Zeit zunehmend an Bedeutung gewinnt. Im Zusammenhang mit der Produktentwicklungszeit, welche den Zeitraum von der Idee bis zur Umsetzung einer Produktinnovation umfaßt, spielen

insbesondere die immer kürzer werdenden Produktlebenszyklen eine bedeutsame Rolle. Die Verkürzung der Entwicklungszeiten führt zu einem schnellen Markteintritt, so daß die Nachteile eines verspäteten Markteintritts, wie beispielsweise verkleinerte Märkte und geringere Erfahrungskurveneffekte, vermieden werden können. Die Produktentwicklungszeit kann als merkmalsunabhängiges Zielkriterium charakterisiert werden.

Der Prozeß der Produktentwicklung umfaßt über die Konstruktionsphase hinaus die Schritte Prototypentwicklung, Pilotproduktion und Marktreife [247]. Die Zeitdauer von der Idee bis zum fertigen Produkt kann durch zwei Lösungsansätze, die durchaus miteinander verbunden werden können, reduziert werden. Zum einen kann dies durch den Einsatz moderner CAD-Systeme mit umfangreichen Simulations- und Berechnungsfunktionen sowie rechnergestützter Arbeitsplanungs- bzw. NC-Programmierfunktionen erfolgen. Zum anderen ist eine Verringerung der Produktentwicklungszeit auch durch organisatorische Umstrukturierungen, wie sie beispielsweise unter dem Stichwort "Simultaneous Engineering" diskutiert werden, zu erreichen [248].

B.2.4.4. Berechnung der Prioritätskennzahlen

Innerhalb des vorangegangenen Kapitels wurde erläutert, auf welche Art und Weise die spezifizierten Handlungsalternativen hinsichtlich der ermittelten Zielkriterien bewertet werden. Wie bereits erläutert, handelt es sich bei den durchgeführten Bewertungsmaßnahmen allerdings nur um Teilbewertungen, die zum Zwecke der Entscheidungsfindung zu einer Gesamtbewertung zusammengefaßt werden müssen. Entsprechend den bereits im Rahmen der Kriteriengewichtung gemachten Aussagen ist hierbei der Tatsache Rechnung zu tragen, daß nicht alle Zielkriterien für den Entscheidungsträger von gleicher Wichtigkeit sind. Infolgedessen ist zu gewährleisten, daß die einzelnen Kriterien und Kriterienklassen mit ihren spezifischen Gewichten in den Gesamtwert eingehen. Im folgenden wird somit die Frage behandelt, wie die einzelnen Teil-Zielerträge einer Handlungsalternative zu einem für den Entscheidungsträger aussagekräftigen Gesamtwert verknüpft werden können. Zur Lösung dieser Fragestellung

[247] Vgl. Hirotaka, T., Ikujiro, N.: Das neue Produktentwicklungsspiel, in: HAVARDmanager 8(1986) 3, S. 40-47, insbesondere S. 40
[248] Vgl. Schönwald, B.: Von der Idee zum Produkt-Simultaneous Engineering als Bestandteil von Forschung und Entwicklung, in: VDI (Hrsg.): Simultaneous Engineering-Neue Wege des Projektmanagements, Düsseldorf 1989, S. 27-41.

wird ein Berechnungsschema aufgestellt, das angibt, wie aus den Spalteneintragungen der Abbildung B.2.50 die Gesamtwerte ermittelt werden. Die betrachtete Aufgabe ist in Abbildung B.2.57 in das Vorgehensmodell eingeordnet.

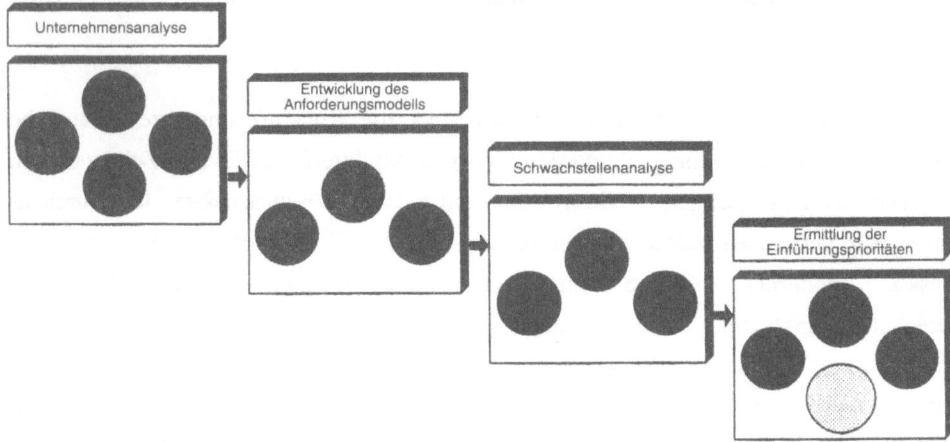

Abb. B.2.57: Einordnung "Berechnung der Prioritätskennzahlen" in das Vorgehensmodell

Im ersten Schritt werden die den verbalen Zielausprägungen zuzuordnenden Zielertragswerte mit dem für das jeweilige Zielkriterium gültigen Gewichtungsfaktor multipliziert. Auf diese Weise erhält man pro Handlungsalternative und Zielkriterium einen gewichteten Zielbeitrag (Zielwert). Anschließend werden die zu einer Kriterienklasse gehörenden (gewichteten) Teilwerte einer Alternative aufsummiert und mit dem Gewichtungsfaktor der jeweiligen Klasse multipliziert. Hierdurch erhält man den Klassennutzwert einer Alternative, d. h. den Nutzwert bezogen auf eine Kriterienklasse. Im letzten Schritt kann dann durch Summation der gewichteten Klassennutzwerte der Gesamtwert einer Alternative berechnet werden.

Die Höhe des Punktwertes einer Handlungsalternative gibt Auskunft über ihre Realisierungspriorität. Hierbei ist allerdings nicht die absolute Höhe des Punktwertes entscheidend, sondern diejenigen Alternativen, die relativ gesehen den höchsten Wert annehmen, besitzen die höchste Priorität [249]. Das heißt, lediglich aus den Differenzen zwischen den alternativenspezifischen Punktwerten können Prioritätsaussagen abgeleitet werden.

---

[249] Die absolute Höhe der Zielertragswerte ist deshalb bedeutungslos, weil das der Bewertung zugrunde liegende Urteilsschema keinen eindeutig festgelegten Nullpunkt besitzt.

Zusammenfassend ist festzustellen, daß das zuvor beschriebene Verfahren zur Bestimmung der Einführungspriorität einzelner CIM-Komponenten im Rahmen der Realisierungsplanung in der Lage ist, auf Grund einer formalisierten und strukturierten Vorgehensweise sowie durch die Berücksichtigung der entscheidungsrelevanten Einflußfaktoren den Prozeß der Entscheidungsfindung in hohem Maße zu unterstützen. Hierdurch kann die Entscheidungsqualität erheblich verbessert werden. Die endgültige Entscheidung bleibt jedoch dem Entscheidungsträger überlassen. Kühn/Kruse [250] beschreiben diesen Tatbestand wie folgt: "Nicht der Zahlenwert einer vereinfachten Aggregationsformel, sondern die bewußte Auseinandersetzung mit den verschiedenen Aspekten des Entscheidungsproblems kann zu der für das Unternehmen geeignetsten Lösung führen."

In Abbildung B.2.58 ist das entwickelte Nutzwertmodell nochmals zusammenfassend dargestellt.

---

[250] Kühn, R., Kruse, H. F.: Strategische Planung im EDV-Bereich - Eine Methodik zur Bestimmung des strategischen Applikationskonzeptes, in: Zeitschrift für Führung und Organisation 54(1985)8, S. 456-461, insbesondere S. 461.

Kriterien-Klassen	Einzelkritenen	Systeme / Vertrieb	Primärbedarfs-planung	Materialwirtschaft	Zeit- und Kapazitätswirtschaft	Auftragsfreigabe	Fertigungs-steuerung	Produktentwurf/ Konstruktion	Arbeitsplanung/ NC-Programmierung	Qualitäts- und Prüfplanung	Gewichtung Einzel-Kriterien	Gewichtung Kriterien-klassen
Personal	Qualifikation											
Personal	Motivation											
Personal	Akzeptanz											
Strategie	Kritische Erfolgsfaktoren											
Organisation	Grad der Arbeitsteilung											
Organisation	Ablaufstandardisierung											
Finanzen	Investitionsaufwand											
Finanzen	Amortisationsdauer											
Technik	Aktuelle DV-Durchdringung											
Technik	Aktueller Integrationsstand											
Bewertung												

Abb. B.2.58: Nutzwertmodell

B.3. Entwicklung des Meta-Informationsmodells

In diesem Gliederungspunkt werden die Datenobjekte des entwickelten Vorgehensmodells als eigenes Organisationselement behandelt und ihre Struktur formal beschrieben. Die Verwendung des Meta-Begriffes in diesem Kontext ist insofern als kritisch anzusehen, als daß lediglich die Objekte des dem Vorgehensmodell zugrunde liegenden CIM-Modells auf der Meta-Ebene beschrieben werden. Da jedoch die Beschreibung des CIM-Modells den größten Teil des Meta-Modells darstellt, ist die Begriffswahl gerechtfertigt.

Durch die Entwicklung des Meta-Informationsmodells wird einerseits eine zusammenfassende Darstellung von Vorgehensmodell und CIM-Modell erreicht, andererseits bildet dieses die Grundlage für die im C-Teil der Arbeit beschriebene prototyphafte Realisierung. Letzteres resultiert aus der Tatsache, daß das Meta-Informationsmodell dem (semantischen) Datenmodell [251] des Prototypsystems entspricht.

Zur Beschreibung der verschiedenen Modellkomponenten sowie ihrer Beziehungen wird das Entity-Relationship-Modell (ERM) von Chen [252] verwendet. Auf Grund des hohen Verbreitungsgrades, den das ER-Modell insbesondere in den letzten Jahren sowohl in der Theorie als auch in der Praxis erreicht hat, sollen im folgenden lediglich dessen grundsätzliche Eigenschaften erläutert werden [253]. Zuvor ist jedoch auf zwei Dinge hinzuweisen: Zum einen werden im Rahmen der ERM-Technik, je nach Zielsetzung und Verwendungszweck, unterschiedliche Notationen und Visualisierungstechniken verwendet. Zum anderen hat das von Chen 1976 entwickelte Grundmodell zwischenzeitlich eine Vielzahl von Verbesserungen und Erweiterungen erfahren [254].

Das ER-Modell unterscheidet grundsätzlich zwischen den beiden Elementen Entity- und Beziehungstypen. Entitytypen, als Zusammenfassung gleichartiger Entities, stellen reale oder abstrakte Dinge dar, die für den jeweiligen Untersuchungszweck von Bedeutung sind.

---

[251] Die Datenstrukturen als Beschreibungsgegenstand des semantischen Datenmodells gehören nach Scheer zu den wichtigsten Bausteinen eines Informationssystems. Vgl. Scheer, A.-W.: Unternehmensdatenmodell, in: Information Management 5(1990)1, S. 92-94, insbesondere S. 92.

[252] Vgl. Chen, P. P.: The Entity-Relationship Model - Toward a Unified View of Data, in: ACM Transactions on Database Systems 1(1976)2, S. 9-37; Chen, P. P.: The Entity-Relationship Approach to Logical Database Design, Q.E.D. Monograph Series, No. 6, Wesley MA 1977; Chen, P. P. (Eds.): Entity-Relationship Approach to Systems Analysis and Design, Proceedings of the International Conference on Entity-Relationship Approach to System Analysis and Design, Los Angeles December 10-12 1979, Amsterdam et al. 1980.

[253] Vgl. hierzu ausführlich: Scheer A.-W.: Wirtschaftsinformatik - Informationssysteme im Industriebetrieb, 3. Auflage, Berlin et al. 1990, S. 30 ff.; Scheer, A.-W.: Architektur integrierter Informationssysteme, Berlin et al. 1991, S. 51 ff.

[254] Vgl. Vernadat, F.: Modelling and Analysis of Enterprise Information System with CIM-OSA, in: Faria, L., Van Puymbroeck, W. (Eds.): Computer Integrated Manufacturing, Proceedings of the Sixth CIM-Europe Annual Conference May 1990, Berlin et al. 1990, S. 16-27; Hainaut, J.-L.: Entity-Relationship Models - Formal Specification and Comparison, in: Kangassalo, H. (Eds.): 9th International Conference on Entity-Relationship Approach, Proceedings of the 9th International Conference on Entity-Relationship Approach, Lausanne Switzerland 8-10 October 1990, Geneve 1990; Teorey, T. J., Yang, D., Frey, J. P.: A Logical Design Methodology for Relational Databases Using the Extended Entity-Relationship-Model, in: ACM Computing Surveys 18(1986)2, S. 197-222; Sinz, E. J.: Das Entity-Relationship-Modell (ERM) und seine Erweiterungen, in: Handbuch der modernen Datenverarbeitung 27(1990)152, S. 17-29; Loos, P.: Datenstrukturierung in der Fertigung, Dissertation, Universität Saarbrücken 1991.

Beziehungen kennzeichnen logische Verknüpfungen zwischen mindestens zwei Entities, wobei auch hier gleichartige Beziehungen zu Beziehungstypen zusammengefaßt werden. Grafisch werden Entitytypen durch Rechtecke, Beziehungstypen durch Rauten, die über Kanten mit den Entitytypen verknüpft sind, dargestellt. Die Eigenschaften sowohl der Entity- als auch der Beziehungstypen werden durch Attribute beschrieben. Auch die Zuordnung von Attributen zu Entity- bzw. Beziehungstypen kann selbst wiederum als Beziehung interpretiert werden. Die graphische Visualisierung der Attribute erfolgt mittels Kreisen, die über Kanten mit den jeweiligen Objekttypen verbunden sind.

Innerhalb des ER-Modells können in Abhängigkeit der Komplexität der Beziehungen unterschiedliche Beziehungsarten auftreten, welche an den Kanten des ER-Modells eingetragen werden. Im einzelnen handelt es sich hierbei um 1:1, 1:n und n:m-Beziehungen. Eine 1:1-Beziehung zwischen den Entitytypen A und B ist dadurch gekennzeichnet, daß einem Entity des Typs A genau ein Entity des Typs B zugeordnet wird. In einer 1:n-Beziehung dagegen werden einem Entity des Typs A genau 1 Entity des Typs B, und einem Entity aus Typ B mehrere Entities des Typs A zugeordnet. Bei n:m-Beziehungen bestehen bezüglich der Zuordnung der Entities keinerlei Einschränkungen.

Beziehungen innerhalb eines einzelnen Entitytyps führen in der graphischen Darstellung zu parallelen Kanten, für die zur Unterscheidung Rollennamen vergeben werden müssen. Für den Fall, daß Beziehungstypen selbst wiederum Ausgangspunkt weiterer Beziehungen sind, müssen diese zu einem Entitytyp uminterpretiert werden. Grafisch erfolgt dies dergestalt, daß die den Beziehungstyp kennzeichnende Raute von einem Rechteck eingeschlossen wird, wobei dieses die Raute nicht tangieren darf.

Die Funktionen bilden auf Grund ihrer inhaltlichen Bedeutung eine Rangordnung (vgl. Kapitel B.2.1.2.). Das heißt, eine übergeordnete Funktion kann sowohl mehrere untergeordnete Funktionen besitzen, als auch in mehrere übergeordnete Funktionen eingehen. Die Verwaltung der Funktionen erfolgt im Entitytyp FUNKTION, dem als Schlüsselattribut die FNR zugeordnet wird. Es ist nochmals darauf hinzuweisen, daß der Funktionsbegriff hier stellvertretend für alle Funktionen steht, unabhänigig davon, welcher Abstraktionsebene diese angehören. Die strukturellen Beziehungen zwischen den einzelnen Funktionen werden im Beziehungstyp FUNKTIONSSTRUKTUR abgebildet, welcher durch Angabe der übergeordneten und untergeordneten Funktionsnummer (ÜFNR, UFNR) identifiziert wird. Zur Unterscheidung der Kanten werden diesen Rollennamen (übergeordnet, untergeordnet) zugewiesen. Infolgedessen, daß eine Funktion mehrere übergeordnete und untergeordnete Komponenten besitzen kann, es jedoch eine oberste und unterste Stufe gibt, sind die Beziehungen vom Typ (0,n) [255]. Der Entitytyp FUNKTION wird gemäß der Gliederungsstruktur des Referenzfunktionsmodells in die Untertypen FUNKTIONSBEREICH, TEILBEREICH, 'FUNKTION' und ELEMENTARFUNKTION spezialisiert.

Zur Abbildung der Prozesse wird der Entitytyp PROZESS angelegt, dem als Schlüsselattribut die PNR zugeordnet wird. Da Prozesse in unterschiedlichen Ausprägungen ("klassische" und spezifische Referenzprozesse) auftreten können, wird der Entitytyp PROZESSART mit dem Schlüsselattribut PANR eingeführt. Um welche Prozeßarten es sich bei den jeweiligen Prozessen handelt, kommt im Beziehungstyp PROZESSZUORDNUNG zum Ausdruck. Aus der Sicht des Entitytyps PROZESS ist die Beziehung vom Typ (1,1), aus der Sicht des Entitytyps PROZESSART dagegen vom Typ (1,n). Dies ist deshalb der Fall, weil einem Prozeß immer nur eine Prozeßart zugeordnet werden kann, eine Prozeßart aber für mehrere Prozesse gelten kann.

Die grundsätzliche Frage der Zuordnung von Funktionen zu Prozessen wird im Beziehungstyp FUNKTIONSZUORDNUNG festgehalten. Da einerseits nicht jede Funktion zwangsläufig einem Prozeß zugeordnet sein muß, andererseits eine Funktion jedoch durchaus in mehreren Prozessen auftreten kann, lautet die Beziehung aus der Sicht der Funktionen (0,n). In Anbetracht dessen, daß jeder Prozeß mindestens eine Funktion enthalten muß, ist die Beziehung vom Entitytyp PROZESS aus gesehen vom Typ (1,n).

Die zeitliche Reihenfolge der Funktionsanordnung innerhalb eines Prozesses führt zu einer ANORDNUNGSBEZIEHUNG innerhalb des uminterpretierten Beziehungstyps FUNKTIONSZUORDNUNG. Auch hier werden zur Unterscheidung der Kanten Rollennamen (Vorgänger, Nachfolger) vergeben. Um innerhalb dieser Anordnungsbeziehung zwischen "und", "oder" bzw. "und/oder" Verknüpfungen unterscheiden zu können, werden die beiden Entitytypen VORG-CLUSTER und NACHF-CLUSTER mit den Schlüsselattributen VCLNR und NCLNR eingeführt. Alle nachgelagerten (vorgelagerten) Funktionskomponenten, die den gleichen Vorgänger (Nachfolger) besitzen und deren Vorgänger-Cluster-Nummer (Nachfolger-Cluster-Nummer) identisch ist, sind mit "und"

---

[255] Im Gegensatz zu den grundlegenden Erläuterungen zum ER-Model wird die dort sehr allgemein gehaltene Beschreibung des Komplexitätsgrades von Beziehungen hier durch die exaktere {min.-max.}-Notation ersetzt. Dies bedeutet, daß zu jedem Entitytyp die minimal und maximal zulässige Anzahl mit der ein Entity in der Beziehung vorkommen kann, angegeben wird. Jede Beziehung wird somit durch zwei (min, max)-Komplexitätsgrade ausgedrückt, wobei als Minimalwerte (min) lediglich 0 oder 1 und als Maximalwerte (max) lediglich 1 oder n (beliebig viele) zugelassen sind. Vgl. hierzu ausführlich Schlageter, G., Stucky, W.: Datenbanksysteme - Konzepte und Modelle, 2. Auflage, Stuttgart 1983, S. 51 f.; Scheer, A.-W.: Architektur integrierter Informationssysteme, Berlin et al. 1991, S. 52 ff.

verknüpft. Die Beziehungen sind vom Typ (0,n), da eine Funktionskomponente innerhalb eines Prozesses sowohl mehrere Vorgänger als auch mehrere Nachfolger mit jeweils der gleichen Verknüpfungsart besitzen kann, die jeweils erste und letzte Funktionskomponente jedoch keinen Vorgänger bzw. Nachfolger hat. Die Identifizierung einer Anordnungsbeziehung erfolgt durch Angabe der vorgelagerten und nachgelagerten Funktionskomponente, der Nummer des Vorgänger- und Nachfolger-Clusters sowie der PNR.

Neben den Funktionen stellen die Speichermedien (z. B. Listen, Dateien, Karteien) und Organisationseinheiten weitere Prozeßelemente dar. Entsprechend werden die Entitytypen SPEICHERMEDIUM und ORGANISATIONSEINHEIT mit den Schlüsselattributen SMNR und OENR eingeführt. Die Tatsache, daß die Funktionen im Rahmen der Prozeßbetrachtung bestimmten Organisationseinheiten zugeordnet werden, führt zu dem Beziehungstyp ORGANISATIONSEINHEITZUORDNUNG. Da innerhalb einer Organisationseinheit mindestens eine, in der Regel jedoch mehrere Funktionen ausgeführt werden und umgekehrt eine Funktion in einer oder mehreren Organisationseinheiten vorkommen kann, ist die Beziehung von beiden Seiten aus betrachtet vom Typ (1,n). Der Beziehungstyp ORGANISATIONSEINHEITZUORDNUNG wird durch den komplexen Schlüssel OENR, PNR und FNR identifiziert. Da Speichermedien zur Verwaltung von Informationsobjekten eingesetzt werden, wird zwischen den Entitytypen INFORMATIONSOBJEKT und SPEICHERMEDIUM der Beziehungstyp DATENSPEICHER eingeführt. Ein Informationsobjekt kann hierbei in einem oder in mehreren Speichermedien verwaltet werden. Ein Speichermedium dagegen kann sowohl mehrmals als auch überhaupt nicht existieren. Deshalb ist im ER-Modell eine (1,n)-Kardinalität für die Informationsobjekte und eine (0,n)-Kardinalität für die Speichermedien eingetragen.

Datenspeicher werden danach unterschieden, ob es sich um Datenquellen oder Datensenken handelt. Dieser Sachverhalt wird durch den Entitytyp DATENSPEICHER-ART, dem als Schlüsselattribut die DANR zugewiesen wird, erfaßt. Ein wesentliches Kennzeichen von Funktionen ist, daß sie zu ihrer Ausführung bestimmte Informationen benötigen (Input-Daten) und selbst wiederum neue Informationen erzeugen (Output-Daten). Dadurch entsteht eine Beziehung zwischen dem Entitytyp DATENSPEICHER-ART und den uminterpretierten Beziehungstypen FUNKTIONSZUORDNUNG und DATENSPEICHER, die als DATENSPEICHERZUORDNUNG bezeichnet wird. Von dem Entitytyp DATENSPEICHERART aus betrachtet, ist die Beziehung vom Typ (1,n), da ein Datenspeicher für die gleiche Funktion Datenquelle und Datensenke sein kann. Auch die beiden übrigen Entitytypen besitzen die Kardinalität (1,n). Dies bedeutet, daß ein Datenspeicher als Datenquelle bzw. Datensenke bei einer oder mehreren Funktionen vorkommen kann und eine Funktion aus einem oder mehreren Datenspeicher Informationen benötigen bzw. ein oder mehrere Datenspeicher mit Informationen füllen kann. Die Identifizierung des Beziehungstyps DATENSPEICHERZUORDNUNG erfolgt durch den komplexen Schlüssel IONR, SMNR, DANR, PNR und FNR.

Da die DV-technische Unterstützung der Funktionen durch Anwendungssysteme erfolgt, wird der Entitytyp ANWENDUNGSSYSTEM mit dem Schlüsselattribut ANWNR angelegt und eine Beziehung zu dem uminterpretierten Beziehungstyp FUNKTIONSZU-ORDNUNG hergestellt. Die eingesetzte n:m Beziehung mit den Untergrenzen 1 und 0 bedeutet, daß eine Funktion nicht (manuelle Ausführung) oder von mehreren Anwendungssystemen unterstützt und ein Anwendungsystem für eine oder mehrere Funktionen eingesetzt werden kann. Der Beziehungstyp ANWENDUNGSSYSTEMZU-ORDNUNG besitzt den komplexen Schlüssel ANWNR, PNR und FNR.

Ereignisse lösen Prozesse aus und können gleichzeitig auch das Ergebnis eines Prozesses sein. Entsprechend dieser Ausgangslage wird der Entitytyp EREIGNIS eingeführt. Die Tatsache, daß Ereignisse Prozesse sowohl anstoßen als auch als deren Ergebnis angesehen werden können, führt zu den beiden Beziehungstypen AUSLÖSUNG und ERGEBNIS. Ein Prozeß kann von einem oder mehreren Ereignissen angestoßen werden, und ein Ereignis kann mehrere Prozesse auslösen. Gleichzeitig kann ein Prozeß ein oder mehrere Ereignisse erzeugen und ein Ereignis das Ergebnis mehrerer Prozesse sein.

Vor dem Hintergrund einer stufenweisen CIM-Realisierung können Funktionsbereiche als sinnvolle Teilprojekte angesehen werden, denen in Abhängigkeit der spezifischen Unternehmenssituation unterschiedliche Prioritäten zuzuordnen sind. Dieser Sachverhalt führt zu dem Entitytyp FUNKTIONSBEREICH, der durch die FBNR identifziert wird und eine Spezialisierung des Entitytyps FUNKTION darstellt. Die zur Ermittlung der Funktionsbereichsprioritäten verwendeten Kriterien und Kriterienklassen werden in den Entitytypen ZIELKRITERIEN und KRITERIENKLASSEN abgebildet. Als Schlüsselattribute dienen die ZKRNR und die KRKLNR. Die Gruppierung der Einzelkriterien zu Kriterienklassen erfolgt im Beziehungstyp KRITERIENZUORDNUNG. Da ein Zielkriterium nur in einer Kriterienklasse vorkommt, eine Kriterienklasse jedoch mehrere Einzelkriterien umfaßt, lauten die Beziehungskomplexitäten (1,1) bzw. (1,n).

Die möglichen Ausprägungen (hoch, mittel oder gering) der Einzelkriterien spiegeln sich im Entitytyp KRITERIENAUSPRÄGUNGEN wider, dem als Schlüsselattribut die AUSNR zugeordnet wird. Die Tatsache, daß zur Prioritätsermittlung einem Funktionsbereich bezüglich der relevanten Zielkriterien Ausprägungen zugeordnet werden, führt zu der Anlage des Beziehungstyps BEWERTUNGSKOMBINATION. Die Komplexitäten dieser Beziehung sind vom Typ (0,n) (Entitytyp ZIELKRITERIEN) und (1,n) (Entitytyp FUNKTIONSBEREICH). Dies ergibt sich daraus, daß ein Funktionsbereich hinsichtlich mehrerer Zielkriterien bewertet werden kann, und ein Zielkriterium zur Bewertung mehrerer Funktionsbereiche herangezogen werden kann. Die Untergrenze 0 bei den Zielkriterien resultiert aus der Tatsache, daß nicht jedes Zielkriterium grundsätzlich zu berücksichtigen ist. Die Identifizierung des Beziehungstyps BEWERTUNGSKOMBINATION erfolgt durch die beiden Schlüsselattribute FBNR und ZKRNR. Die Zuweisung einer Ausprägung zu einer bestimmten Bewertungskombination wird durch den Beziehungstyp AUSPRÄGUNGSZUWEISUNG, der zwischen dem Entitytyp KRITERIENAUSPRÄGUNGEN und dem uminterpretierten Beziehungstyp BEWERTUNGSKOMBINATION angelegt wird, repräsentiert. Vom Entitytyp KRITERIENAUSPRÄGUNGEN aus betrachtet, lautet die Beziehungskomplexität (1,n), da eine Ausprägung für mehrere Bewertungskombinationen gelten kann. In Anbetracht dessen, daß einer Bewertungskombination lediglich eine Ausprägung zugeordnet werden kann, ist die Beziehung aus der Sicht des Entitytyps BEWERTUNGSKOMBINATION von der Komplexität (1,1).

Innerhalb eines Funktionsbereiches werden in der Regel Informationen benötigt, die in anderen Funktionsbereichen originär erzeugt werden. Dies bedeutet, daß zwischen den einzelnen Bereichen ein Informationsaustausch (Datenfluß) stattfinden muß. Diesem Tatbestand wird durch den Beziehungstyp INFORMATIONSBEZIEHUNG innerhalb des Entitytyps FUNKTIONSBEREICH Rechnung getragen. Zur Identifizierung dient der komplexe Schlüssel QFBNR, SFBNR. Infolgedessen, daß einerseits ein Funktionsbereich von mehreren Funktionsbereichen Daten empfangen und gleichzeitig an mehrere Funktionsbereiche Daten liefern kann, andererseits jedoch nicht jeder Funktionsbereich gleichzeitig Datensender und -empfänger ist, sind die Beziehungen vom Typ (0,n). Eine Informationsbeziehung ist neben dem Quellen- und Senkenfunktionsbereich dadurch gekennzeichnet, daß diese bestimmte Daten beinhaltet. Die Frage, welche Daten eine Informationsbeziehung umfaßt, wird durch den Beziehungstyp INFORMATIONS-OBJEKTZUORDNUNG beantwortet, dessen Schlüssel sich aus der QFBNR, SFBNR und IONR zusammensetzt. Da einerseits ein Datum in einer oder mehreren Informationsbeziehungen vorkommen kann, andererseits aber auch in einer Informationsbeziehung ein oder mehrere Daten enthalten sein können, sind die Beziehungen vom Typ (1,n).

Die zur Charakterisierung des jeweiligen Unternehmens erforderlichen Merkmale und Merkmalsausprägungen spiegeln sich in den Entitytypen BETRIEBSTYPOLOGISCHE MERKMALE und MERKMALSAUSPRÄGUNGEN, die über den Beziehungstyp

MERKMALSZUORDNUNG verbunden werden, wider. Die jeweiligen Schlüsselattribute sind MNR und ANR. Da einem Merkmal mehrere Merkmalsausprägungen zugeordnet sind, eine Merkmalsausprägung jedoch zu genau einem Merkmal gehört, sind die Beziehungen vom Typ (1,n) und (1,1).

Innerhalb des entwickelten Vorgehensmodells dienen die Merkmalsausprägungen dazu, die für das Unternehmen relevanten Objekte (Funktionen, Prozesse, Informationsobjektzuordnungen und Datenspeicherzuordnungen) zu bestimmen. Die Verknüpfungen zwischen den Merkmalsausprägungen und den Objekten werden durch "Wenn-Dann-Beziehungen" angegeben. Zur Abbildung der in diesen Beziehungen enthaltenen Merkmalsausprägungen wird der Entitytyp AUSPRÄGUNGSKOMBINATION angelegt. Als identifizierendes Attribut dient die AKNR. Da neben einstufigen Beziehungen auch "und"- bzw. "oder"-Verknüpfungen möglich sind, wird der Entitytyp KOMBINATIONSART eingeführt. Im Falle von "und/oder"-Verknüpfungen werden diese in mehrere "Wenn-Dann-Beziehungen" aufgeteilt. Die Verbindungen zwischen den Ausprägungskombinationen und Verknüpfungsarten sind im Beziehungstyp KOMBINATIONSZUORDNUNG enthalten. Von der KOMBINATIONSART aus betrachtet, die als Schlüsselattribut die KANR besitzt, lautet die Beziehungskomplexität (1,n), da eine Kombinationsart ein oder mehrmals auftreten kann. Aus der Sicht der AUSPRÄGUNGSKOMBINATION dagegen ist die Beziehung vom Typ (0,1), da eine Ausprägungskombination auf Grund der Aufteilung der "und/oder"-Verknüpfungen höchstens eine Verknüpfungsart besitzen kann. In dem Fall, wo eine Ausprägungskombination lediglich eine Merkmalsausprägung umfaßt, kann keine Verknüpfungsart angegeben werden. Die Verbindung zwischen den einzelnen Ausprägungskombinationen und den Merkmalsausprägungen erfolgt im Beziehungstyp AUSPRÄGUNGSZUORDNUNG. Hierbei können einer Ausprägungskombination eine oder mehrere Merkmalsausprägungen zugeordnet werden, und eine Merkmalsausprägung kann in einer oder mehreren Ausprägungskombinationen enthalten sein. Aus diesem Grunde lautet die Beziehungskomplexität von beiden Seiten aus betrachtet (1,n). Der Beziehungstyp AUSPRÄGUNGSZUORDNUNG wird durch die beiden Schlüsselattribute AKNR und ANR eindeutig identifiziert.

Die zuvor angedeuteten Zusammenhänge ("Wenn-Dann-Beziehungen") zwischen den Ausprägungskombinationen und den Unternehmensobjekten werden durch den Beziehungstyp REGEL abgebildet. Hierbei werden je nach dem, ob diese Beziehungen für Funktionen, Datenspeicherzuordnungen, Informationsobjektzuordnungen oder Prozesse gelten, verschiedene REGEL-Beziehungstypen angelegt. Zur Unterscheidung der einzelnen REGEL-Beziehungstypen wird diesen der Anfangsbuchstabe des jeweiligen Objektes zugeordnet. Von den Ausprägungskombinationen aus betrachtet, besitzen sämtliche REGEL-Beziehunstypen die Komplexität (1,n), da eine Ausprägungskombination eine oder mehrere Objektausprägungen determinieren kann. Von den jeweiligen Objekten aus betrachtet, sind die Beziehungen vom Typ (0,n), da einerseits nicht jede Objektausprägung einer Merkmalsabhängigkeit unterliegt, andererseits eine Objektausprägung infolge der Aufteilung der "und/oder"-Verknüpfungen von mehreren Ausprägungskombinationen determiniert werden kann.

Abschließend ist festzustellen, daß sich im zuvor entwickelten und in Abbildung B.3.1 dargestellten Datenmodell hinsichtlich des CIM-Modells primär die Strukturen der Referenzmodelle widerspiegeln. Die Abbildung der Ist- und Soll-Modelle kann über entsprechende Attribute der diesbezüglich relevanten Objekttypen (FUNKTION, ANORDNUNGSBEZIEHUNG und INFORMATIONSOBJEKTZUORDNUNG) erfolgen. Dies ist deshalb möglich, weil die Ist- und Soll-Modelle auf Basis der Referenzmodelle erfaßt bzw. entwickelt werden und sich somit hinsichtlich der Objektstrukturen keine Unterschiede ergeben.

Abb. B.3.1: Meta-Informationsmodell

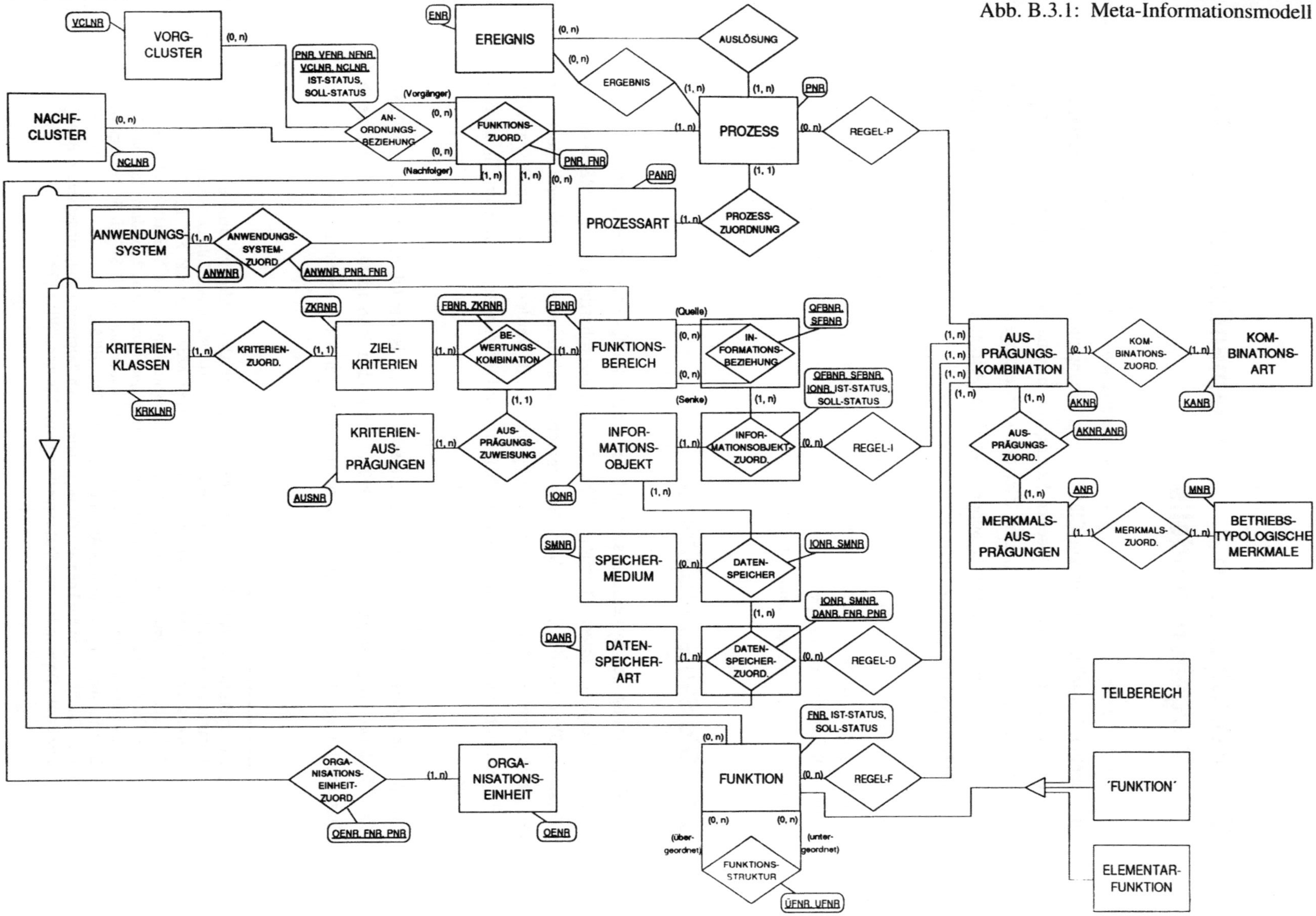

C. Prototypische Implementierung des Vorgehensmodells

Die nachfolgende Beschreibung der DV-technischen Umsetzung des im B-Teil entwickelten Vorgehensmodells zur CIM-Rahmenplanung dient primär dazu, aufzuzeigen, daß eine Überführung der theoretischen Konzeption in eine Software-technische Lösung grundsätzlich möglich ist [256]. Das Ziel der Darstellungen liegt somit nicht in einer detaillierten Systembeschreibung, sondern in dem Aufzeigen der aus Anwendersicht wesentlichen Systemeigenschaften.

Hinsichtlich des gegenwärtigen Entwicklungsstandes kann das System als einsetzbarer Prototyp gekennzeichnet werden. Das heißt, die Funktionalität des Systems geht über die eines "Oberflächenprototypen", bei dem lediglich die Bedienoberfläche erstellt und ablauffähig ist, bei weitem hinaus [257].

C.1. Die Systemarchitektur

Die Realisierung des Systems basiert auf den Entwicklungswerkzeugen *Actor* (Version 3.2) und *Nexpert Object* (Version 2.02). Als Benutzeroberfläche wird MS-Windows (Version 3.0) verwendet. Die hybride Systemarchitektur, in der wissensbasierte Methoden mit objektorientiertem Software-Engineering verknüpft werden, wird deshalb gewählt, weil hierdurch die unterschiedlichen Realisierungsanforderungen adäquat erfüllt werden können.

Wesentliches Merkmal der Entwicklungsumgebung *Actor* ist die Objektorientierung [258]. Die Objektorientierung bzw. die diese kennzeichnenden Prinzipien, wie beispielsweise Klassenbildung und Vererbung, gewährleisten eine rationelle Systementwicklung. Die

---

[256] Anzumerken ist, daß der beschriebene Prototyp im Unterschied zu dem entwickelten Vorgehensmodell sämtliche Funktionsbereiche des in Abbildung A.3.2 dargestellten Y-CIM-Modells umfaßt. Die im Vorgehensmodell beschriebene Methodik zur Ermittlung des Anforderungsmodells besitzt jedoch lediglich für die hier betrachteten Y-Bereiche Gültigkeit.

[257] Die Entwicklung des Systems erfolgte in Zusammenarbeit zwischen dem Institut für Wirtschaftsinformatik (IWi) an der Universität des Saarlandes, der IDS-Prof. Scheer GmbH, Saarbrücken, und der Siemens AG, München, Abt. ZPL 1/IP 33.

[258] Eine Einführung in die Thematik der objektorientierten Programmierung findet sich z. B. bei: Meyer, B.: Objektorientierte Softwareentwicklung, München Wien 1990.

Tatsache, daß die mit *Actor* erstellten Lösungen MS-Windows-Anwendungen sind, bietet den Vorteil, daß die Bedienoberfläche des Systems komfortabel gestaltet werden kann.

Die Expertensystemshell *Nexpert Object* dient der Entwicklung wissensbasierter Systemlösungen [259]. Das System wird hier deshalb eingesetzt, weil es zum einen für die Problemstellung geeignete Wissensrepräsentations- und Inferenztechniken aufweist, zum anderen auf Grund der offenen Struktur an die *Actor*-Oberfläche angebunden werden kann.

Ein wesentliches Kennzeichen wissensbasierter Entwicklungswerkzeuge ist die Möglichkeit, regelartige Zusammenhänge einfach und komfortabel abzubilden. Hierdurch kann der Aufwand für die Implementierung (und Pflege) der im Rahmen der Vorgehensphase "Entwicklung des Anforderungsmodells" formulierten Wirkungszusammenhänge ("Wenn-Dann-Beziehungen") relativ gering gehalten werden. Darüber hinaus wird mit Hilfe von *Nexpert Object* auch die gesamte Datenverwaltung realisiert. Hierzu ist das Meta-Informationsmodell in die Beschreibungsform von *Nexpert Object* zu überführen.

Zusammenfassend ist festzustellen, daß *Actor* zur Entwicklung der Bedienoberfläche sowie für numerische Berechnungen, *Nexpert Object* dagegen für die Wissensverarbeitung und Datenverwaltung eingesetzt wird (vgl. Abbildung C.1.1). Durch den integrierten Einsatz beider Software-Technologien besitzt das System eine hohe Benutzerfreundlichkeit und Änderungsflexibilität.

---

[259] Zum Themengebiet Expertensysteme vgl. z. B. Puppe, F.: Einführung in Expertensysteme, 2. Auflage, Berlin et al. 1991.

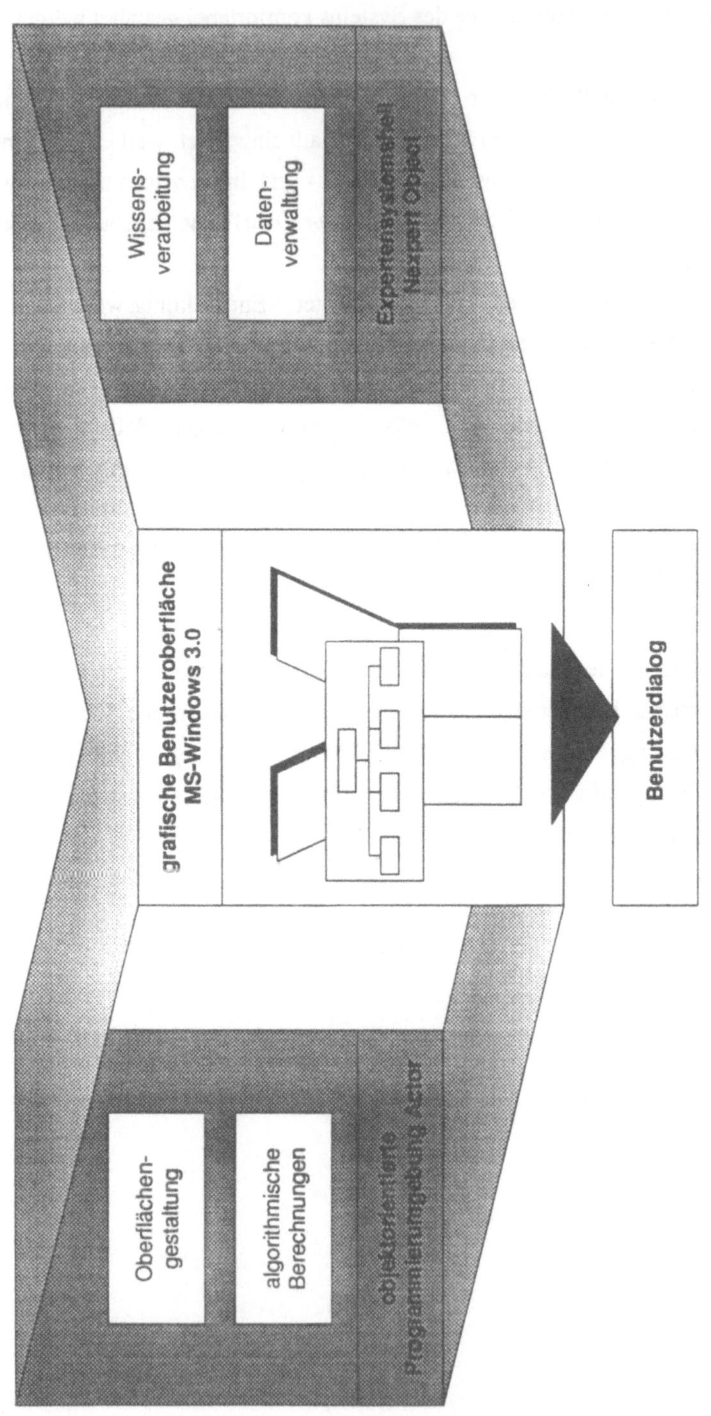

Abbildung C.1.1:   Systemarchitektur

C.2. Die Bedienoberfläche

Die Bedeutung der Gestaltung von Bedienoberflächen ist in der Vergangenheit sprunghaft angestiegen. Dies kommt z. B. darin zum Ausdruck, daß mittlerweile ein wesentlicher Anteil der Entwicklungs- und Wartungskosten eines Software-Produktes auf diese Aufgabe entfällt [260]. Auch die von der IBM [261] im Rahmen von SAA (Systems Application Architecture) unter dem Kürzel CUA (Common User Access) veröffentlichten Richtlinien zur Gestaltung von Bedienoberflächen zeigen das wachsende Bewußtsein für diese Fragestellung.

Die wesentlichen Gründe für den hohen Stellenwert der Oberflächengestaltung liegen einerseits in der zunehmenden Computernutzung durch sog. Computerlaien, andererseits in der steigenden Verbreitung von dialogintensiven und integrierten Anwendungssystemen [262]. Es ist davon auszugehen, daß zukünftig bei der Beurteilung und Auswahl insbesondere von dialogintensiven Anwendungssystemen die Bedienoberfläche einen eigenständigen Betrachtungsgegenstand darstellen wird, der zumindest gleichrangig neben der Funktionalität und den Datenstrukturen steht.

In den letzten Jahren wurden eine Reihe von Kriterien entwickelt, anhand derer die Güte einer Bedienoberfläche beurteilt werden kann [263]. Obwohl in diesem Zusammenhang häufig sehr unterschiedliche Kriterienkataloge aufgestellt wurden, verfolgen diese dennoch ein gemeinsames Ziel, nämlich die Erlernbarkeit und Handhabbarkeit eines Anwendungssystems zu beurteilen. Hierbei ist festzustellen, daß die an eine Bedienoberfläche zu stellenden Anforderungen maßgeblich durch die Komplexität und Dialogintensität der zu bearbeitenden Problemstellung sowie die Anwendergruppe bestimmt werden. Der hohe Ausprägungsgrad der zuvor genannten Merkmale führt dazu, daß für das zu implementierende Vorgehensmodell eine Oberfläche notwendig ist, die grafische

---

[260] Vgl. Simon, M., Heilmann, H., Gebauer, A.: Benutzerschnittstellen - Grundlagen, Historie, Tendenzen, in: Handbuch der modernen Datenverarbeitung 28(1991)160, S. 3-11, insbesondere S. 3.

[261] Vgl. IBM (Hrsg.): Systems Application Architecture - Common User Access, Teil 1: Basic Interface Design Guide, IBM Document SC26-4583-0, Teil 2: Advanced Interface Design Guide, IBM Document SC26-4582-0, o. O. 1989.

[262] Zu den Auswirkungen der integrierten Informationsverarbeitung auf die Gestaltung von Benutzeroberflächen vgl.: Oetinger, R.: Die Benutzerschnittstelle in einer CIM-Umgebung, in: Information Management 4(1989)3, S. 28-36.

[263] Derarige Kriterien finden sich z. B. bei: Wandke, H.: Die arbeitspsychologische Gestaltung von Benutzerschnittstellen, in: Handbuch der modernen Datenverarbeitung 28(1991)160, S. 96-108, insbesondere S. 101 sowie der dort angegebenen Literatur.

Darstellungs- und Interaktionstechniken verwendet [264]. Durch das beispielhafte Aufzeigen einiger Gestaltungslösungen sollen nachfolgend die wesentlichen Eigenschaften der Bedienoberfläche verdeutlicht werden.

Die Systemsteuerung erfolgt über horizontal angeordnete Menüleisten, wobei als zentrales Eingabemedium ein Zeigegerät (Maus) dient. Das System besitzt eine hierarchische Fensterstruktur, wobei das Hauptfenster, dessen Menüleiste die einzelnen Phasen des Vorgehensmodells beinhaltet, für den Anwender ständig sichtbar ist. Die Aktivierung der Systemfunktionen erfolgt grundsätzlich über Pull-down-Menüs, welche teilweise hierarchisch geordnet sind (Kaskadenmenü). Alle Funktionen, die innerhalb der Hauptmenüleiste selektiert werden können, besitzen wiederum eigene Fenster (incl. Menüleiste), in denen die funktionsspezifischen Inputdaten erfaßt und Ergebnisse dargestellt werden.

Die Erfassung der jeweiligen Informationen erfolgt überwiegend auf der Grundlage grafischer Darstellungen, die sensitive Flächen beinhalten. Durch das Selektieren dieser Flächen mittels Mausklick werden entweder weitere Fenster, oder, sofern man sich bereits auf der untersten Fensterebene befindet, Eigenschaftsboxen geöffnet. Die Eigenschaftsboxen dienen der eigentlichen Informationserfassung, welche größtenteils auf der Basis vorgegebener Werte erfolgt. Das heißt, die möglichen Eingabewerte werden in den Eigenschaftsboxen in geeigneter Form zur Auswahl angezeigt. Sind textuelle Eingaben erforderlich, so werden hierzu übersichtlich gestaltete Formulare bereitgestellt. Unabhängig von der Eingabeart wurde bei der Layoutgestaltung der Eigenschaftsboxen dem Grundsatz gefolgt, semantisch zusammenhängende Informationen zu Gruppen zusammenzufassen. Sofern dies sinnvoll ist, werden die vom Benutzer eingegebenen Werte in den jeweils zugrundeliegenden Grafiken durch Farben verdeutlicht. Die Eingabe grafischer Informationen erfolgt mittels Grafikeditor.

Sämtliche vom System ermittelten Ergebnisse werden, soweit dies möglich ist, in grafischer Form aufbereitet. Hierbei werden die wesentlichen Informationen durch farbliche Kennzeichnung hervorgehoben. Auch die Auswertungsgrafiken besitzen sensitive Flächen, durch deren Selektion weitere Ergebnisdarstellungen aufgerufen werden können.

---

[264] Bei der Gestaltung der Oberfläche wurde weitestgehend der MS-Windows 3.0 Standard eingehalten, der große Ähnlichkeit mit dem Presentation Manager, der grafischen Oberfläche von OS/2, besitzt.

Zusammenfassend ist festzustellen, daß Fenster, Eigenschaftsboxen, Menüleisten, Symbolleisten, Pull-down-Menüs, Zeigegerät (Maus) und sensitive Grafiken die zentralen Komponenten der Oberfläche darstellen.

C.3. Die Systemfunktionalität

Durch die Beschreibung der Systemfunktionen soll einerseits die Konsistenz zwischen der theoretischen Konzeption und der DV-technischen Lösung, andererseits die Durchgängigkeit der Realisierung hinsichtlich Bedienoberfläche und Systemverhalten verdeutlicht werden. Die Systembeschreibung folgt dabei dem in Abbildung C.3.1 dargestellten Funktionsmodell. Um die Gliederung nicht unnötig aufzublähen, werden lediglich die Hauptfunktionen (Funktionen der zweiten Hierarchiestufe) als eigene Gliederungspunkte aufgeführt [265].

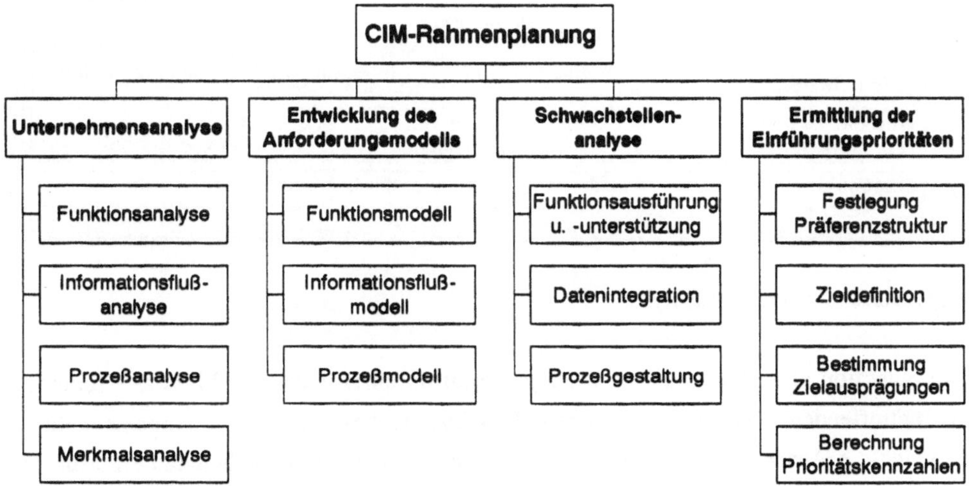

Abb. C.3.1:   Funktionsmodell des Prototypsystems

C.3.1. Unternehmensanalyse

Merkmalsanalyse

Die zur Charakterisierung der Unternehmen verwendeten betriebstypologischen Merkmale und Merkmalsausprägungen werden dem Anwender durch die Auslösung der Funktion

---

[265] Die Hauptfunktionen entsprechen hierbei den Vorgehensphasen, die Unterfunktionen den phasenspezifischen Arbeitsschritten des Vorgehensmodells.

"Merkmalsanalyse" in Form eines morphologischen Schemas angezeigt (vgl. Abbildung C.3.2).

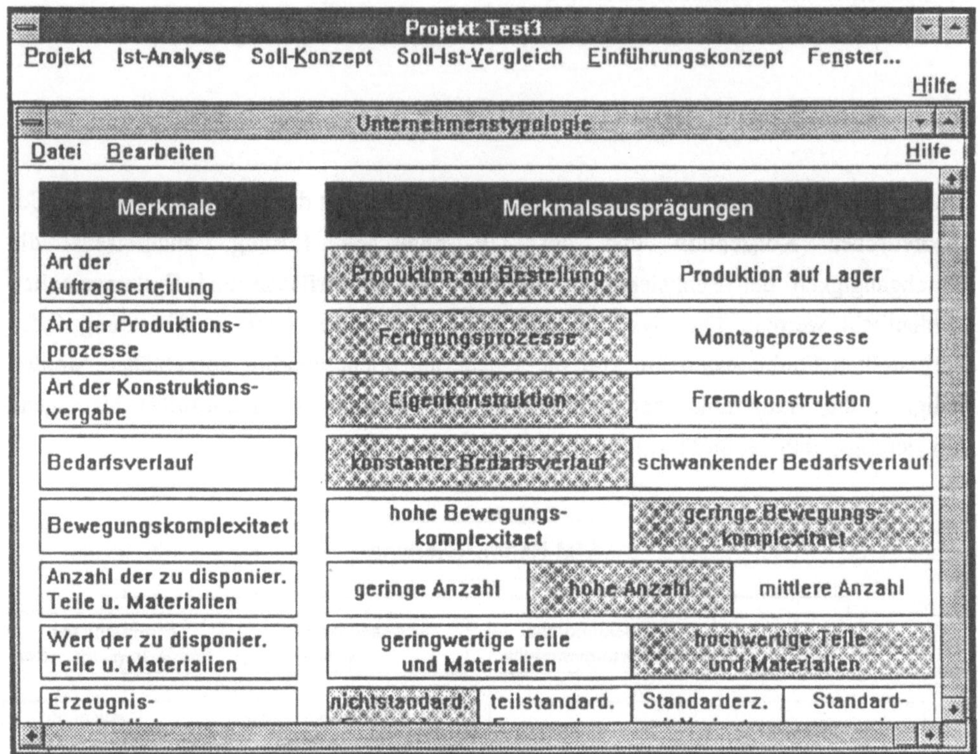

Abb. C.3.2:   Merkmalsanalyse

Die Selektion einer Merkmalsausprägung erfolgt durch Drücken der Maustaste innerhalb des betreffenden Ausprägungskästchens. Das System bestätigt diesen Vorgang dadurch, daß sich die Ausprägung bzw. das diese repräsentierende Kästchen hellblau einfärbt. Die Deselektion einer Merkmalsausprägung erfolgt auf die gleiche Art und Weise, wobei die Farbe wieder auf den ursprünglichen Zustand (weiß) zurückgesetzt wird. Da die Größe des Fensters eine vollständige Darstellung aller Merkmale nicht zuläßt, besteht die Möglichkeit, das Merkmalsschema mittels Scroll-Bar in vertikaler Richtung zu verschieben. Um die Bestimmung der relevanten Merkmalsausprägungen zu erleichtern, sind den einzelnen Merkmalen Erläuterungstexte zu den jeweiligen Ausprägungen zugeordnet. Der Aufruf dieser Texte erfolgt durch Anklicken des betreffenden Merkmals mit der Maus.

Funktionsanalyse

Wird das Menü-Item "Funktionsanalyse" aktiviert, erscheint zunächst ein Fenster, in dem das Y-CIM-Modell abgebildet ist. Jedem Funktionsbereich des Y-CIM-Modells ist ein funktionales Bereichsreferenzmodell zugeordnet, das durch Drücken der Maustaste innerhalb des jeweiligen Bereiches aufgerufen werden kann. Wird diese Aktion ausgeführt, öffnet sich ein Fenster, das die Komponenten des betreffenden Bereichsmodells in der Gestalt eines Funktionsbaumes beinhaltet. Ist das Modell breiter als das Fenster, werden Scroll-Bars zur Verfügung gestellt.

Um die Komplexität der Darstellung zu reduzieren, werden im Funktionsbaum lediglich die ersten drei Stufen des Hierarchiemodells angezeigt. Durch die Selektion eines ´Funktionsknotens´ wird eine Eigenschaftsbox geöffnet, in der die einer ´Funktion´ zugeordneten Elementarfunktionen listenartig angezeigt werden (vgl. Abbildung C.3.3).

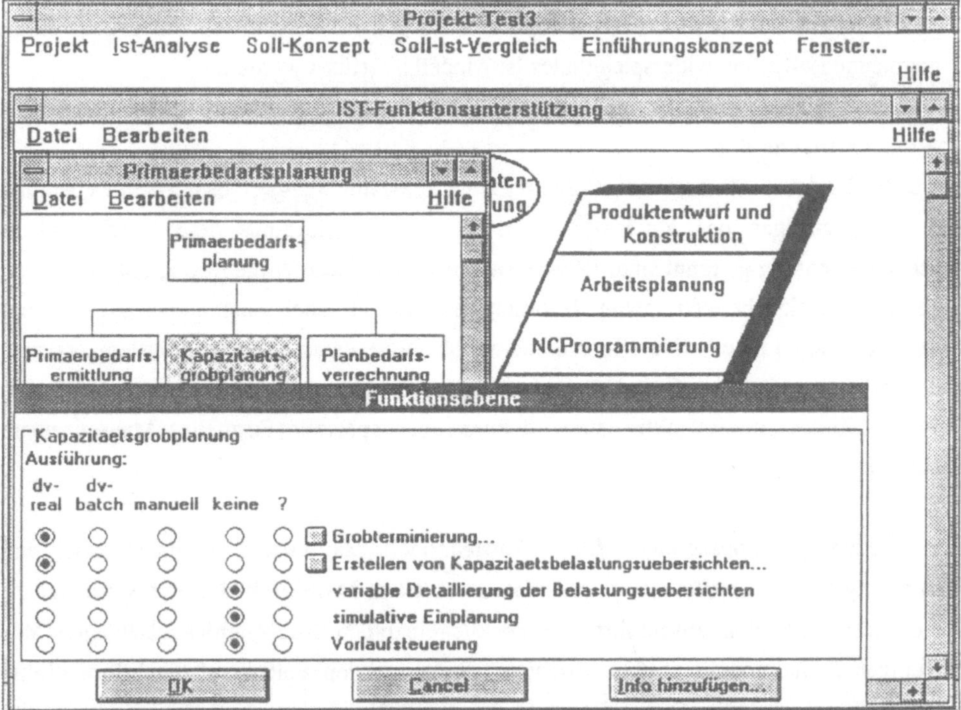

Abb. C.3.3:   Funktionsanalyse

Innerhalb dieser Eigenschaftsbox kann angegeben werden, ob und in welcher Form die einzelnen Elementarfunktionen zum aktuellen Zeitpunkt ausgeführt werden. Zur Erfassung

dieser Informationen werden, wie in Abbildung C.3.3 dargestellt, für jede Ausführungs-
form Tasten (Radio Buttons) zur Verfügung gestellt, die eine sich gegenseitig
ausschließende Auswahl ermöglichen und durch Mausklick aktiviert werden können.
Elementarfunktionen, denen Ausprägungen zugeordnet sind, besitzen sog. Ausprägungs-
tasten. Die Selektion dieser Tasten hat die Öffnung einer weiteren Eigenschaftsbox zur
Folge, in der die jeweiligen Ausprägungen angezeigt werden. Hinsichtlich Layout und
Bedienung stimmt diese mit der zuvor beschriebenen Eigenschaftsbox überein.
Unternehmensfunktionen, die nicht im Referenzmodell enthalten sind, werden in einem
Vormerkspeicher, der über eine entsprechend gekennzeichnete Taste der Eigenschaftsbox
aufgerufen wird, hinterlegt. Wird die Eigenschaftsbox, die die Elementarfunktionen
beinhaltet, geschlossen, färbt sich der betreffende ´Funktionsknoten´ mit einer Farbe, die
die Ergebnisse der Eingaben in verdichteter Form zum Ausdruck bringt. Gleiches gilt für
die darüber liegenden Hierarchiestufen.

Wurden sämtliche ´Funktionen´ eines Bereichsmodells bearbeitet, können weitere Modelle
aktiviert und mittels der zuvor beschriebenen Vorgehensweise in ein die gegenwärtige
Unternehmenssituation widerspiegelndes Ist-Modell überführt werden.

Informationsflußanalyse
Wird die Funktion "Informationsflußanalyse" ausgewählt, reagiert das System ebenfalls
mit dem Anzeigen des Y-CIM-Modells, wobei hier allerdings dessen Schenkel in
vertikaler Richtung getrennt sind. Wie bereits im Rahmen des Vorgehensmodells erläutert,
kann ein Funktionsbereich sowohl Informationsquelle als auch -senke sein. Aus diesem
Grunde existieren innerhalb der Informationsflußanalyse unterschiedliche Systemzustände,
die angeben, ob sich das System gegenwärtig im Quellen- oder Senkenmodus befindet.
Welcher Modus zur Zeit aktiv ist, wird durch eine spezielle Form des Mausanzeigers
visualisiert.

Hinter jedem Funktionsbereich steht ein Partialmodell, das, unter der Voraussetzung, daß
sich das System im Quellenmodus befindet, durch einen Mausklick aktiviert werden kann.
Wird diese Operation ausgeführt, werden die einzelnen Informationsbeziehungen des
jeweiligen Partialmodells mittels gerichteten Pfeilen, deren Spitze auf die Informationssenke zeigt, dargestellt. Durch Drücken der im Senkenmodus befindlichen Maustaste
innerhalb einer Informationssenke öffnet sich eine Eigenschaftsbox, in der die einer
Informationsbeziehung zugeordneten Referenzinformationen (-daten) in Form einer Liste
(Referenzliste) aufgeführt sind (vgl. Abbildung C.3.4).

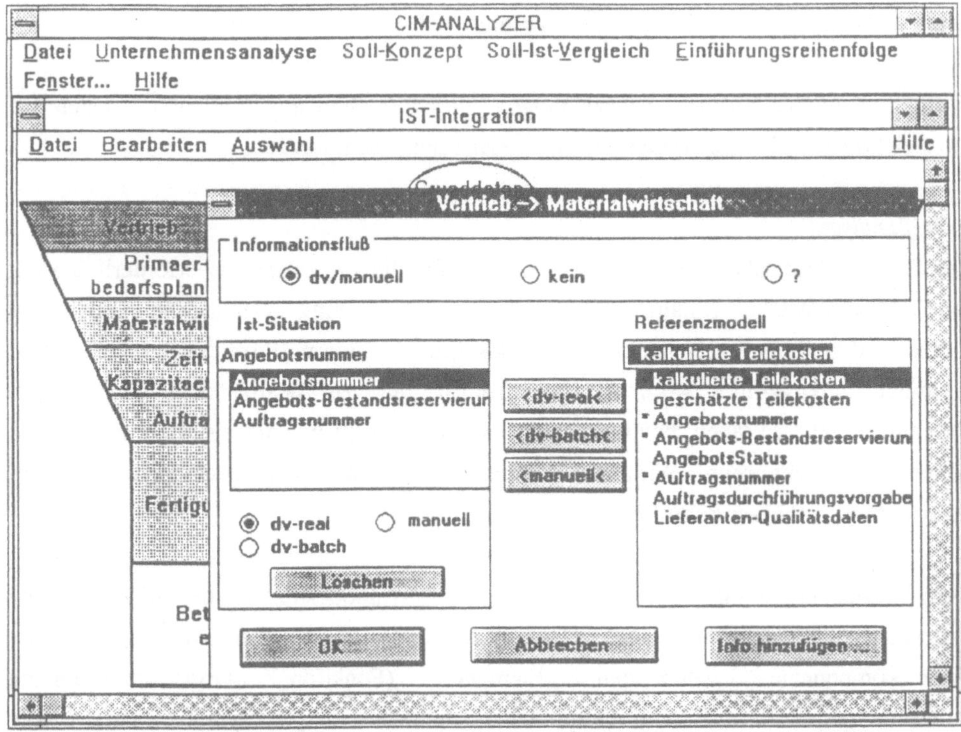

Abb. C.3.4:   Informationsflußanalyse

Im Rahmen der Analyse ist zunächst die Frage zu beantworten, ob die betreffende Informationsbeziehung gegenwärtig überhaupt existiert. Die Beantwortung dieser Frage erfolgt anhand von Tasten (Radio Buttons), denen die möglichen Eingabewerte zugeordnet sind. Nur dann, wenn die betreffende Informationsbeziehung existiert, können die jeweiligen Referenzdaten hinsichtlich der verwendeten Kriterien untersucht werden. Dieser Vorgang erfolgt in zwei Schritten. Im ersten Schritt ist das zu bearbeitende Datum mittels Mausklick zu aktivieren, woraufhin dieses in das der Referenzliste übergeordnete Textfeld eingetragen wird. Im zweiten Schritt ist anzugeben, in welcher Form das betreffende Datum zum aktuellen Zeitpunkt übertragen wird. Hierzu werden Kopiertasten zur Verfügung gestellt, in denen sich die einzelnen Übertragungsmöglichkeiten widerspiegeln. Durch das Selektieren der relevanten Kopiertaste mittels Mausklick wird das ausgewählte Datum in die Liste der aktuellen Ist-Situation kopiert. Gleichzeitig wird dem Datum ein Statuskennzeichen zugeordnet. Bereits behandelte Daten werden in der Referenzliste mit einem Stern gekennzeichnet. Daten, die im Referenzmodell nicht enthalten sind, werden analog zur "Funktionsanalyse" in einem Vormerkspeicher hinterlegt. Wird die

Eigenschaftsbox geschlossen, erhält der die Informationsbeziehung repräsentierende Pfeil eine Farbkennung, die die Eingaben in verdichteter Form dokumentiert.

Wurden sämtliche Informationsbeziehungen eines Partialmodells bearbeitet, können auf die gleiche Art und Weise weitere Partialmodelle untersucht werden.

Prozeßanalyse

Zur Eingabe grafischer Informationen, wie sie für die Prozeßanalyse erforderlich sind, wird ein komfortabel gestalteter Grafikeditor zur Verfügung gestellt. Die Aktivierung dieses Grafikeditors erfolgt durch das Auslösen der Funktion "Prozeßanalyse". Ist diese Aktivität durchgeführt worden, ist zunächst der zu bearbeitende Prozeß des Referenzmodells zu laden, bevor dann im nächsten Schritt mit der eigentlichen Analyse begonnen werden kann. Wird die Prozeßanalyse unabhängig vom Referenzmodell durchgeführt, ist dieser Schritt nicht notwendig.

Das Fenster des Grafikeditors beinhaltet eine Symbolleiste, in der die einzelnen Prozeßelemente aufgeführt sind. Hierbei ist festzustellen, daß für die zu einer Prozeßkomponente gehörenden Elemente (Funktion, Organisationseinheit, Anwendungssystem und Input-/Outputdaten) nur ein einziges Symbol existiert. Die verschiedenen Symbole können mit Hilfe des Mausanzeigers selektiert und an der gewünschten Stelle positioniert werden. Durch das zweimalige Anklicken eines positionierten Symbols öffnet sich eine Eigenschaftsbox, in der die symbolspezifischen Informationen anzugeben sind. Nach dem Schließen der Eigenschaftsbox werden die Eingaben in das jeweilige Symbol eingetragen bzw. an dieses angehängt.

Handelt es sich um eine Prozeßkomponente, so wird nach der Selektion und Positionierung des entsprechenden Symbols zunächst ein Platzhalter angelegt. Die Erfassung der zum Anlegen einer Prozeßkomponente erforderlichen Informationen ist aus Komplexitätsgründen auf zwei Eigenschaftsboxen verteilt. In der ersten Box (vgl. Abbildung C.3.5), die durch einen Doppelklick mit der Maus innerhalb des Platzhalters geöffnet wird, wird die Prozeßfunktion ausgewählt, ihre Ausführungsform bestimmt sowie der Name des Anwendungssystems und der Organisationseinheit eingetragen. Zur Funktionsauswahl werden sämtliche Funktionen des jeweiligen Referenzprozesses in Listenform angezeigt. Aus dieser Liste kann die zu bearbeitende Funktion mittels Mausklick ausgewählt werden. Die zweite Box (vgl. Abbildung C.3.6), die über eine entsprechend gekennzeichnete Taste der ersten Box aufgerufen wird, dient der Erfassung der funktionsspezifischen Input-/Outputdaten.

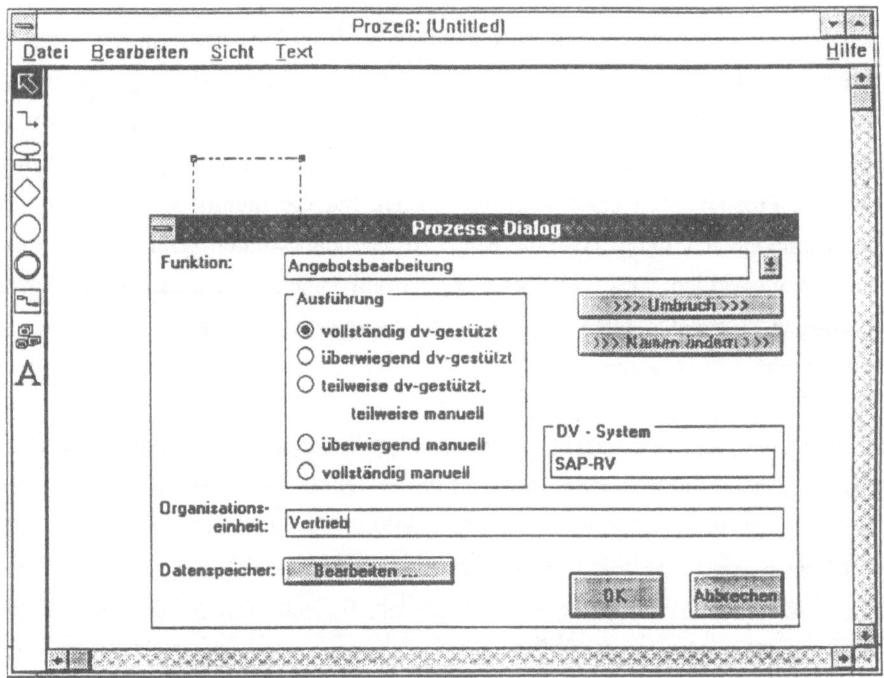

Abb. C.3.5: Prozeßanalyse 1 (Erfassung der Funktionen, Anwendungssysteme und Organisationseinheiten)

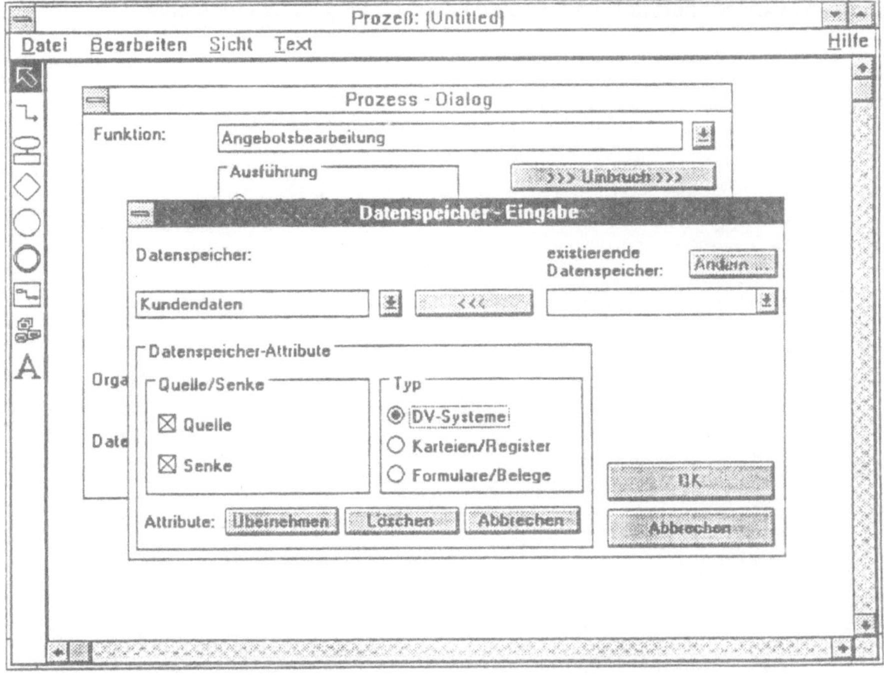

Abb. C.3.6: Prozeßanalyse 2 (Erfassung der Input-/Outputdaten)

Erst nach dem Schließen beider Eigenschaftsboxen wird der Platzhalter in die grafische Form einer Prozeßkomponente überführt. Gleichzeitig werden die Eingaben in die entsprechenden Symbole eingetragen. Die Ausführungsform der jeweiligen Funktion wird durch das angezeigte Farbmuster verdeutlicht. Danach können auf die gleiche Art und Weise weitere Prozeßkomponenten angelegt werden. Für die räumliche Anordnung der einzelnen Komponenten, deren Position jeder Zeit verändert werden kann, ist alleine der Anwender verantwortlich. Das Verbinden der Prozeßkomponenten untereinander sowie mit den übrigen Prozeßelementen erfolgt durch Bewegen des gedrückten Mausanzeigers von einem Symbol zum anderen.

Das Beispiel eines mit dem Grafikeditor erstellten Prozesses ist in Abbildung C.3.7 aufgeführt. Um dem Anwender bei größeren Prozessen die Orientierung zu erleichtern, wird eine Funktion bereitgestellt, deren Aktivierung die Öffnung eines sog. Überblickfensters zur Folge hat. Dieses zusätzlich erscheinende Fenster dient dazu, den Prozeß in verkleinerter Form gesamthaft darzustellen. Welcher Teil des Gesamtprozesses gegenwärtig im Hauptfenster dargestellt ist, wird innerhalb des Überblickfensters durch einen Ausschnittsrahmen verdeutlicht. Des weiteren besteht die Möglichkeit, durch das Verschieben des Ausschnittsrahmens mit der Maus den im Hauptfenster angezeigten Prozeßausschnitt zu bestimmen. Abschließend ist anzumerken, daß die Größe der Zeichenfläche variabel definiert und ein Zeichenraster angelegt werden kann.

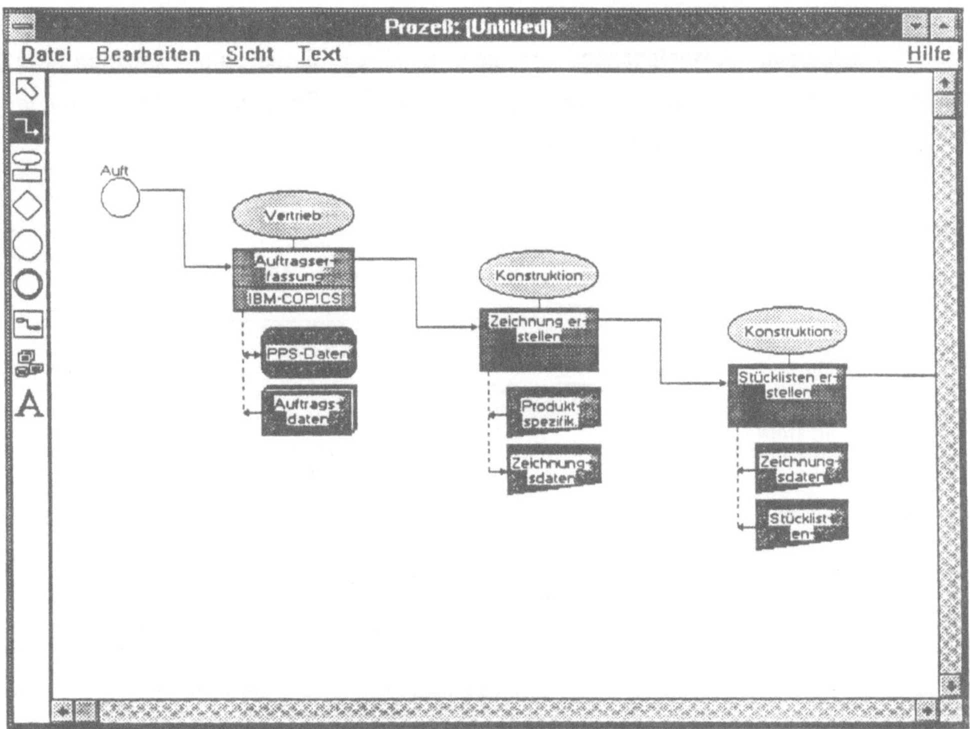

Abb. C.3.7:   Beispiel einer Prozeßdarstellung

C.3.2. Entwicklung des Anforderungsmodells

Funktionsmodell

Die Entwicklung des unternehmensspezifischen Funktionsmodells wird durch das Auslösen der Funktion "Funktionsmodell" angestoßen. Auf diese Operation hin wird der Inferenzmechanismus des Expertensystems, der die in der Wissensbasis hinterlegten Regeln abarbeitet, aktiviert. Das Ergebnis dieses Vorgangs wird in mehreren Stufen dokumentiert.

Die erste Stufe bildet das Y-CIM-Modell. Durch das Drücken der Maustaste innerhalb eines Y-Bereiches wird ein Fenster geöffnet, in dem das entsprechende auf die individuellen Bedürfnisse des Unternehmens ausgerichtete Bereichsmodell in der Gestalt eines Funktionsbaumes aufgeführt ist. Analog zur Funktion "Funktionsanalyse" werden auch hier zunächst nur die ersten drei Hierarchiestufen dargestellt. Zum Anzeigen der relevanten Elementarfunktionen ist das Anklicken eines ´Funktionsknotens´ mit der Maus notwendig, was zur Öffnung eines weiteren Fensters führt. Existieren zu bestimmten Elementarfunktionen Ausprägungen, so können diese durch die Selektion der Ausprägungstaste zum Vorschein gebracht werden. Ein Beispiel für die erläuterte Darstellungsweise zeigt Abbildung C.3.8.

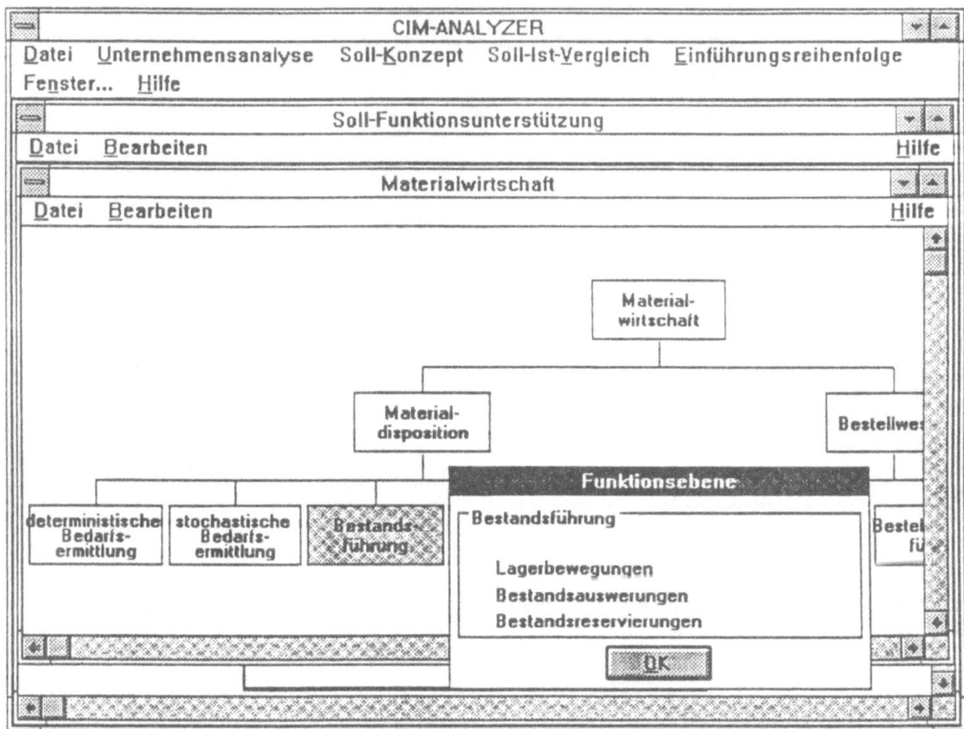

Abb. C.3.8:   Ausschnitt aus einem spezifischen Bereichsmodell

Wie bereits im Rahmen der theoretischen Konzeption angedeutet, besteht auf Grund der Tatsache, daß das konkrete Realisierungsmodell vom idealtypischen Soll-Modell abweichen kann, die Notwendigkeit, das vom System ermittelte Funktionsmodell interaktiv anzupassen. Die für diesen Zweck entwickelte Eigenschaftsbox hinsichtlich der Elementarfunktionen zeigt Abbildung C.3.9. Der vor dem Hintergrund der spezifischen Merkmalsausprägungen ermittelte (idealtypische) Soll-Status der Funktionskomponenten wird in dieser Eigenschaftsbox durch die Position des Selektionszeichens verdeutlicht. Die Manipulation des Soll-Modells erfolgt mittels der bereits innerhalb der "Funktionsanalyse" beschriebenen Vorgehensweise. Unternehmensindividuelle Anforderungskomponenten, die im Referenzfunktionsmodell nicht enthalten sind, können in einem eigens hierfür eingerichteten Fenster erfaßt werden.

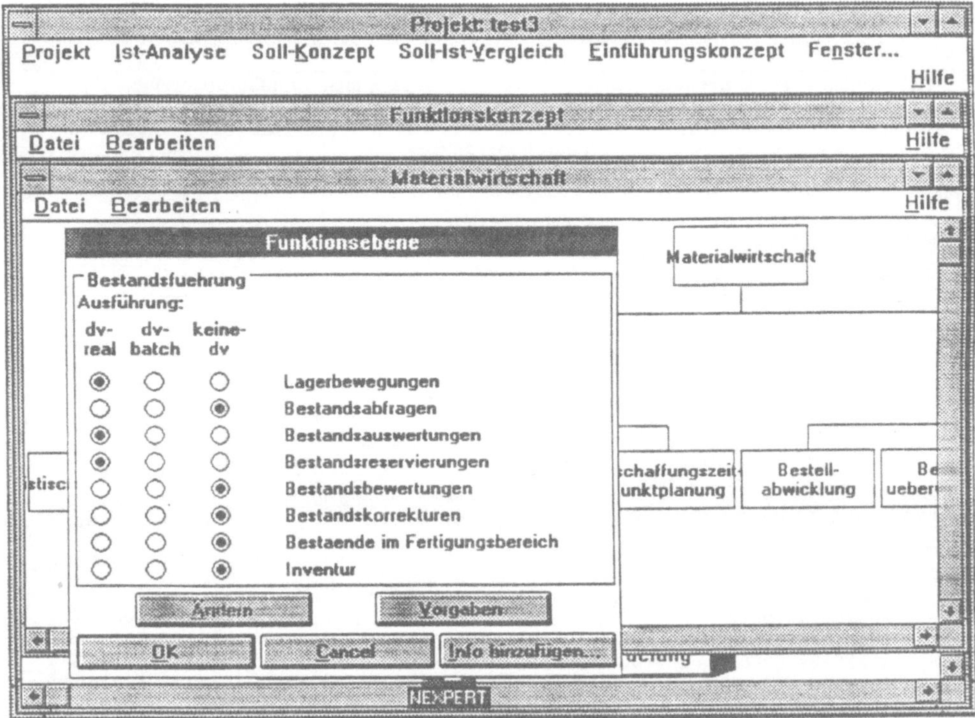

Abb. C.3.9:   Anpassung des Funktionsmodells

Informationsflußmodell

Wie das individuelle Funktionsmodell wird auch das spezifische Informationsflußmodell durch die Abarbeitung der in der Wissensbasis hinterlegten Regeln entwickelt. Die Auslösung dieses Vorgangs erfolgt durch die Funktion "Informationsflußmodell".

Nach dieser Operation erscheint zunächst ein Fenster, welches ein vertikal getrenntes Y-CIM-Modell enthält. Das Anklicken eines Y-Bereiches mit der Maus führt, sofern sich das System im Quellenmodus befindet, zur Aktivierung desjenigen Teils des betreffenden Partialreferenzmodells, der für das betrachtete Unternehmen von Bedeutung ist. Die grafische Visualisierung des spezifischen Partialmodells folgt der bereits innerhalb der Funktion "Informationsflußanalyse" beschriebenen Darstellungsweise. Das Anzeigen der in einer Informationsbeziehung enthaltenen Daten erfolgt in einem weiteren Fenster, das durch die Selektion einer Informationssenke mittels Mausklick geöffnet werden kann. Voraussetzung hierfür ist jedoch, daß der Senkenmodus aktiv ist. Ein Beispiel hierzu zeigt Abbildung C.3.10.

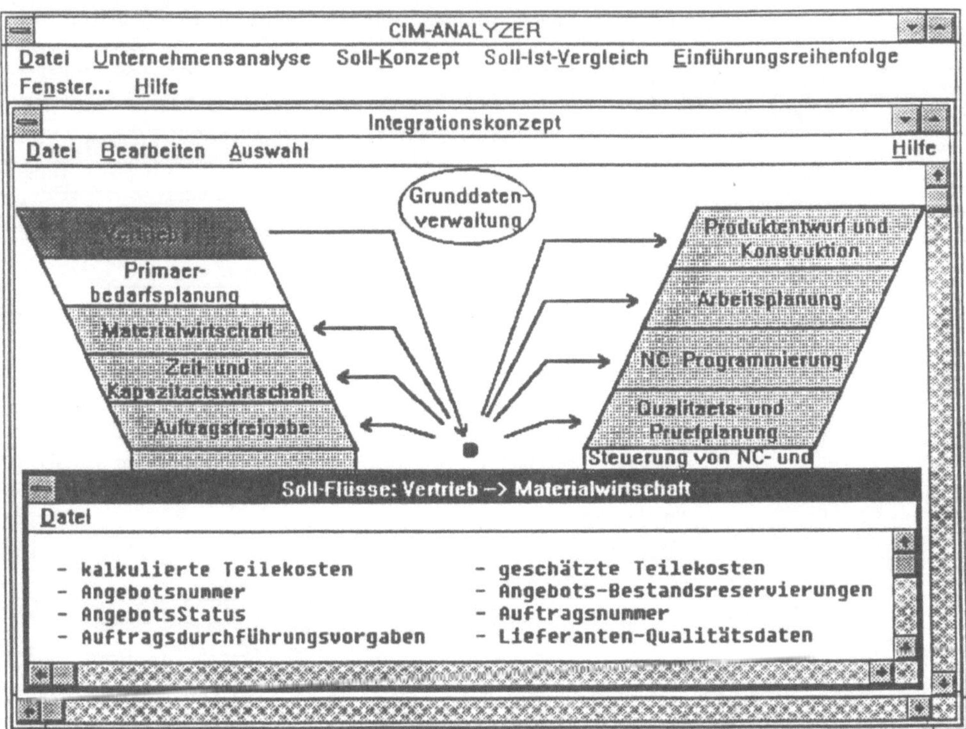

Abb. C.3.10:   Ausschnitt aus einem spezifischen Partialmodell

Analog den Ausführungen bei der Funktion "Funktionsmodell" können auch hinsichtlich des Informationsflußmodells unter Umständen Anpassungen erforderlich sein. Die hierzu entwickelte Eigenschaftsbox bezüglich der Datenebene ist in Abbildung C.3.11 dargestellt. Die vom System auf der Grundlage der spezifischen Merkmalsausprägungen ermittelten Daten einer Informationsbeziehung sind innerhalb der Eigenschaftsbox in der die Soll-Situation kennzeichnenden Liste eingetragen. Zur Veränderung des Informationsflußmodells stehen die gleichen Dialogschritte zur Verfügung, wie sie zur Erfassung des Ist-Zustandes innerhalb der Funktion "Informationsflußanalyse" beschrieben wurden. Auch hier besteht die Möglichkeit, Anforderungskomponenten, die im Referenzinformationsflußmodell nicht enthalten sind, individuell zu erfassen.

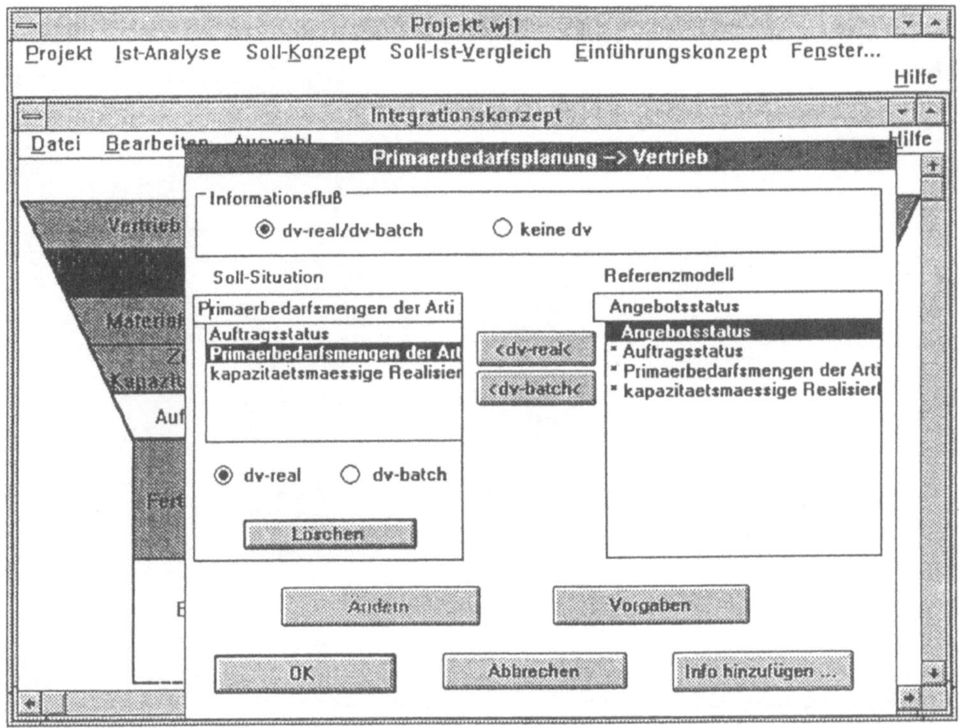

Abb. C.3.11: Anpassung des Informationsflußmodells

Prozeßmodell

Um Überschneidungen mit der Beschreibung der Funktion "Prozeßanalyse" zu vermeiden, werden die folgenden Ausführungen bewußt kurz gehalten.

Die Entwicklung des auf die individuellen Belange des Unternehmens ausgerichteten Prozeßmodells wird durch die Funktion "Prozeßmodell" ausgelöst. Auch hier wird durch diese Aktivität der Inferenzmechanismus des Expertensystems gestartet. Ist dieser Vorgang beendet, können die einzelnen Prozesse des spezifischen Prozeßmodells geladen und mittels der verwendeten Beschreibungssprache angezeigt werden (vgl. Abbildung C.3.12). Zur Manipulation der Soll-Prozesse steht der bereits im Rahmen der Funktion "Prozeßanalyse" beschriebene Grafikeditor zur Verfügung.

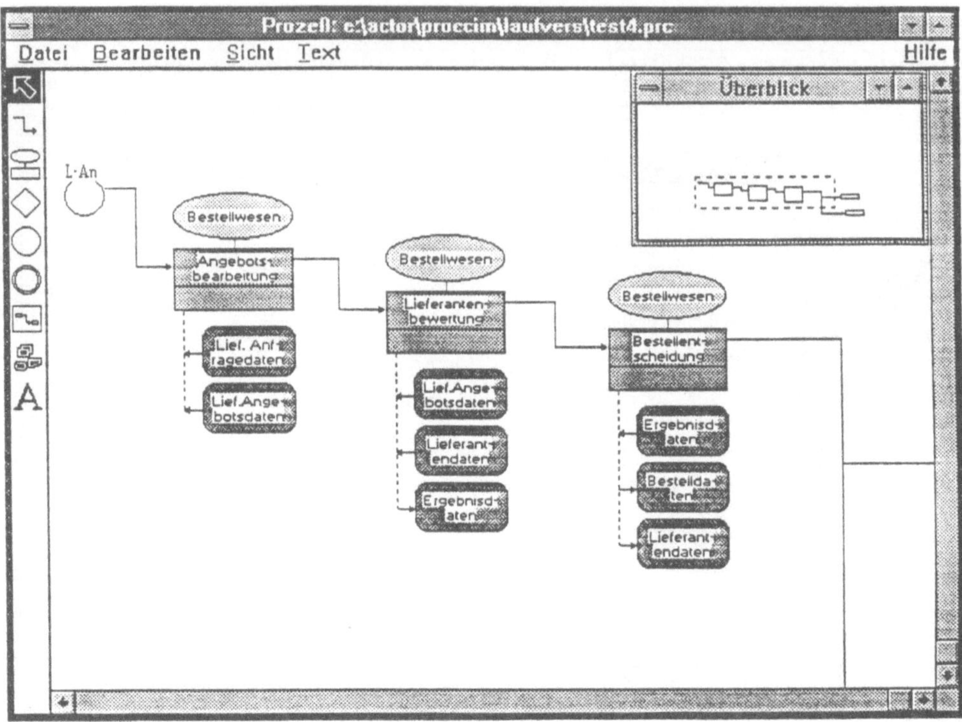

Abb. C.3.12:   Ausschnitt aus dem spezifischen Prozeßmodell

C.3.3. Schwachstellenanalyse

Funktionsausführung/-unterstützung

Durch die Ausführung der Funktion "Funktionsausführung/-unterstützung" wird die Gegenüberstellung des Soll-Funktionsmodells mit dem Ist-Funktionsmodell angestoßen. Das Ergebnis dieser Gegenüberstellung, der DV-Durchdringungsgrad, wird auf verschiedenen Ebenen präsentiert.

Die erste Ebene bildet das Y-CIM-Modell. Diese Darstellungsform gibt einen Gesamtüberblick über den bewerteten Ist-Zustand der EDV-Unterstützung in den einzelnen Funktionsbereichen. Gemäß den Erläuterungen innerhalb des Vorgehensmodells wird der DV-Durchdringungsgrad durch die farbliche Kennzeichnung eines Y-Bereiches visualisiert. Die Größe der grünen Fläche zeigt dabei den Grad der DV-Durchdringung, die Größe der roten Fläche das Ausmaß der Defizite. Ausgehend vom Y-CIM-Modell können durch die Selektion eines Y-Bereiches mittels Mausklick detailliertere Informationen über den Stand des EDV-Einsatzes innerhalb eines Funktionsbereiches aufgerufen werden. Auf diese Aktivität hin wird ein Fenster geöffnet, das den jeweiligen Funktionsbaum bis zur Ebene der 'Funktionen' beinhaltet. Zur Darstellung des DV-Durchdringungsgrades werden die Blätter des Funktionsbaumes analog der zuvor beschriebenen Darstellungsweise farblich gekennzeichnet. Die Stufe der Elementarfunktionen wird durch das Anklicken eines 'Funktionsknotens' mit der Maus angezeigt. Hierauf hin wird ein Fenster geöffnet, das die Elementarfunktionen einzeln im Soll-Ist-Vergleich darstellt (vgl. Abbildung C.3.13). Existieren Ausprägungen, so können diese durch die Betätigung der Ausprägungstaste angezeigt werden. Die Darstellungsform entspricht der der Elementarfunktionsebene.

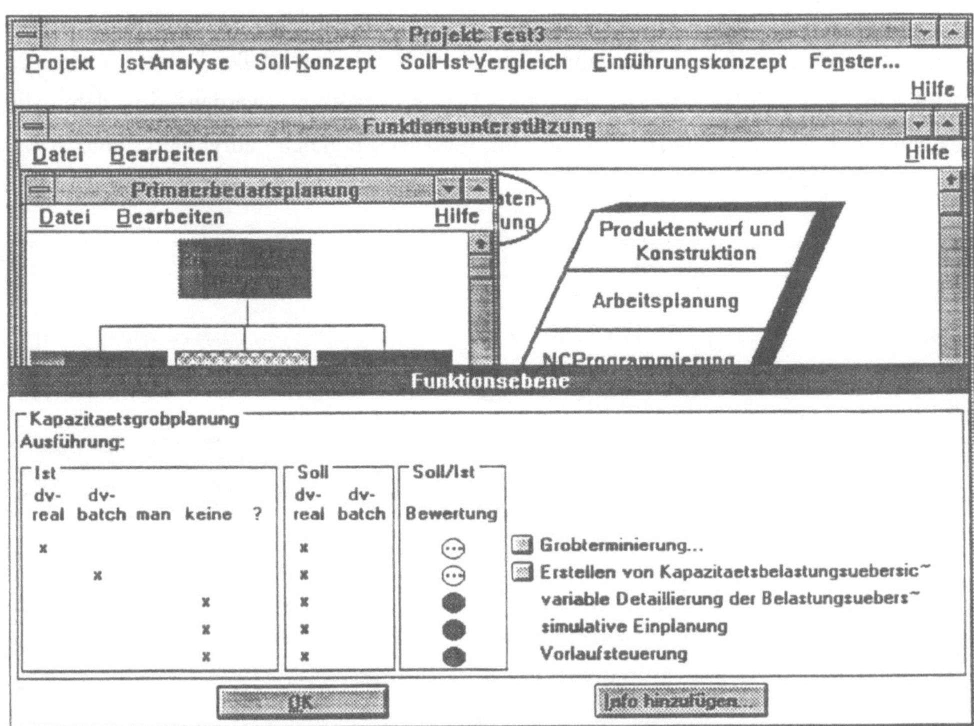

Abb. C.3.13:   Schwachstellen der Funktionsausführung/-unterstützung

Datenintegration

Der Soll-Ist-Vergleich hinsichtlich der Informationsflüsse wird durch die Funktion "Datenintegration" ausgelöst. Die Aktivierung dieser Funktion führt zu der Öffnung eines Fensters, in dem ein vertikal getrenntes Y-CIM-Modell abgebildet ist. Befindet sich das

System im Quellenmodus, kann durch Drücken der Maustaste innerhalb eines Y-Bereiches das Resultat des Soll-Ist-Vergleiches für das ausgewählte Partialmodell auf der Ebene der Informationsbeziehungen aufgerufen werden. Die Ergebnispräsentation erfolgt dergestalt, daß sich die Pfeile, die die Informationsbeziehungen darstellen, sowohl farblich als auch bezüglich der Linienart (durchgezogen oder gestrichelt) unterscheiden. Die Farben zeigen hierbei an, ob die Daten einer Informationsbeziehung gegenwärtig in adäquater Form übertragen werden. Die Linienart gibt über die Vollständigkeit des Datenaustausches Auskunft.

Anhand der Farbe bzw. der Linienart eines Beziehungspfeils ist lediglich erkennbar, ob die im Rahmen der Informationsflußanalyse erhobene Ist-Situation mit der abgeleiteten Soll-Situation übereinstimmt, oder nicht. Die Frage, warum dies so ist, wird erst durch die Darstellung der Auswertungsergebnisse auf der Datenebene beantwortet. Hierzu ist das System zunächst in den Senkenmodus zu überführen. Anschließend kann durch das Anklicken einer Informationssenke ein Fenster geöffnet werden, in dem die beziehungsspezifischen Daten einzeln im Soll-Ist-Vergleich aufgeführt sind (vgl. Abbildung C.3.14).

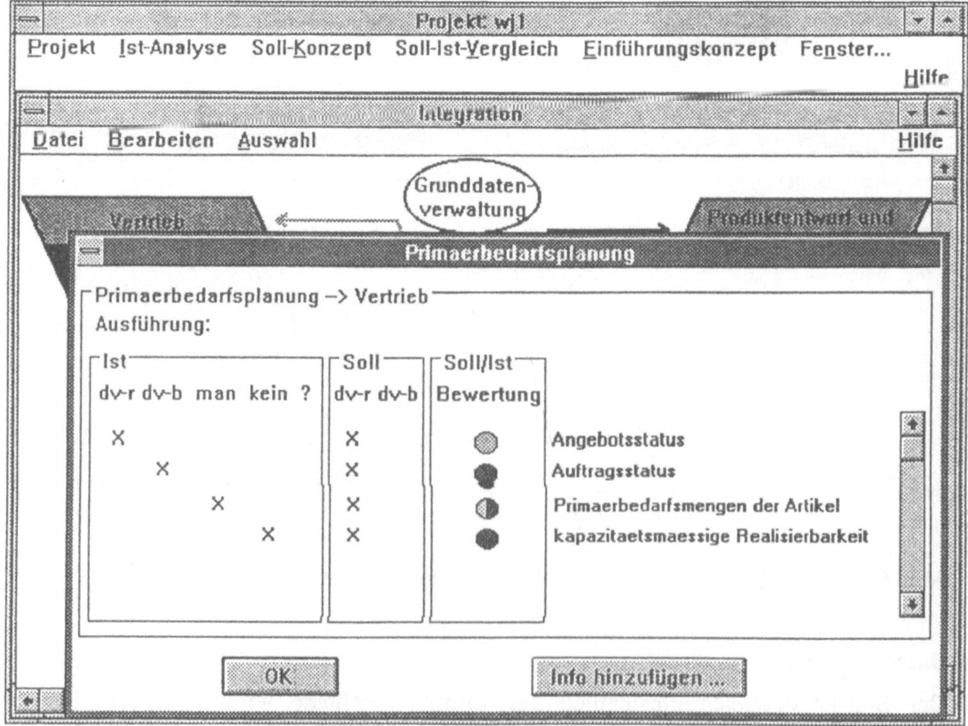

Abb. C.3.14: Schwachstellen der Datenintegration

Prozeßgestaltung

Innerhalb des Vorgehensmodells wurde bereits darauf aufmerksam gemacht, daß bestimmte Schwachstellen der aktuellen Prozeßgestaltung, wie beispielsweise DV-technische oder systemtechnische Brüche, sich bereits aus der grafischen Aufbereitung der Ergebnisse der Prozeßanalyse erkennen lassen. Hierbei gehen die Schwächen im wesentlichen aus der farblichen Kennzeichnung der Funktionen sowie der konsequenten räumlichen Anordnung der Prozeßelemente von rechts nach links hervor. Des weiteren existieren bestimmte Auswertungsfunktionen. So kann beispielsweise angezeigt werden, welche Daten innerhalb eines Prozesses mehrmals vorkommen und somit von mehreren Funktionen benötigt werden. Da ein Beispiel für die Prozeßdarstellung bereits in Abbildung C.3.7 aufgeführt ist, wird an dieser Stelle hierauf nicht weiter eingegangen.

Anregungen für organisatorische Änderungsmaßnahmen, die nicht direkt aus den Resultaten der Analysephase ableitbar sind, können dem Vergleich von Ist- und Soll-Prozeß entnommen werden. Eine Automatisierung dieses Vorgangs ist auf Grund der in der Regel unterschiedlichen Begriffe nicht möglich.

C.3.4. Ermittlung der Einführungsprioritäten

Festlegung der Präferenzstruktur (Kriteriengewichte)

Wird die Funktion "Kriteriengewichte" ausgelöst, erscheint eine Eigenschaftsbox, in der die Gewichte der Kriterienklassen und Einzelkriterien erfaßt werden (vgl. Abbildung C.3.15).

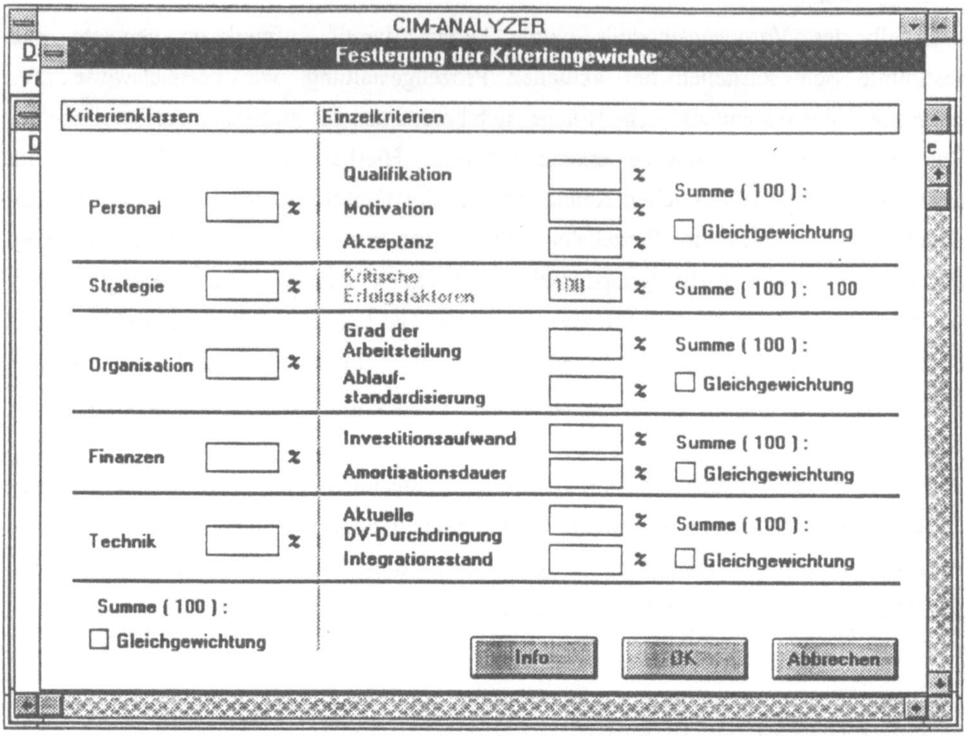

CIM-ANALYZER
Festlegung der Kriteriengewichte

Kriterienklassen			Einzelkriterien		
Personal		%	Qualifikation	%	Summe (100) :
			Motivation	%	
			Akzeptanz	%	☐ Gleichgewichtung
Strategie		%	Kritische Erfolgsfaktoren	100 %	Summe (100) : 100
Organisation		%	Grad der Arbeitsteilung	%	Summe (100) :
			Ablauf- standardisierung	%	☐ Gleichgewichtung
Finanzen		%	Investitionsaufwand	%	Summe (100) :
			Amortisationsdauer	%	☐ Gleichgewichtung
Technik		%	Aktuelle DV-Durchdringung	%	Summe (100) :
			Integrationsstand	%	☐ Gleichgewichtung

Summe (100) :
☐ Gleichgewichtung

Info   OK   Abbrechen

Abb. C.3.15: Festlegung der Kriteriengewichte

Zur Bestimmung der Gewichtungsfaktoren werden Eingabefelder zur Verfügung gestellt, die mittels Mausklick aktiviert werden können. Um im Falle der Gleichgewichtung den Eingabeaufwand zu reduzieren, werden Tasten (Check Boxes) bereitgestellt, die eigens diesem Zwecke dienen. Die Gleichgewichtungstasten können durch Mausklick selektiert bzw. deselektiert werden. Bei einer Selektion werden die Eingabefelder der betreffenden Komponenten automatisch mit den entsprechenden Werten besetzt. Auf die Summe der eingegebenen Gewichte wird durch einen mitlaufenden Zähler hingewiesen. Dies gilt für Kriterienklassen und Einzelkriterien gleichermaßen.

Zieldefinition

Die zum Zwecke der Zielerfassung entwickelte Eigenschaftsbox wird durch das Auslösen der Funktion "Zieldefinition" aufgerufen. Innerhalb dieser Eigenschaftsbox sind die zur Auswahl stehenden Ziele in Listenform aufgeführt. Des weiteren sind in dieser Box zwei Textfelder enthalten, in denen das Ergebnis der Zieldefinition dokumentiert wird (vgl. Abbildung C.3.16).

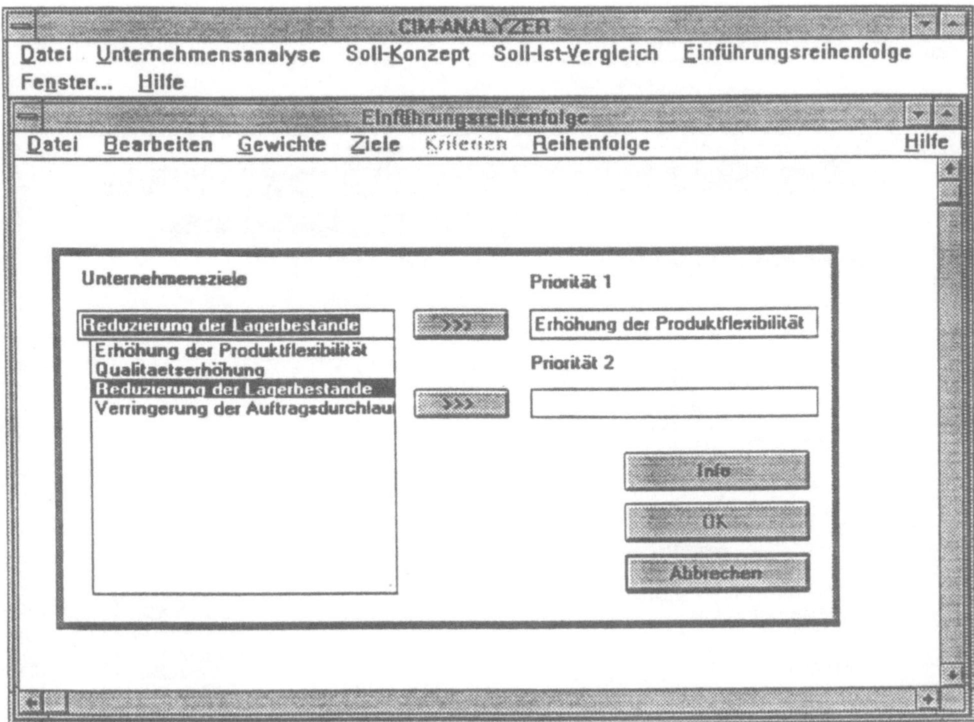

Abb. C.3.16:   Zielerfassung

Zur Zielpriorisierung sind folgende Schritte durchzuführen. Der erste Schritt beinhaltet die Zielauswahl. Durchgeführt wird dieser dadurch, daß die relevante Zielsetzung mit der Maus angeklickt und hieraufhin in das der Liste übergeordnete Textfeld eingetragen wird. Im zweiten Schritt wird der ausgewählten Zielsetzung eine Prioritätskennzahl zugewiesen. Hierzu werden Kopiertasten bereitgestellt, in denen sich die möglichen Prioritätswerte widerspiegeln. Durch das Drücken der zutreffenden Kopiertaste mit der Maustaste wird die selektierte Zielsetzung in das entsprechende Textfeld kopiert und mit der jeweiligen Priorität versehen.

Bestimmung der Zielausprägungen

Die Eigenschaftsbox zur Bestimmung der alternativenspezifischen Zielausprägungen zeigt Abbildung C.3.17. Aufgerufen wird diese durch die Aktivierung der Funktion "Zielausprägungen".

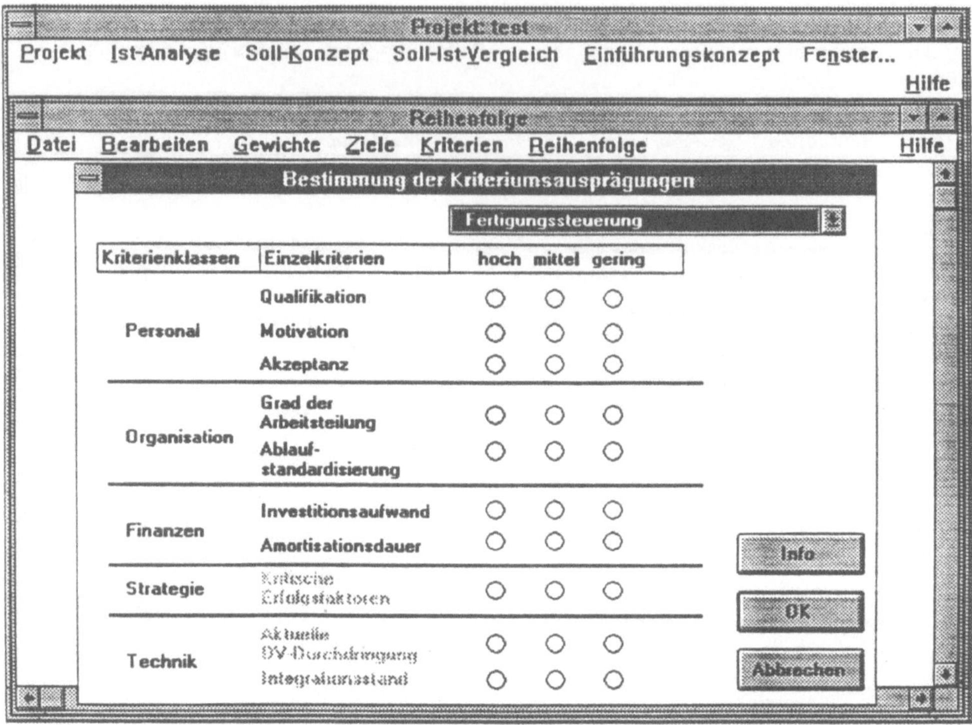

Abb. C.3.17: Bestimmung der Zielausprägungen

Die zur Bewertung anstehenden Alternativen (Funktionsbereiche) sind in einer Liste angeordnet, die zunächst geschlossen und durch Drücken der Maustaste auf den Listenanzeiger geöffnet werden kann. Die Auswahl eines Funktionsbereiches aus dieser Liste erfolgt mittels Mausklick. Auf diese Operation hin wird die ausgewählte Alternative in das der Liste übergeordnete Textfeld eingetragen und die Liste geschlossen. Zur Festlegung der Ausprägungen sind jedem Zielkriterium drei Tasten (Radio Buttons) zugeordnet, die jeweils einen bestimmten Ausprägungswert besitzen und eine sich gegenseitig ausschließende Auswahl ermöglichen. Die Selektion einer Ausprägungstaste erfolgt mittels Mausklick. Wurden für eine spezifizierte Alternative sämtliche Zielausprägungen angegeben, kann im nächsten Schritt eine weitere Alternative ausgewählt und beurteilt werden.

Berechnung der Prioritätskennzahlen

Die Berechnung der Prioritätskennzahlen wird durch das Auslösen der Funktion "Prioritätskennzahlen" angestoßen. Das Ergebnis dieser Berechnung wird sowohl in grafischer als auch in Tabellenform angezeigt. Das Resultat der grafischen Aufbereitung ist in Abbildung C.3.18 aufgeführt. Bei dieser Darstellungsform wird davon ausgegangen, daß in den Prioritäten gleichzeitig auch die Einführungsreihenfolge zum Ausdruck kommt. Durch die Selektion eines Funktionsbereiches mittels Mausklick kann ein Fenster geöffnet werden, in dem die für diesen Bereich gültigen kriterienspezifischen Ausprägungswerte angezeigt werden. In der Tabellendarstellung werden die Prioritäten der einzelnen Alternativen in konkreten Zahlenwerten angegeben.

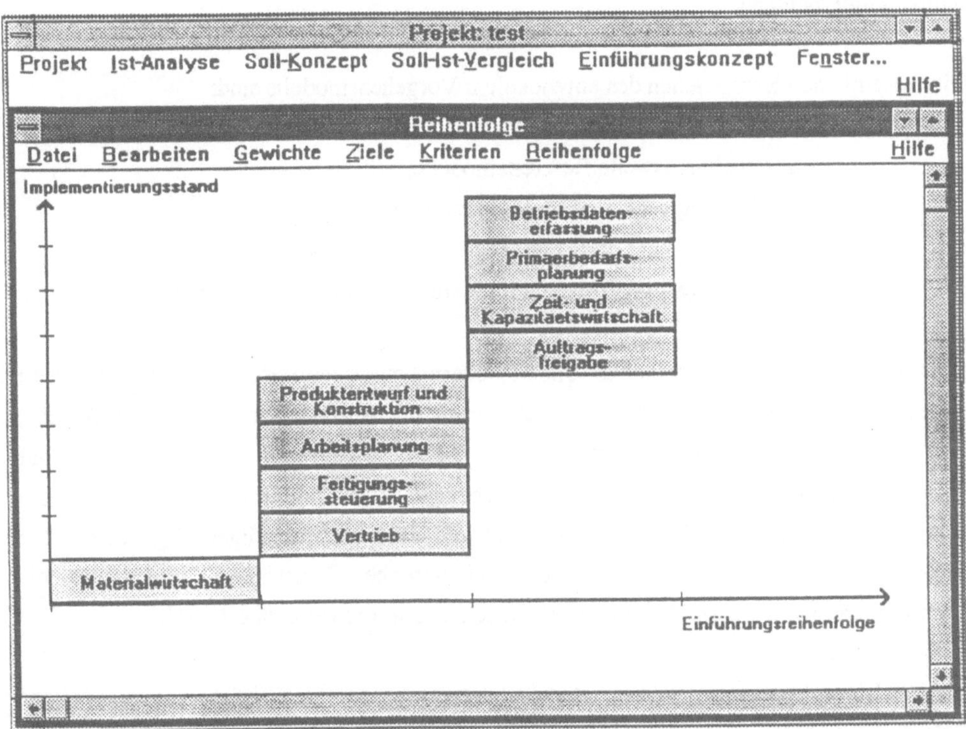

Abb. C.3.18: Ergebnis der Prioritätsberechnung

Schlußwort

Die Planung unternehmensweiter und -spezifischer CIM-Rahmenkonzepte stellt eine sehr anspruchsvolle und komplexe Aufgabe dar. Die hohe Bedeutung dieser Aufgabe wird im wesentlichen dadurch begründet, daß Fehler auf Grund der Kapitalintensität und Langfristigkeit von CIM-Projekten in der Regel nur mit einem sehr hohen Finanz- und

Zeitaufwand korrigiert werden können. Dieser Tatbestand wird von den Verantwortlichen innerhalb der Unternehmen in zunehmendem Maße berücksichtigt.

Zur Unterstützung dieser Planungsaufgabe ist im Rahmen der vorliegenden Arbeit ein vier Phasen umfassendes Vorgehensmodell entwickelt sowie dessen prototyphafte Implementierung beschrieben worden. Die konzipierte Planungsmethodik unterstützt als durchgängige Systematik den Prozeß der Analyse und Planung integrierter Informationsverarbeitungkonzepte auf formallogischer Ebene insbesondere in kleinen und mittleren Industrieunternehmen.

Die wesentlichen Kennzeichen des entwickelten Vorgehensmodells sind:

- unternehmensweite Referenzmodelle,
- die Bildung verschiedener Betrachtungssichten,
- die Verwendung grafischer Darstellungsmethoden,
- eine durchgängige Rechnerunterstützung mit grafischer Bedienoberfläche.

Den Kern des Vorgehensmodells bilden unternehmensweite Referenzmodelle. Diese bilden jeweils die Grundlage für die Durchführung der Analyse- und Planungsaktivitäten. Erst die Verwendung einer gemeinsamen Basis sowohl für die Ermittlung der Ausgangssituation als auch der anzustrebenden Zielstrukturen gewährleistet die begriffliche Konsistenz und somit die Vergleichbarkeit der jeweiligen Ergebnisse. Des weiteren schaffen Referenzmodelle eine einheitliche Begriffswelt, durch die die Kommunikation zwischen Planern und Entscheidungsträgern erleichtert wird.

Die Untergliederung des Gesamtplanungsprozesses in unterschiedliche Betrachtungssichten sowie die damit verbundene Bildung von Teilschritten dient dazu, die Komplexität zu reduzieren und eine transparente Vorgehensweise zu gewährleisten. Die erforderliche ganzheitliche Betrachtungsweise und Konsistenz geht hierbei jedoch nicht verloren.

Durch den Einsatz grafischer Darstellungsmethoden für die Beschreibung der einzelnen Betrachtungssichten können die Resultate sämtlicher Teilschritte in überschaubarer und leicht verständlicher Form aufbereitet werden. Infolge ihrer hohen Informationsdichte ermöglichen grafische Darstellungen im Vergleich zu verbalen Formulierungen oder Tabellendarstellungen eine schnellere Informationsaufnahme und -verarbeitung.

Die durchgängige Rechnerunterstützung in Verbindung mit einer komfortabel gestalteten grafischen Bedienoberfläche ermöglicht die effiziente Anwendung des entwickelten Vorgehensmodells. Ein wesentlicher Grund hierfür ist darin zu sehen, daß bei einer softwaregestützten Vorgehensweise die systematische Anwendung der den unterschiedlichen Sichtweisen und Vorgehensphasen zugeordneten und aufeinander abgestimmten Methoden in erheblichem Maße erleichtert wird.

Obwohl das entwickelte Vorgehensmodell bzw. das auf diesem aufsetzende DV-System den Prozeß der CIM-Rahmenplanung in umfassender Weise unterstützt, ist es nicht in der Lage, die Fachkompetenz erfahrener Anwender zu substituieren. Ohne das Wissen über die spezifische Organisationsumgebung ist die Entwicklung realisierbarer Soll-Konzepte nicht möglich.

Zum Schluß der Arbeit sollen eine Reihe von Erweiterungsmöglichkeiten genannt werden, die hauptsächlich für den praktischen Einsatz des Systems von Bedeutung sind.

Als erster Punkt in diesem Kontext ist die Einbeziehung weiterer betrieblicher Anwendungsbereiche, wie beispielweise Finanzbuchhaltung und Kostenrechnung, zu nennen. Des weiteren ist eine Ausdehnung des Gültigkeitsbereiches, der gegenwärtig auf kleine und mittlere Industriebetriebe mit primär mechanischer Konstruktion und Fertigung beschränkt ist, als sinnvoll anzusehen. Letztendlich sei auch auf die Möglichkeit hingewiesen, das System dahingehend zu erweitern, daß das Löschen vorhandener sowie das Hinzufügen neuer Referenzmodellkomponenten durch den Anwender komfortabel unterstützt wird. Dies würde einerseits zu einer höheren Flexibilität führen, andererseits könnte das System dadurch über die Phase der Rahmenplanung hinaus auch für die weiteren Planungsstufen eingesetzt werden.

Anhang: Betriebstypologische Merkmale und Merkmalsausprägungen

Fertigungsart

Die Ausprägungen des Merkmals Fertigungsart lauten:
- Einzelfertigung,
- Kleinserienfertigung,
- Serienfertigung,
- Großserienfertigung,
- Massenfertigung.

Einzelfertigung

Kennzeichen des Einzelfertigers ist, daß sein Produktspektrum aus inhomogenen Produkten besteht. Diejenigen Teile (Einzelteile, Baugruppen), die das hauptsächliche Leistungspotential des Unternehmens ausmachen, sind entweder einmalig oder besitzen eine sehr geringe Wiederholhäufigkeit. Die gefertigten Produkte sind in der Regel von hoher Komplexität, was in einer tiefen Stücklistenstruktur zum Ausdruck kommt. Häufig wird mit der Produktion bereits begonnen, bevor die Tätigkeiten der indirekten technischen Bereiche, wie Konstruktion und Arbeitsplanung, vollständig abgeschlossen sind.

Kleinserien-, Serien- und Großserienfertigung

Die Serienfertigung allgemein ist dadurch gekennzeichnet, daß die gefertigten Produkte zu homogenen Gruppen zusammengefaßt werden können. Zwischen den Produktgruppen besteht keine oder nur eine geringe Ähnlichkeit. Das Leistungsangebot ist von vornherein grob festgelegt. Innerhalb dieser Grenzen bestehen jedoch gewisse Freiheitsgrade. Üblicherweise werden von einer Produktgruppe mehrere Einheiten gefertigt. Im Hinblick auf die Tätigkeiten der indirekten Bereiche (Konstruktion, Arbeitsplanung, ...) gilt, daß diese in der Regel vor dem Beginn der Produktion vollständig abgeschlossen sind.

Der Unterschied zwischen Großserien-, Serien- und Kleinserienfertigung liegt einerseits in der Auflagenhöhe, d. h. in der Menge der von einer Serie hergestellten Produkte, andererseits in der Höhe des Kundeneinflusses auf die Produktdefinition. Ist die Auflage sehr hoch, womit in der Regel ein geringer Kundeneinfluß einhergeht, handelt es sich um einen Großserienfertiger. Ist die Auflage dagegen eher gering und der Kundeneinfluß relativ groß, spricht man von einem Kleinserienfertiger. Der Serienfertiger ist zwischen den zuvor beschriebenen Ausprägungen einzuordnen. Hierbei ähnelt der Großserienfertiger sehr stark dem Massenfertiger und der Kleinserienfertiger sehr stark dem Einzelfertiger.

Massenfertigung

Das Merkmal Massenfertigung charakterisiert Unternehmen, deren Produkte artmäßig übereinstimmen. Die Homogenität der Produkte wird nicht zuletzt dadurch erreicht, daß diese in der Regel mit den gleichen Betriebsmitteln hergestellt werden. Des weiteren werden die Produkte in großen Mengen hergestellt und besitzen somit eine hohe Wiederholhäufigkeit. Das Leistungsangebot (Produktionsprogramm) ist von vornherein fest definiert. Die der eigentlichen Produktion vorgelagerten Tätigkeiten (Konstruktion, Arbeitsplanung) sind bereits vor dem Eingang des durchzuführenden Auftrages abgeschlossen.

Fertigungsorganisation

Die Ausprägungen des Merkmals Fertigungsorganisation lauten:
- Werkstattfertigung,
- Fertigungsinsel/Gruppenfertigung,
- Linienfertigung,
- Fließfertigung.

Werkstattfertigung

Kennzeichen der Werkstattfertigung ist, daß zum einen funktionsgleiche bzw. -gleichartige Fertigungsmittel räumlich und organisatorisch zu einer Einheit zusammengefaßt werden, zum anderen zwischen den einzelnen Einheiten (Werkstätten) keine feststehenden Übergangsbeziehungen im Sinne eines vordefinierten Materialflusses existieren. Zur Bearbeitung eines Fertigungsauftrages muß dieser in der Regel mehrere Werkstätten durchlaufen.

Fertigungsinseln/Gruppenfertigung

Bei dieser Organisationsform erfolgt die räumliche und organisatorische Anordnung der Fertigungsmittel nicht vor dem Hintergrund funktionaler Kriterien (Bearbeitungsverfahren), sondern unter Berücksichtigung der bei bestimmten

Werkstückgruppen auftretenden Verfahrenskombinationen. Dies bedeutet, daß innerhalb eines organisatorischen Fertigungsbereiches (Fertigungsinsel/Maschinengruppe) eine möglichst vollständige Werkstückbearbeitung möglich ist. Der Materialfluß innerhalb der gebildeten Einheiten ist variabel. Fertigungsinsel- und Gruppenfertigung werden hier zusammengefaßt, da beide nach dem Objektprinzip organisiert sind.

Linienfertigung

Die Linienfertigung, die häufig auch als Reihenfertigung bezeichnet wird, ist dadurch gekennzeichnet, daß die räumliche und organisatorische Anordnung der Fertigungsmittel ablauforientiert - d. h. in einer technologisch-wirtschaftlich bestimmten Reihenfolge - erfolgt. Hierbei können innerhalb des Fertigungsablaufs die Bearbeitungsstationen unterschiedlich lange beansprucht werden. Des weiteren kann der Fall auftreten, daß bestimmte Bearbeitungsstationen wiederholt durchlaufen bzw. übersprungen werden. Aus diesem Grunde ist eine zeitliche Verkettung der einzelnen Stationen nicht möglich.

Fließfertigung

Bei der Fließfertigung orientiert sich die räumliche und organisatorische Anordnung der Fertigungsmittel analog zur Linienfertigung am Fertigungsablauf. Im Gegensatz zur Linienfertigung jedoch sind die Übergangsbeziehungen (Transportbeziehungen) zwischen den einzelnen Bearbeitungsstationen eindeutig festgelegt. Des weiteren sind die Bearbeitungszeiten an den einzelnen Bearbeitungsstationen sowie die dazwischen liegenden Transportzeiten zeitlich determiniert. Es entstehen somit keine, auf die Fertigungsablaufstruktur zurückzuführenden Wartezeiten.

Art der Auftragserteilung

Die Merkmalsausprägungen des Merkmals Art der Auftragserteilung lauten:
- Produktion auf Bestellung,
- Produktion auf Lager.

Produktion auf Bestellung

Kennzeichen des Merkmals Produktion auf Bestellung ist, daß mit der Produktion des überwiegenden Anteils der verkaufsfähigen Produkte erst begonnen werden kann, wenn ein entsprechender Kundenauftrag, in dem die Produktspezifikation beschrieben ist, vorliegt. Gleiches gilt für die Erstellung der Fertigungsunterlagen. Die Fertigungsleistungen des Unternehmens werden somit ausschließlich durch die Vorstellungen und

Wünsche des Kunden determiniert. Die Fertigung ist somit an (kunden-)spezifische Rahmendaten gebunden. Der Bezug zwischen Kunden- und Fertigungsauftrag geht in keiner Phase des Produktionsprozesses verloren.

Produktion auf Lager
Art, Menge und zeitliche Realisierung des überwiegenden Anteils des Produktionsprogramms an verkaufsfähigen Produkten des Unternehmens werden auf Grund von Vorhersagen über die zu erwartende Marktnachfrage spezifiziert. Die Produktion liegt somit zeitlich vor dem Kundenauftrag, was dazu führt, daß die gefertigten Produkte zwischengelagert werden. Man spricht in diesem Zusammenhang auch häufig von Vorratsfertigung.

Anzahl der zu disponierenden Teile und Materialien

Die Ausprägungen des Merkmals Anzahl der zu disponierenden Teile und Materialien lauten:
- geringe Anzahl,
- mittlere Anzahl,
- hohe Anzahl.

Geringe Anzahl
Eine geringe Anzahl an zu disponierenden Teilen und Materialien bedeutet, daß die an die Materialdisposition gestellten Anforderungen auf Grund des Mengenvolumens so gering sind, daß diese mit einfachen Mitteln in manueller Form durchgeführt werden kann.

Mittlere/Hohe Anzahl
Bei einer mittleren bzw. hohen Anzahl von Teilen und Materialien dagegen ist das Unternehmen ohne entsprechende DV-technische Hilfsmittel nicht mehr in der Lage, die Funktionen der Materialdisposition in effizienter Form auszuführen. Sowohl die Dispositionshäufigkeit als auch die Menge der zu disponierenden Komponenten machen eine EDV-Unterstützung erforderlich.

Wert der zu disponierenden Teile und Materialien

Die Ausprägungen des Merkmals Wert der zu disponierenden Teile und Materialien lauten:
- hochwertige Teile und Materialien,
- geringwertige Teile und Materialien.

Hochwertige Teile und Materialien
Der Begriff Teil steht hier stellvertretend für die Komponenten Baugruppe und Einzelteil. Hochwertige Teile und Materialien sind dadurch charakterisiert, daß der Anteil dieser Komponenten am Gesamtlagerwert als hoch zu kennzeichnen ist. Auf Grund dessen erfahren diese Komponenten eine besonders sorgfältige Behandlung.

Geringwertige Teile und Materialien
Der Begriff geringwertig bedeutet in diesem Zusammenhang, daß die Komponenten auf Grund ihrer niedrigen Wertigkeit unter wirtschaftlichen Gesichtspunkten von geringer Bedeutung sind. Sie werden in der Regel nach dem Prinzip der Aufwandsreduzierung behandelt.

Werkstückstandardisierung

Die Ausprägungen des Merkmals Werkstückstandardisierung lauten:
- nichtstandardisierte Werkstücke,
- teilstandardisierte Werkstücke,
- standardisierte Werkstücke.

Nichtstandardisierte Werkstücke
Nichtstandardisierte Werkstücke (Teile) sind dadurch gekennzeichnet, daß diese in bezug auf die zur Fertigung erforderlichen Umwandlungsprozesse einzigartig sind. Das heißt, die Werkstücke sind bezüglich der fertigungsbestimmenden Formmerkmale heterogen. Die Fertigungsvorschriften, wie Zeichnungen und Arbeitspläne, sind somit werkstückspezifisch zu erstellen.

Teilstandardisierte Werkstücke

Kennzeichnend für teilstandardisierte Werkstücke ist, daß diese im Hinblick auf die fertigungsorientierten Bestimmungsfaktoren eine gewisse Ähnlichkeit aufzeigen. Dies bedeutet, daß die zur Fertigung notwendigen Unterlagen größtenteils gleiche bzw. ähnliche Anweisungen enthalten. Dennoch kann die endgültige Erstellung der Fertigungsunterlagen mit einem hohen Aufwand verbunden sein.

Standardisierte Werkstücke

Charakteristisches Kennzeichen von standardisierten Werkstücken ist, daß die zur Herstellung dieser Werkstücke notwendigen Fertigungsvorschriften, wie Zeichnungen und Arbeitspläne, bereits vordefiniert sind. Dies ist deshalb möglich, weil diese Werkstücke im Rahmen der betrieblichen Leistungserstellung regelmäßig benötigt werden.

Werkstückspektrum

Die Ausprägungen des Merkmals Werkstückspektrum lauten:
- hohe Werkstückähnlichkeit,
- keine/geringe Werkstückähnlichkeit.

Hohe Werkstückähnlichkeit

Hohe Ähnlichkeit der Werkstücke bedeutet in diesem Zusammenhang, daß die Werkstücke sowohl im Hinblick auf die geometrische Gestalt als auch der Fertigungsablaufart eine hohe Übereinstimmung besitzen. Hierdurch besteht die Möglichkeit, bereits bestehende Fertigungsvorschriften alleine durch die Veränderung der Geometrieparameter neuen Planungssituationen anzupassen.

Keine/Geringe Werkstückähnlichkeit

Diese Merkmalsausprägung charakterisiert Werkstücke, die im Hinblick auf die geometrische Gestalt und Fertigungsablaufart so stark differieren, daß eine Anpassung der Fertigungsvorschriften durch eine ausschließliche Änderung der Geometrieparameter nicht möglich ist.

Erzeugnisstandardisierung

Die Ausprägungen des Merkmals Erzeugnisstandardisierung lauten:

- nichtstandardisierte Erzeugnisse,
- teilstandardisierte Erzeugnisse,
- Standarderzeugnisse mit Varianten,
- Standarderzeugnisse.

Nichtstandardisierte Erzeugnisse

Bei der Produktion von nichtstandardisierten Erzeugnissen müssen die für die Herstellung der Haupterzeugniskomponenten erforderlichen Planungsunterlagen, wie beispielsweise Zeichnungen, Stücklisten und Arbeitspläne, vollständig neu erstellt werden. Die Notwendigkeit hierzu ergibt sich auf Grund der Heterogenität der produktdefinierenden Merkmale, infolge derer es nicht möglich ist, wiederverwendbare Planungsunterlagen zu erzeugen.

Teilstandardisierte Erzeugnisse

Diese Merkmalsausprägung charakterisiert Erzeugnisse, für deren wesentliche Komponenten die zur Produktion erforderlichen Planungsunterlagen durch Anpassung bzw. Veränderung bereits existierender Unterlagen erstellt werden können. Das heißt, daß die aktuelle Planung zwar auf Basis bereits vorhandener Planungsunterlagen erfolgen kann, hierzu jedoch durchaus noch ein erheblicher Aufwand erforderlich sein kann. Eine notwendige Voraussetzung hierfür ist, daß die vom Unternehmen hergestellten Erzeugnisse sich im Grundaufbau nicht zu sehr unterscheiden.

Standarderzeugnisse mit Varianten

Kennzeichen dieser Merkmalsausprägung ist, daß zwar die in den Erzeugnissen enthaltenen Komponenten unternehmensintern bestimmt werden, nicht aber die Art und Weise, wie diese für den Verkauf kombiniert werden. Das heißt, die Zusammensetzung der Erzeugnisse aus den verschiedenen (vordefinierten) Komponenten unterliegt unternehmensexternen Einflußfaktoren. Hierbei kann sich die Zusammensetzung sowohl in der Menge einzelner Strukturelemente als auch in der Struktur selbst unterscheiden.

Standarderzeugnisse

Bei Standarderzeugnissen sind sowohl die darin enthaltenen Komponenten als auch deren Zusammensetzung bereits vor dem Vorliegen eines konkreten Kundenauftrages festgelegt.

Dem Kunden ist somit nicht die Möglichkeit gegeben, produktdefinierende Merkmalsanforderungen nach eigenen Vorstellungen zu bestimmen. Zwischen den für die Produktion erforderlichen Fertigungsunterlagen und den eingehenden Kundenaufträgen bestehen keinerlei Zusammenhänge.

Erzeugnisstruktur

Die Ausprägungen des Merkmals Erzeugnisstruktur lauten:
-	Erzeugnisse mit komplexer Struktur,
-	Erzeugnisse mit einfacher Struktur,
-	einteilige Erzeugnisse.

Erzeugnisse mit komplexer Struktur
Erzeugnisse mit komplexer Struktur besitzen einen vielstufigen Stücklistenaufbau, was sich in einer hohen Anzahl an Dispositionsstufen widerspiegelt. Gleichzeitig ist der Erzeugnisaufbau durch eine starke Verästelung gekennzeichnet.

Erzeugnisse mit einfacher Struktur
Kennzeichen von Erzeugnissen mit einfacher Struktur ist eine flache Stücklistenstruktur. Die Anzahl der in einem Erzeugnis enthaltenen Komponenten ist in der Regel gering.

Einteilige Erzeugnisse
Einteilige Erzeugnisse besitzen keine Stückliste und werden aus genau einem Material gefertigt. Der zur Herstellung dieser Teile erforderliche Fertigungsprozeß kann jedoch aus mehreren Arbeitsvorgängen bestehen. Bei einteiligen Erzeugnissen führt ein Kundenauftrag genau zu einem Fertigungsauftrag.

Fremdbezugumfang

Die Ausprägungen des Merkmals Fremdbezugumfang lauten:
-	hoher Fremdbezugumfang,
-	geringer Fremdbezugumfang.

Hoher Fremdbezugumfang

Die Merkmalsausprägung "Hoher Fremdbezugumfang" kennzeichnet Unternehmen, in denen den fremdzubeziehenden Teilen und Materialien auf Grund des mengenmäßigen Anteils und der Häufigkeit, mit der diese im Leistungserstellungsprozeß benötigt werden, eine wesentliche Bedeutung zukommt. Der Anteil der Fremdbedarfe an dem Gesamtbedarf an Teilen und Materialien ist somit relativ hoch.

Geringer Fremdbezugumfang

Unternehmen mit geringem Fremdbezugumfang sind dadurch gekennzeichnet, daß sowohl die Anzahl extern zu beschaffender Komponenten als auch die Häufigkeit, mit der diese eingesetzt werden so gering ist, daß dem Fremdbezug eine nur unwesentliche Bedeutung zukommt. Der Anteil der Fremdbedarfe an dem Gesamtbedarf an Teilen und Materialien ist somit relativ gering.

Fremdbezugwert

Die Ausprägungen des Merkmals Fremdbezugwert lauten:
- hoher Fremdbezugwert,
- geringer Fremdbezugwert.

Hoher Fremdbezugwert

Hoher Fremdbezugwert bedeutet, daß Bestellungen getätigt werden, deren Bestellwert als relativ hoch zu kennzeichnen ist. Bis zu welchem Bestellwert eine Bestellung als hochwertig bezeichnet werden sollte, unterliegt unterschiedlichen Betrachtungsweisen und ist von Unternehmen zu Unternehmen verschieden.

Geringer Fremdbezugwert

Die Merkmalsausprägung "Geringer Fremdbezugwert" weist darauf hin, daß es sich bei den Bestellungen um Aufträge handelt, die einen relativ geringen Bestellwert besitzen (Kleinbestellungen).

Verbrauchsverlauf

Die Ausprägungen des Merkmals Verbrauchsverlauf lauten:

- konstanter Verbrauchsverlauf,
- trendbeeinflußter Verbrauchsverlauf,
- saisonaler Verbrauchsverlauf,
- trendsaisonaler Verbrauchsverlauf.

Konstanter Verbrauchsverlauf

Bei konstanten Verbrauchverläufen schwanken die Verbrauchswerte um einen Durchschnittswert.

Trendbeeinflußter Verbrauchsverlauf

Trendbeeinflußte Verbrauchsverläufe liegen dann vor, wenn die Verbrauchswerte über einen längeren Zeitraum hinweg - unter Vernachlässigung von zufälligen Schwankungen - steigen oder fallen.

Saisonaler Verbrauchsverlauf

Bei saisonabhängigen Verbrauchsverläufen enthält die Zeitreihe periodisch wiederkehrende Verbrauchsschwankungen.

Trendsaisonaler Verbrauchsverlauf

Hier enthält die Zeitreihe periodisch wiederkehrende Verbrauchsschwankungen, die zusätzlich einem Trend unterliegen.

Art der Produktionssprozesse

Die Ausprägungen des Merkmals Art der Produktionsprozesse lauten:
- Fertigungsprozesse,
- Montageprozesse.

Fertigungsprozesse

Bei der Anwendung fertigungstechnischer Produktionsprozesse werden Werkstücke (Einzelteile) mittels verschiedener Bearbeitungsverfahren, wie beispielsweise Drehen, Bohren und Fräsen, schrittweise durch Veränderung der Form oder Stoffeigenschaften von ihrem Anfangs- in ihren Endzustand überführt. Ein Fertigungsprozeß behandelt somit immer nur ein einzelnes Teil.

Montageprozesse
Charakteristisches Kennzeichen von Montagetätigkeiten ist das Zusammenfügen geometrisch bestimmter Werkstücke. Hierbei kann es sich sowohl um Werkstücke mit fester Form als auch um solche mit formlosem Stoff handeln.

Kongruenz der Erzeugnisstruktur

Die Ausprägungen des Merkmals Kongruenz der Erzeugnisstruktur lauten:
- Kongruenz zwischen Konstruktions- und Fertigungsstückliste,
- keine Kongruenz zwischen Konstruktions- und Fertigungsstückliste.

Kongruenz zwischen Konstruktions- und Fertigungsstückliste
Diese Merkmalsausprägung deutet darauf hin, daß Konstruktions- und Fertigungsstückliste identisch sind.

Keine Kongruenz zwischen Konstruktions- und Fertigungsstückliste
Keine Kongruenz zwischen Konstruktions- und Fertigungsstückliste liegt vor, wenn beide Stücklisten einen unterschiedlichen Aufbau besitzen.

Erzeugniskontur

Die Ausprägungen des Merkmals Erzeugniskontur lauten:
- Erzeugnisse mit komplexer Kontur,
- Erzeugnisse mit einfacher Kontur.

Erzeugnisse mit komplexer Kontur
Kennzeichen dieser Merkmalsausprägung ist, daß die Erzeugniskontur Freiformflächen aufweist. Freiformflächen repräsentieren analytisch nicht einfach beschreibbare Flächen.

Erzeugnisse mit einfacher Kontur
Erzeugnisse mit einfacher Kontur besitzen keine Freiformflächen.

Werkstückkomplexität

Die Ausprägungen des Merkmals Werkstückkomplexität lauten:
-       hohe Werkstückkomplexität,
-       geringe Werkstückkomplexität.

Hohe Werkstückkomplexität

Kennzeichen der Merkmalsausprägung hohe Werkstückkomplexität ist, daß die Werkstückgeometrie analytisch aufwendig beschreibbar oder umfangreich ist. Infolge der Programmierung von schwierigen oder einer hohen Anzahl von technologischen Bewegungsbahnen werden an die Steuerprogrammerstellung hohe Anforderungen gestellt. Umfangreiche Steuerprogramme sind die Folge.

Geringe Werkstückkomplexität

Diese Ausprägung charakterisiert Werkstücke, bei denen die Werkstückgeometrie analytisch leicht beschreibbar oder von geringem Umfang ist. Die technologischen Bewegungsbahnen sind einfach zu programmieren oder zahlenmäßig gering, so daß die Anforderungen an die Steuerprogrammerstellung als gering einzustufen sind. Die Steuerprogramme besitzen einen geringen Umfang.

Montagekomplexität

Die Ausprägungen des Merkmals Montagekomplexität lauten:
-       hohe Montagekomplexität,
-       geringe Montagekomplexität.

Hohe Montagekomplexität

Kennzeichen der Merkmalsausprägung hohe Montagekomplexität ist, daß der Aufwand zur Durchführung des Montagevorganges als hoch einzustufen ist. Beispiele, die einen hohen Aufwand determinieren, sind eine Vielzahl von Montagefunktionen, wie z. B. Fügen und Handhaben, und Synchronisationsanforderungen mit der Peripherie. Die Folge einer hohen Montagekomplexität ist, daß umfangreiche Steuerprogramme zur Durchführung des Montagevorganges zu erstellen sind.

Geringe Montagekomplexität

Bei einer geringer Montagekomplexität ist der Aufwand zur Durchführung des Montagevorganges - auf Grund beispielsweise einer geringen Anzahl an Montagefunktionen - als gering einzustufen. Infolge der geringen Montagekomplexität sind die Steuerprogramme zur Durchführung des Montagevorganges von geringem Umfang.

Abbildungsverzeichnis

Literaturverzeichnis

Albach, H.:

Die Bedeutung mittelständischer Unternehmen in der Marktwirtschaft, in: ZfB 53(1983)9, S. 870-888.

Arnolds, H., Heege, F., Tussing, W.:

Materialwirtschaft und Einkauf, 7. Auflage, Wiesbaden 1990.

AWF (Ausschuß für Wirtschaftliche Fertigung e. V.) (Hrsg.):

AWF-Empfehlung - Integrierter EDV-Einsatz in der Produktion - CIM Computer Integrated Manufacturing, Eschborn 1985.

Balzert, H.:

Die Entwicklung von Software-Systemen, Mannheim et al. 1982.

Bartels, R.:

Partizipative CIM-Einführung, Dissertation, Universität Saarbrücken 1992.

Baumgartner, H., u. a.:

CIM-Basisbetrachtungen, Siemens AG (Hrsg.), Berlin München 1989.

Bechte, W.:

Steuerung der Durchlaufzeit durch belastungsorientierte Auftragsfreigabe bei Werkstattfertigung, Dissertation, Universität Hannover 1980.

Becker, J.:

CIM-Integrationsmodell - Die EDV-gestützte Verbindung betrieblicher Bereiche, Berlin et al. 1991.

Berkau, C.:

VOKAL - System zur Vorgangskettendarstellung und -analyse, in: Scheer, A.-W. (Hrsg.): Veröffentlichungen des Instituts für Wirtschaftsinformatik, Heft 82, Saarbrücken 1991.

Biethahn, J., Mucksch, H., Ruf, W.:

Ganzheitliches Informationsmanagement, Band II: Daten- und Entwicklungs-management, München Wien 1991.

Bilger, W.:

CIM für mittelständische Unternehmen, Heidelberg 1991.

Bock, M., Bock, R.:

Konzeption eines Rahmensystems für einen universellen Konstruktionsberater, in: Information Management 5(1990)1, S. 70-78.

Bölzing, D., Schulz, H.:

CIM-Einführung bei mittelständischen Unternehmen, in: CIM Management 6(1990)5, S. 4-9.

Bracchi, G., Pernici, B.:

Design Requirements of Office Systems, in: ACM Transaction on Office Information Systems 2(1984)2, S. 151-170.

Braun, M., Förster, H.-U., Vorspel-Rüter, F.:

Mit CIM die Zukunft gestalten, VDMA, FKM (Hrsg.), Frankfurt 1988.

Braun, M.:

Konzepte der CAD/PPS-Kopplung, Berlin et al. 1990.

Bray, O. H.:

Computer Integrated Manufacturing - The Data Management Strategy, Chichester 1988.

Brewka, G.:

Techniken der Wissensrepräsentation, in: State of th Art 2(1987)3, S. 17-22.

Brombacher, R.:

Effizientes Informationsmanagement - die Herausforderung von Gegenwart und Zukunft, in: SzU, Band 44, Wiesbaden 1991, S. 122-134.

Bullinger, H.-J., Niemeier, J., Huber, H.:

Computer Integrated Business (CIB)-Systeme, in: CIM Management 3(1987)3, S. 12-19.

Bullinger, H.-J., Salzer, C.:

Wie macht man Fabriken CIM-fähig, in: Wildemann, H. (Hrsg.): Gestaltung CIM-fähiger Unternehmen, München 1989, S. 43-83.

Bullinger, H.-J., Traut, L.:

Die Fabrik der Zukunft, in: Fortschrittliche Betriebsführung/Industrial Engineering 35(1986)1, S. 4-12.

Bullinger, H.-J. (Hrsg.):

Personalentwicklung und -qualifikation, Berlin et al. 1992.

CEN/CENELEC (Hrsg.):

Computer Integrated Manufacturing, Systems Architecture, Framework for Enterprise Modelling, prENV 40 003, Berlin 1990.

Ceri, St., Pelegatti, G.:

Distributed Databases - Principles and Systems, New York et al. 1985.

Chen, P. P. (Eds.):

Entity-Relationship Approach to Systems Analysis and Design, Proceedings of the International Conference on Entity-Relationship Approach to System Analysis and Design, Los Angeles December 10-12 1979, Amsterdam et al. 1980.

Chen, P. P.:

The Entity-Relationship Approach to Logical Database Design, Q.E.D. Monograph Series, No. 6, Wesley MA 1977.

Chen, P. P.:

The Entity-Relationship Model - Toward a Unified View of Data, in: ACM Transactions on Database Systems 1(1976)2, S. 9-37.

Cronjäger, L. (Hrsg.):

Bausteine für die Fabrik der Zukunft, Berlin et al. 1990.

DIN Deutsches Institut für Normung e. V. (Hrsg.):

Schnittstellen der rechnerintegrierten Produktion (CIM) - CAD und NC-Verfahrenskette, DIN Fachbericht 20, Berlin Köln 1989.

DIN Deutsches Institut für Normung e. V. (Hrsg.):

Normung von Schnittstellen für die rechnerintegrierte Produktion (CIM) - Standortbestimmung und Handlungsbedarf, DIN-Fachbericht 15, Berlin Köln 1987.

DIN Deutsches Institut für Normung e. V. (Hrsg.):

Schnittstellen der rechnerintegrierten Produktion (CIM) - Fertigungssteuerung und Auftragsabwicklung, DIN Fachbericht 21, Berlin Köln 1989.

EDV-Studio Ploenzke (Hrsg.):

PPS Studie, Eine detaillierte Untersuchung von Produktions-Planungs- und Steuerungssystemen, Band 1, 3. Auflage, o. O. 1989.

Ehrlenspiel, K.:

Kostengünstig Konstruieren, Berlin et al. 1985.

Encarnacao, J., Schuster, R., Vöge, E. (Hrsg.):

Product Data Interfaces in CAD/CAM Applications - Design, Implementation and Experiences, Berlin et al. 1986.

ESPRIT Consortium AMICE (Hrsg.):

Open System Architecture for CIM, in: Research Reports ESPRIT, Project 688, Vol. 1, Berlin et al. 1989.

Eversheim, W.:

Organisation in der Produktionstechnik, Band 3: Arbeitsvorbereitung, 2. Auflage, Düsseldorf 1989.

Fehl, U.:

Modell, in: Dichtel, E., Issing, O. (Hrsg.): Vahlens Großes Wirtschaftslexikon, Band 2, München 1987.

Förster, H.-U.:

CAD-PPS-Kopplung - Ein Meilenstein auf dem Weg zur rechnerintegrierter Produktion, in: CAD/CAM Report 4(1985)1/2, S. 54-59.

Gewald, K., Haake, G., Pfadler, W.:

Software Engineering, 4. Auflage, München Wien 1985.

Glaser, H., Geiger, W., Rohde, V.:

PPS-Produktionsplanung und -steuerung, Wiesbaden 1991.

Grabowski, H., Watterott, R.:

Komponenten einer strategischen CIM-Planung, in: Wildemann, H. (Hrsg.): Gestaltung CIM-fähiger Unternehmen, München 1989, S. 85-122.

Grabowski, H.:

CAD/CAM - Grundlagen und Stand der Technik, in: Fortschrittliche Betriebsführung/Industrial Engineering 32(1983)4, S. 224-233.

Grabowski, H.:

CAD/CAM - Bausteine einer rechnerintegrierten Fabrik, in: Handbuch der modernen Datenverarbeitung 25(1988)139, S. 12-27.

Grochla, E., u. a.:

Integrierte Gesamtmodelle der Datenverarbeitung - Entwicklung und Anwendung des Kölner Integrationsmodells (KIM), München Wien 1974.

Groditzki, G.:

Entwicklung und Einführung von CIM-Systemen (Teil 1), in: CIM Management 5(1989)2, S. 59-64.

Gröner, L.:

Entwicklungsbegleitende Vorkalkulation, Berlin et al. 1991.

Grosse-Oetringhaus, W. F.:

Fertigungstypologie unter dem Gesichtspunkt der Fertigungsablaufplanung, Berlin 1974.

Hackstein, R.:

Produktionsplanung und -steuerung (PPS), Düsseldorf 1984.

Hahn, D.:

Produktionsprozeßplanung, -steuerung und -kontrolle - Grundkonzept und Besonderheiten bei spezifischen Produktionstypen, in: Hahn, D., Laßmann, G. (Hrsg.): Produktionswirtschaft - Controlling industrieller Produktion, Band 2, Heidelberg 1989, S. 7-237.

Hainaut, J.-L.:

Entity-Relationship Models - Formal Specification and Comparison, in: Kangassalo, H. (Eds.): 9th International Conference on Entity-Relationship Approach, Proceedings of the 9th International Conference on Entity-Relationship Approach, Lausanne Switzerland 8-10 October 1990, Geneve 1990.

Hansmann, K.-W.:

Engpaßorientierte Produktionssteuerung bei Werkstattfertigung, in: Hansmann, K.-W., Scheer, A.-W. (Hrsg.): Praxis und Theorie der Unternehmung, Wiesbaden 1992, S. 103-122.

Hanssmann, F.:

Einführung in die Systemforschung - Methodik der modellgestützten Entscheidungsvorbereitung, München 1978.

Harrington, J.:

Computer Integrated Manufacturing, New York 1973.

Hars, A., Scheer, A.-W.:

Entwicklungsstand von Leitständen, in: VDI-Z 132(1990)3, S. 20-26.

Hartmann, H.:

Materialwirtschaft, 4. Auflage, Gernsbach 1988.

Hausmann, A., Kettner, P., Schmidt, H.:

Wege zur Integrierten Informationsverarbeitung in mittelständischen Unternehmen, in: CIM Management 4(1988)6, S. 41-53.

Hax, H.:

Kommunikation, in: Grochla, E., Wittmann, W. (Hrsg.): Handwörterbuch der Betriebswirtschaft, 4. Auflage, Stuttgart 1975, Sp. 2170-2176.

Heinrich, L. J., Burgholzer, P.:

Systemplanung - Planung und Realisierung von Informations- und Kommunikationssystemen, Band 1, 5. Auflage, München Wien 1991.

Heinrich, L. J., Roithmayr, F.:

Wirtschaftsinformatik-Lexikon, 3. Auflage, München Wien 1989.

Hemer, U., Vogt, H. P.:

Strategien für die Einführung von CIM, in: VDI-Z 129(1987)5, S. 8-13.

Hennig, K. W.:

Betriebswirtschaftliche Organisationslehre, 4. Auflage, Wiesbaden 1965.

Hirotaka, T., Ikujiro, N.:

Das neue Produktentwicklungsspiel, in: HAVARDmanager 8(1986) 3, S. 40-47.

Hoffmann, W., u. a.:

Das Integrationskonzept am CIM-TTZ Saarbrücken - Teil 1: Produktionsplanung, in: Scheer, A.-W. (Hrsg.): Veröffentlichungen des Instituts für Wirtschaftsinformatik, Heft 85, Saarbrücken 1991.

Hoffmann, W., u. a.:

Das Integrationskonzept am CIM-TTZ Saarbrücken - Teil 2: Produktionssteuerung, in: Scheer, A.-W. (Hrsg.): Veröffentlichungen des Instituts für Wirtschaftsinformatik, Heft 88, Saarbrücken 1992.

Hollman, H. H.:

Konsequenzen der Produkthaftung, in: CIM Management 5(1989)4, S. 20-23.

Hoyer, R.:

Organisatorische Voraussetzungen der Büroautomation, Berlin 1988.

IBM (Hrsg.):

Systems Application Architecture - Common User Access, Teil 1: Basic Interface Design Guide, IBM Document SC26-4583-0, Teil 2: Advanced Interface Design Guide, IBM Document SC26-4582-0, o. O. 1989.

Jebsen H.:

Funktionale Betriebsorganisation, in: Meins, W. (Hrsg.): Handbuch Fertigungs- und Betriebstechnik, Braunschweig Wiesbaden 1989, S. 581-601.

Jorysz, H. R., Vernadat, F. B.:

CIM-OSA Part 1: total enterprise modelling and function view, in: International Journal of Computer Integrated Manufacturing 3(1990)3 und 4, S. 144-156.

Jorysz, H. R., Vernadat, F. B.:

CIM-OSA Part 2: information view, in: International Journal of Computer Integrated Manufacturing 3(1990)3 und 4, S. 157-167.

Jost, W., Keller, G., Scheer, A.-W.:

Konzeption eines DV-Tools im Rahmen der CIM-Planung, in: ZfB 61(1991)1, S. 33-64.

Jost, W., Keller, G., Scheer, A.-W.:

CIMAN - Konzeption eines DV-Tools zur Gestaltung einer CIM-orientierten Unternehmensarchitektur, in: Scheer, A.-W. (Hrsg.): Veröffentlichungen des Instituts für Wirtschaftsinformatik, Heft 66, Saarbrücken 1990.

Jost, W.:

Konzeption eines DV-Tools zur Ermittlung unternehmensspezifischer CIM-Rahmenkonzepte mit Beispielen aus dem Bereich Fertigungssteuerung, in: Scheer, A.-W. (Hrsg.): Fertigungssteuerung - Expertenwissen für die Praxis, München Wien 1991, S. 221-243.

Kargl, H.:

Fachentwurf für DV-Anwendungssysteme, 2. Auflage, München Wien 1990.

Kilger, W.:

Einführung in die Kostenrechnung, 3. Auflage, Wiesbaden 1987.

Kimm, R., Koch, W., Simonsmeier, W., Tontsch, F.:

Einführung in Software-Engineering, Berlin New York 1979.

Kittel, T.:

Produktionsplanung und -steuerung im Klein- und Mittelbetrieb, Grafenau/Württ. 1982.

Knoblich, H., Beßler, H.:

Informationsbetriebe, in: DBW 45(1985)5, S. 558-575.

Knoblich, H.:

Die typologische Methode in der Betriebswirtschaft, in: Wirtschaftswissenschaftliches Studium 1(1972)4, S. 141-147.

Kochan, A., Cowan, D.:

Implementing CIM - Computer Integrated Manufacturing, Berlin et al. 1986.

Köhl, E., Esser, M. A., Kemmer, A., Förster, U.:

CIM zwischen Anspruch und Wirklichkeit, Köln 1989.

Kosiol, E.:

Organisation der Unternehmung, Wiesbaden 1965.

Krallmann, H., Hoyer, R., Kölzer, G.:

Konzeption und Realisierung einer Kommunikationsarchitektur, Arbeitsbericht 1985-1987, Fachgebiet Systemanalyse und EDV, Berlin 1987.

Krallmann, H.:

Rechnergestützte Werkzeuge zur Analyse und Modellierung von Informations- und Kommunikationssystemen, in: Heinrich, L. J., Pomberger, G., Schauer, R. (Hrsg.): Die Informationswirtschaft im Unternehmen, Linz 1991, S. 81-97.

Krcmar, H.:

Integration in der Wirtschaftsinformatik - Aspekte und Tendenzen, in: SzU, Band 44, Wiesbaden 1991, S. 4-18.

Kreikebaum, H.:

Industrielle Unternehmungsorganisation, in: Schweitzer, M. (Hrsg.): Industriebetriebslehre, München 1990, S. 149-218.

Kring, J. R.:

Integrierte CAQ-Funktionen, in: CIM Management 5(1989)4, S. 4-9.

Kühn, R., Kruse, H. F.:

Strategische Planung im EDV-Bereich - Eine Methodik zur Bestimmung des strategischen Applikationskonzeptes, in: Zeitschrift für Führung und Organisation 54(1985)8, S. 456-461.

Küpper, H.-U.:

Produktionstypen, in: Kern, W. (Hrsg.): Handwörterbuch der Produktionswirtschaft, Ungekürzte Sonderausgabe, Tübingen 1984, S. 1636-1647.

Lederer, K. G.:

EDV-unterstützte Kommunikationssysteme in der Automobilindustrie, in: Fortschrittliche Betriebsführung/Industrial Engineering 33(1984)1, S. 23-29.

Lentes, H.-P.:

Fertigungsinseln - Ein Weg zur Verbesserung der Industriearbeit - Steigerung der Produktivität - Verbesserung der Arbeitsbedingungen - Erweiterung der Dispositionsspielräume, in: AWF (Hrsg.): Fertigungsinseln, Tagungsband zur AWF-Fachtagung 1988, Bad Soden/Ts. 1988, S. 9-68.

Loos, P.:

Datenstrukturierung in der Fertigung, Dissertation, Universität Saarbrücken 1991.

Mählck, H., Panskus, G.:

Analyse einer unternehmensspezifischen CIM-Infrastruktur, in: CIM Management 6(1990)5, S. 48-53.

Maier-Rothe, C., Busse, K., Thiele, R.:

Computersysteme planen, steuern und kontrollieren den Produktionsprozeß, in: Maschinenmarkt 89(1983)8, S. 106-109.

Maier-Rothe, C.:

Wettbewerbsvorteile durch höhere Produktivität und Flexibilität, in: Arthur D. Little International (Hrsg.): Management im Zeitalter der Strategischen Führung, Wiesbaden 1985, S. 125-161.

Major, F. W.:

Computer Graphics steuert die Produktivität, in: VDI-Nachrichten 38(1984)40, S. 29.

Meerkamm, H., Finkenwirth, K., Röse, U.:

Fertigungsgerechtes Konstruieren mit CAD, in: Proceedings of the International Conference on Engineering Design ICED ´88, Budapest 1988.

Mellerowicz, K.:

Allgemeine Betriebswirtschaftslehre, Band 1, 14. Auflage, Berlin New York 1973.

Mertens, P. (Hrsg.):

Prognoserechnung, 4. Auflage, Würzburg Wien 1981.

Mertens, P., Holzer, J.:

Gegenüberstellung von Integrationsansätzen der Wirtschaftsinformatik, in: Bodendorf, F., Mertens, P. (Hrsg.): Arbeitspapier der Universität Erlangen, Abteilung Wirtschaftsinformatik, Nr. 5, Nürnberg 1991.

Mertens, P.:

Ingenieur-Wissen und Ingenieur-Denken für Betriebswirte - Aspekte der Lehre, Forschung und Hochschulpolitik, in: Heinrich, L. J., Pomberger, G., Schauer, R. (Hrsg.): Die Informationswirtschaft im Unternehmen, Linz 1991, S. 15-36.

Mertens, P.:

Integrierte Informationsverarbeitung, Band 1: Administrations- und Dispositionssysteme in der Industrie, 8. Auflage, Wiesbaden 1991.

Meyer, B.:

Objektorientierte Softwareentwicklung, München Wien 1990.

Miska, F. M.:

CIM - Computer-integrierte Fertigung - Konzepte, Planung, Realisierung, Landsberg/Lech 1988.

Moritzen, K.:

Montagegerechtes Entwerfen mit wissensbasierten Systemen, in: ZwF 85(1990)5, S. 248-251.

Mosler, H.-J.:

Konzept für das Computer Integrated Manufacturing, in: Handbuch der modernen Datenverarbeitung 25(1988)139, S. 3-11.

Nagel, K.:

Nutzen der Informationsverarbeitung, München et al. 1988.

Neu, P.:

Strategische Informationssystem-Planung, Berlin et al. 1991.

Nordsieck, F.:

Betriebsorganisation - Lehre und Technik, 2. Auflage, Stuttgart 1972.

o. V.:

CIM-OSA Reference Architecture Specification, Esprit Project No. 688, Brüssel 1989.

o.V.:

Integrated Computer-Aided Manufacturing (ICAM) Task 1-Final Report Manufacturing Architecture, Wright-Patterson Air Force Base, Ohio 1978.

o. V.:

Research Report: Design Rules for Computer Integrated Manufacturing Systems, ESPRIT sub-section 5.1 Project 34, Version 1.2, Dublin 1984.

Oeldorf, G., Olfert, K.:

Materialwirtschaft, 5. Auflage, Ludwigshafen 1987.

Oetinger, R.:

Die Benutzerschnittstelle in einer CIM-Umgebung, in: Information Management 4(1989)3, S. 28-36.

Österle, H., Brenner, W.:

Integration durch Synonymerkennung, Arbeitsberichte der Betriebsinformatik, Bericht Nr. 28-86, St. Gallen 1986.

Pahl, G., Beitz, W.:

Konstruktionslehre, 2. Auflage, Berlin et al. 1986.

Panse, R.:

CIM-OSA - Ein herstellerunabhängiges CIM-Konzept, in: DIN-Mitteilungen 69(1990)3, S. 157-164.

Pleschak, F.:

CIM-Management, Stuttgart 1991.

Porter, M. E.:

Wettbewerbsstrategie, Frankfurt 1983.

Puppe, F.:

Einführung in Expertensysteme, 2. Auflage, Berlin et al. 1991.

Ranky, P. G.:

Computer Integrated Manufacturing - An Introduction with Case Studies, Englewood Cliffs et al. 1986.

Rockart, J. F.:

Chief Executives Define their own Data Needs, in: Harvard Business Review, 57(1979)2, S. 81-93.

Ruffing, T.:

Fertigungssteuerung bei Fertigungsinseln, Köln 1991.

Sames, G., Büdenbender, W.:

Das Morphologische Merkmalsschema, FIR-Sonderdruck 1/90, Forschungsinstitut für Rationalisierung (FIR), 4. Auflage, Aachen 1991.

SAP AG (Hrsg.):

System RV - Funktionsbeschreibung, Walldorf Baden 1986.

Schäfer, E.:

Der Industriebetrieb, Band 1, Köln 1969.

Schäfer, E.:

Der Industriebetrieb, Band 2, Opladen 1971.

Scheel, J.:

Erfolgsfaktor Ablauforganisation, Köln 1990.

Scheer, A.-W., Heß, H., Jost, W.:

Rechnergestützte Entwicklung eines CIM-Konzeptes, in: CIM Management 6(1990)2, S. 24-27.

Scheer, A.-W., Jost, W., Kraemer, W.:

CIM und Expertensysteme: Auswirkungen auf das Controlling, in: Reichmann, T., u. a. (Hrsg.): Controlling 91, Tagungsband zum 6. Deutschen Controlling Congress, o. O. 1991, S. 538-599.

Scheer, A.-W., Keller, G., Bartels, R.:

Organisatorische Konsequenzen des Einsatzes von Computer Aided Design (CAD) im Rahmen von CIM, in: Scheer, A.-W. (Hrsg.): Veröffentlichungen des Instituts für Wirtschaftsinformatik, Heft 61, Saarbrücken 1989.

Scheer, A.-W., Zell, M.:

Benutzergerechte Fertigungssteuerung durch Integration von Simulations- und Prozeßvisualisierungstechniken, in: CIM Management 5(1989)6, S. 72-78.

Scheer, A.-W.:

Absatzprognosen, Berlin et al. 1983.

Scheer, A.-W.:

Architektur integrierter Informationssysteme, Berlin et al. 1991.

Scheer, A.-W.:

CIM - Der computergesteuerte Industriebetrieb, 4. Auflage, Berlin et al. 1990.

Scheer, A.-W.:

CIM - eine Herausforderung für den Mittelstand, in: Scheer, A.-W. (Hrsg.): Computer Integrated Manufacturing, Fachtagung, Saarbrücken 1988, S. 1-16.

Scheer, A.-W.:

Der Mittelstand - der ideale CIM-Anwender, in: Scheer, A.-W. (Hrsg.): CIM im Mittelstand, Fachtagung, Saarbrücken 1989, S. 1-15.

Scheer, A.-W.:

EDV-orientierte Betriebswirtschaftslehre, 4. Auflage, Berlin et al. 1990.

Scheer, A.-W.:

Factory of the Future, Vorträge im Fachausschuß "Informatik in Produktion und Materialwirtschaft" der Gesellschaft für Informatik e. V., in: Scheer, A.-W. (Hrsg.): Veröffentlichungen des Instituts für Wirtschaftsinformatik, Heft 42, Saarbrücken 1983.

Scheer, A.-W.:

Konsequenzen für die Betriebswirtschaftslehre aus der Entwicklung der Informations- und Kommunikationstechnologien, in: Heinrich, L. J., Pomberger, G., Schauer, R. (Hrsg.): Die Informationswirtschaft im Unternehmen, Linz 1991, S. 37-58.

Scheer, A.-W.:

Konstruktionsbegleitende Kalkulation in CIM-Systemen, in: Scheer, A.-W. (Hrsg.): Veröffentlichungen des Instituts für Wirtschaftsinformatik, Heft 50, Saarbrücken 1985.

Scheer, A.-W.:

Papierlose Beratung - Werkzeugunterstützung bei der DV-Beratung, in: Information Management, 6(1991)4, S. 6-16.

Scheer, A.-W.:

Unternehmensdatenmodell, in: Information Management 5(1990)1, S. 92-94.

Scheer, A.-W.:

Vorgehensweise für eine systematische CIM-Einführung - die Y-CIM-Strategie, in: Scheer, A.-W. (Hrsg.): Tagungsband zur Fachtagung CIM im Mittelstand, Heidelberg 1990, S. 1-17.

Scheer, A.-W.:

Wirtschaftsinformatik - Informationssysteme im Industriebetrieb, 3. Auflage, Berlin et al. 1990.

Schlageter, G., Stucky, W.:

Datenbanksysteme - Konzepte und Modelle, 2. Auflage, Stuttgart 1983.

Schmidt, R.:

Die Bedeutung von Unteilbarkeiten für mittelständische Unternehmen, in: Albach, H., Held, T. (Hrsg.): Betriebswirtschaftslehre mittelständischer Unternehmen, Stuttgart 1984, S. 182-196.

Schnutenhaus, O. R.:

Allgemeine Organisationslehre - Sinn, Zweck und Ziel der Organisation, Berlin 1951.

Scholz-Reiter, B.:

CIM - Informations- und Kommunikationssysteme, München Wien 1990.

Scholz-Reiter, B.:

CIM- Schnittstellen, 2. Auflage, München Wien 1991.

Schomburg E.:

Entwicklung eines betriebstypologischen Instrumentariums zur systematischen Ermittlung der Anforderungen an EDV-gestützte Produktionsplanungs- und -steuerungssysteme im Maschinenbau, Dissertation, Aachen 1980.

Schönwald, B.:

Von der Idee zum Produkt-Simultaneous Engineering als Bestandteil von Forschung und Entwicklung, in: VDI (Hrsg.): Simultaneous Engineering-Neue Wege des Projektmanagements, Düsseldorf 1989, S. 27-41.

Schreuder, S., Uppmann, R.:

CIM-Wirtschaftlichkeit - Vorgehensweise zur Ermittlung des Nutzens einer Integration von CAD, CAP, CAM, PPS und CAQ, Köln 1988.

Schreuder, S.:

Strategische und betriebswirtschaftliche Aspekte zur Planung und Einführung unternehmensspezifischer CIM-Konzepte, in: Mexis, N. D. (Hrsg.): Die CIM-Fabrik in den 90er Jahren, Köln 1989, S. 443-459.

Schultz-Wild, R., Nuber, C., Rehberg, F., Schmierl, K.:

An der Schwelle zu CIM, Köln 1989.

Schulz, H. (Hrsg.):

CIM-Planung und -Einführung, Berlin et al. 1990.

Schulz, H., Bölzing, D.:

"CIM-Status" für strategische Investitionsplanung, in: CIM Management 4(1989)4, S. 4-9.

Schumann, J., Gerisch, M.:

Software Entwurf - Prinzipien-Methoden-Arbeitsschritte-Rechnerunterstützung, Berlin 1984.

Schweitzer, M.:

Ablauforganisation, in: Grochla, E., Wittmann, W. (Hrsg.): Handwörterbuch der Betriebswirtschaft, 4. Auflage, Stuttgart 1975, Sp. 1.

Seliger, G., Mertins, K., Süssenguth, W.:

Organisation und Planung rechnerintegrierter Betriebsstrukturen, in: Meins, W. (Hrsg.): Handbuch Fertigungs- und Betriebstechnik, Braunschweig Wiesbaden 1989, S. 619-634.

Simon, A.:

Die Wissenschaft der Artefakte, in: Grochla, E. (Hrsg.): Elemente der organisatorischen Gestaltung, Reinbek 1978.

Simon, M., Heilmann, H., Gebauer, A.:

Benutzerschnittstellen - Grundlagen, Historie, Tendenzen, in: Handbuch der modernen Datenverarbeitung 28(1991)160, S. 3-11.

Sinz, E. J.:

Das Entity-Relationship-Modell (ERM) und seine Erweiterungen, in: Handbuch der modernen Datenverarbeitung 27(1990)152, S. 17-29.

Spur, G., Krause, F.-L.:

CAD-Technik, München Wien 1984.

Spur, G.:

Die Roboter verschwinden in der automatischen Fabrik, in: VDI-Nachrichten 38(1984)52, S. 6.

Steeb, H.:

Einsatz von Standard-Software für das Finanz-Rechnungswesen und Logistik in mittelständischen Unternehmen, in: Scheer, A.-W. (Hrsg.): Rechnungswesen und EDV, Tagungsband zur 9. Saarbrücker Arbeitstagung - Integrierte Informationsverarbeitung, Heidelberg 1988, S. 370-389.

Steinbuch, P. A.:

Betriebliche Datenverarbeitung, 3. Auflage, Ludwigshafen 1986.

Steppan, G.:

Informationsverarbeitung im industriellen Vertriebsaußendienst, Berlin et al. 1990.

Stotko, E. C.:

CIM-OSA, in: CIM Management 5(1989)1, S. 9-15.

Teorey, T. J., Yang, D., Frey, J. P.:

A Logical Design Methodology for Relational Databases Using the Extended Entity-Relationship-Model, in: ACM Computing Surveys 18(1986)2, S. 197-222.

Tietz, B.:

Bildung und Verwendung von Typen in der Betriebswirtschaftslehre, Köln Opladen 1960.

Tüchelmann, Y.:

Anwendungssoftware zur Planung, Organisation, Steuerung und Überwachung von Fertigungsinseln mit hohem Automatisierungsgrad, in: AWF (Hrsg.): Fertigungsinseln - Fertigungsstruktur mit Zukunft, Tagungsband zur AWF-Fachtagung 1987, Bad Soden 1987, S. 13.1-13.16.

VDI (Hrsg.):

VDI-Richtlinie 2222, Blatt 1, Konzipieren technischer Produkte, Düsseldorf 1977.

VDI (Hrsg.):

VDI-Richtlinie 2235, Wirtschaftliche Entscheidungen beim Konstruieren, Düsseldorf 1987.

VDI-Gemeinschaftsausschuß CIM, VDI-Gesellschaft Entwicklung Konstruktion Vertrieb (Hrsg.):

Rechnerintegrierte Konstruktion und Produktion, Band 1: CIM-Management, Düsseldorf 1990.

VDI-Gemeinschaftsausschuß CIM, VDI-Gesellschaft Produktionstechnik (Hrsg.):

Rechnerintegrierte Konstruktion und Produktion, Band 3: Auftragsabwicklung, Düsseldorf 1991.

VDI-Gesellschaft Konstruktion und Entwicklung (Hrsg.):

Angebotserstellung in der Investitionsgüterindustrie, Düsseldorf 1983.

Venitz, U.:

CIM-Rahmenplanung, Berlin et al. 1990.

Vernadat, F.:

Modelling and Analysis of Enterprise Information System with CIM-OSA, in: Faria, L., Van Puymbroeck, W. (Eds.): Computer Integrated Manufacturing, Proceedings of the Sixth CIM-Europe Annual Conference May 1990, Berlin et al. 1990, S. 16-27.

von Stülpnagel, A.:

Repository - Architekturen, Standards, Funktionen, in: Scheibl, H.-J. (Hrsg.): Software-Entwicklungs-Systeme und -Werkzeuge, Tagungsband zum 4. Kolloquium, Esslingen 1991, S. 12.1-1-12.1-14.

Waller, S.:

Computerintegrierte Fertigung, in: Bullinger, H.-J. (Hrsg.): Computerintegrated Manufacturing und Unternehmenslogistik (Kongreßband zu Kongreß III), Velberg 1987, S. 01.2.01-01.2.17.

Wandke, H.:

Die arbeitspsychologische Gestaltung von Benutzerschnittstellen, in: Handbuch der modernen Datenverarbeitung 28(1991)160, S. 96-108.

Warschat, J., Salzer, C.:
CIM - ein Überblick, in: Bullinger, H.-J. (Hrsg.): Handbuch des Informations-managements im Unternehmen, Band I, München 1991, S. 228-253.

Wiendahl, H.-P.:
Belastungsorientierte Fertigungssteuerung, München Wien 1987.

Wiendahl, H.-P.:
Von der belastungsorientierten Auftragsfreigabe zur durchlauforientierten Fertigungssteuerung, in: Wiendahl, H.-P. (Hrsg.): Praxis der belastungsorientierten Fertigungssteuerung, 2. Auflage, Hannover 1986, S. 17-52.

Wildemann, H.:
Ableitung von CIM-Strategien aus der Unternehmensstrategie, in: Scheer, A.-W. (Hrsg.): CIM-Strategie als Teil der Unternehmensstrategie, Berlin et al. 1990, S. 15-23.

Wildemann, H.:
Einführungsstrategien für die computerintegrierte Produktion (CIM), Forschungsbericht, München 1990, S. 25.

Wildemann, H.:
Integrationslücken und Integrationspfade für CIM, in: DBW 51(1991)4, S. 413-434.

Wildemann, H.:
Strategische Investitionsplanung, Wiesbaden 1987.

Wirth, N.:
Algorithmen und Datenstrukturen, 2. Auflage, Stuttgart 1979.

Wöhe, G.:
Einführung in die Allgemeine Betriebswirtschaftslehre, 17. Auflage, München 1990.

Yeomans, R. W., Choudry, A., Ten Hagen, P. J. W. (Hrsg.):
Design Rules For A CIM-System, Amsterdam et al. 1985.

Zangemeister, Ch.:

Nutzwertanalyse in der Systemtechnik, 4. Auflage, Berlin 1976.

Zäpfel, G.:

Produktionswirtschaft - Operatives Produktions-Management, Berlin New York 1982.

Zentes, J.:

Computergestütztes Handelsmarketing, in: Hermanns, A., Flegel, V. (Hrsg.): Handbuch des Electronic Marketing, München 1992, S. 878-892.

Zentes, J.:

EDV-gestütztes Marketing, Berlin et al. 1987.

Zimmermann H.-J.:

Netzplantechnik, in: Grochla, E. (Hrsg.): Handwörterbuch der Organisation, 2. Auflage, Stuttgart 1980, S. 1379-1388.

Gabler-Literatur
zum Thema „Wirtschaftsinformatik" (Auswahl)

Karl Kurbel
Programmentwicklung
5., vollständig überarbeitete Auflage
1990, XIV, 199 Seiten, Broschur 44,– DM
ISBN 3-409-31925-5

Peter Mertens
**Integrierte
Informationsverarbeitung 1**
Administrations- und Dispositions-
systeme
9., vollständig neu bearbeitete und
erweiterte Auflage 1993,
XIV, 334 Seiten, Broschur DM 54,–
ISBN 3-409-69048-4

Peter Mertens / Joachim Griese
**Integrierte
Informationsverarbeitung 2**
Planungs- und Kontrollsysteme
in der Industrie
7., aktualisierte und überarbeitete
Auflage 1993, XII, 256 Seiten,
Broschur ca. DM 44,–
ISBN 3-409-69107-3

Dieter B. Preßmar (Schriftleitung)
Büro-Automation
(Schriften zur Unternehmensführung,
Band 42), 1990, 156 Seiten,
Broschur 44,– DM
ISBN 3-409-13129-9

Joachim Reese
Wirtschaftsinformatik
Eine Einführung
1990, 166 Seiten, Broschur 29,80 DM
ISBN 3-409-13380-1

August-Wilhelm Scheer (Schriftleitung)
Betriebliche Expertensysteme I
Einsatz von Expertensystemen
in der Betriebswirtschaft –
Eine Bestandsaufnahme
(Schriften zur Unternehmensführung,
Band 36)
1988, 176 Seiten, Broschur 44,– DM
ISBN 3-409-17905-4

Betriebliche Expertensysteme II
Einsatz von Expertensystem-Prototypen
in betriebswirtschaftlichen Funktions-
bereichen
(Schriften zur Unternehmensführung,
Band 40)
1989, 145 Seiten, Broschur 44,– DM
ISBN 3-409-17909-7

Stefan Spang / Wolfgang Kraemer
Expertensysteme
Entscheidungsgrundlage für das
Management
1991, 368 Seiten, gebunden 98,– DM
ISBN 3-409-13361-5

Zu beziehen über den Buchhandel oder
den Verlag.

Stand der Angaben und Preise:
1.5.1993
Änderungen vorbehalten.

GABLER

BETRIEBSWIRTSCHAFTLICHER VERLAG DR. TH. GABLER, TAUNUSSTRASSE 52-54, 65183 WIESBADEN

Additional material from *EDV-gestützte CIM-Rahmenplanung,*
ISBN 978-3-409-12132-3 (978-3-409-12132-3_OSFO),
is available at http://extras.springer.com